Earthquake Engineering for Nuclear Energy Facility

原子力耐震工学

濱田政則＋曽田五月也＋久野通也
［共著］

鹿島出版会

まえがき

　人類が初めて原子力を用いて発電を行ったのは、1951年にアメリカの国立原子炉試験場の高速増殖炉（EBR-1）が発電に成功したときである。そのとき、200ワットの電球4個が灯った。その後の原子力発電の開発はめざましく、今日では世界中で400基以上の原子力発電設備が存在している。

　日本における原子力発電は、1955年に原子力3法（原子力基本法、原子力委員会設置法、原子力局設置に関する法律）が公布され、翌年特殊法人日本原子力研究所および原子燃料公社が発足し、研究炉の開発が続けられた後、特殊法人日本原子力研究所のJPDR（動力試験炉）が1963年に初めて原子力発電に成功したことに始まる。商業炉としては、1966年に営業運転を開始した日本原子力発電株式会社の東海発電所（コールダーホール改良型ガス冷却炉）が最初であるが、その後、経済性に優れる軽水炉がアメリカより導入され、1970年、日本原子力発電株式会社の敦賀発電所1号、関西電力株式会社の美浜発電所1号の運転開始を皮切りに、現在に至るまで軽水炉の原子力発電所の建設・運転が進められてきた。

　世界有数の地震国であるわが国において、原子力施設の安全性を確保することは極めて重要な課題である。海外から原子力発電技術を導入するにあたり、耐震性に関わる検討が入念に行われ、わが国独自の高度な耐震設計法が構築されてきた。原子力発電所の耐震設計の基本方針として、「施設の重要度に応じて設計する」、「原子炉建屋は剛構造とする」、「原子炉建屋などの重要施設は建築基準法で定める地震力の3倍とする」の考え方が導入された。この基本方針にもとづいて多くの原子力発電所が建設され、運転されてきた。原子力発電はわが国のエネルギー供給の一翼を担い、国の発展と豊かな社会の構築に貢献してきた。

　しかしながら、2011年東北地方太平洋沖地震による津波は、東京電力福島第一原子力発電所において極めて深刻な事故を引き起こした。本書の執筆時点においても重大な状況は続いており、完全終結に導くには数十年の年月を必要とすると考えられる。この事故が国民の原子力技術に対する信頼を大きく傷つけることになったことは否定できない。わが国の原子力発電が従来どおりに継続できるかどうかは、原子力技術への信頼を取り戻せるかどうかにかかっている。そのためには事故の原因とその後の対応措置に関しての徹底的な分析と、国民への分かりやすい説明が求められている。

　本書執筆の目的のひとつは、これまで、土木工学、建築学、地盤工学、機械工学、原子力工学など多岐の分野にわたっていた原子力施設の耐震性関連技術を横断的、統一的に集大成し、これを契機として、より耐震性と耐津波性に優れた原子力発電技術の発展を図ることにある。原子力発電技術を継続発展させるためには、次世代の若者の本分野への参画

が不可欠である。このため東京都市大学と早稲田大学は共同大学院「原子力専攻」を設置し、将来の原子力分野の技術者の育成に努めてきた。原子力を学ぶ学生や原子力に携わる若手のエンジニアにとって、原子力施設の耐震設計に関わる考え方を理解することは重要である。「第Ⅰ編 原子力発電所の耐震設計」では原子力発電所の耐震設計について建物・機器・土木構造物を説明する。「第Ⅱ編 地震工学の基礎」では、原子力発電所の耐震設計を理解するために必要な地震・津波および耐震設計に関する基礎知識を説明する。

　原子力施設の耐震技術の全体像、基本的な考え方を学ぶ入門書として活用されることを念願している。

　2014年4月

濱田　政則

目　次

まえがき･･･ *i*

第Ⅰ編　原子力発電所の耐震設計 ････････････････････････････････････ *1*

第1章　原子力発電所の耐震設計の基本････････････････････････････････ *3*
1.1　原子力発電の仕組み･･ *3*
1.2　原子力発電所の安全確保･･ *5*
　1.2.1　原子炉の制御･･･ *5*
　1.2.2　安全確保の考え方･･･ *6*
1.3　原子力発電所の耐震設計の全体像････････････････････････････････････ *8*
　1.3.1　原子力発電所の耐震設計の考え方･････････････････････････････････ *8*
　1.3.2　耐震重要度分類と設計用地震力･･･････････････････････････････････ *9*
　　(1)　耐震重要度に応じた耐震設計･････････････････････････････････････ *9*
　　(2)　施設の耐震重要度分類･･･ *9*
　　(3)　耐震重要度分類に応じた設計用地震力･････････････････････････････ *11*
　1.3.3　原子力発電所の耐震設計の流れ･･･････････････････････････････････ *12*
1.4　地震時における原子力発電所の状況と地震後の対応･･････････････････ *13*
　1.4.1　2007年　新潟県中越沖地震における柏崎刈羽原子力発電所の状況･･････ *13*
　1.4.2　2011年　東北地方太平洋沖地震における福島第一原子力発電所および女川
　　　　　原子力発電所の状況･･ *14*
　　(1)　福島第一原子力発電所の状況････････････････････････････････････ *14*
　　(2)　女川原子力発電所の状況･･･････････････････････････････････････ *15*
　1.4.3　地震後の対応･･ *16*
＜Appendix 1＞　　BWRとPWR･･････････････････････････････････････ *17*
＜Appendix 2＞　　2007年　新潟県中越沖地震における柏崎刈羽原子力発電所の状況･･ *19*
＜Appendix 3＞　　2011年　東北地方太平洋沖地震における福島第一原子力発電所の
　　　　　　　状況･･ *21*
＜Appendix 4＞　　2011年　東北地方太平洋沖地震における女川原子力発電所の状況･･ *24*
参考文献･･･ *26*

第2章　基準地震動の策定 … 27
- 2.1　基準地震動策定の流れ … 27
- 2.2　各種調査 … 29
  - 2.2.1　既存文献の調査 … 29
  - 2.2.2　変動地形学的調査 … 30
  - 2.2.3　地質調査 … 30
  - 2.2.4　地球物理学的調査 … 31
  - 2.2.5　地震観測記録の分析 … 32
- 2.3　敷地ごとに震源を特定して策定する地震動 … 32
  - 2.3.1　検討用地震の選定 … 32
  - 2.3.2　不確かさの考慮 … 33
  - 2.3.3　地震動評価 … 33
    - (1)　応答スペクトルにもとづく地震動評価 … 34
    - (2)　断層モデルを用いた手法による地震動評価 … 35
- 2.4　震源を特定せず策定する地震動 … 36
- 2.5　基準地震動の策定 … 36
- ＜Appendix 1＞　将来活動する可能性のある断層等（震源として考慮する活断層）… 38
- ＜Appendix 2＞　応答スペクトルにもとづく地震動評価：原子力発電所耐震設計技術指針（JEAG 4601-2008）… 39
- 参考文献 … 41

第3章　基礎地盤および周辺斜面の安定性評価 … 43
- 3.1　安定性評価の流れ … 43
- 3.2　敷地内地盤調査 … 44
  - 3.2.1　岩盤試験 … 44
    - (1)　岩盤せん断試験 … 44
    - (2)　平板載荷試験 … 45
  - 3.2.2　岩石試験 … 47
- 3.3　地盤モデルの作成 … 48
- 3.4　基礎地盤の安定性評価 … 48
  - 3.4.1　安定性評価の方法 … 48
    - (1)　慣用法 … 48
    - (2)　静的解析法 … 48
    - (3)　動的解析法 … 48
  - 3.4.2　動的解析による安定性評価 … 51
- 3.5　周辺斜面の安定性評価 … 51
- 参考文献 … 53

第4章　建物・構築物の耐震設計 … 55
4.1　対象となる建物・構築物 … 55
4.1.1　原子力発電所の建物・構築物 … 55
4.1.2　原子炉建屋の構造の特徴 … 55
4.1.3　建物・構築物に対する要求機能 … 56
4.2　耐震設計の流れ … 59
4.3　設計に考慮する荷重 … 60
4.3.1　考慮する荷重 … 60
4.3.2　荷重の組合せと許容限界 … 61
4.4　地震応答解析 … 62
4.4.1　地震応答解析の手順 … 62
4.4.2　建物・構築物と地盤の相互作用 … 64
4.4.3　建物・構築物のモデル化 … 64
4.4.4　地盤のモデル化 … 65
4.4.5　設計に用いる地震力の設定 … 66
4.5　部材設計 … 66
4.5.1　応力解析 … 67
4.5.2　許容応力度設計 … 68
4.5.3　終局強度設計 … 69
4.6　機能維持評価 … 69
4.6.1　基準地震動 Ss に対する検討 … 69
　(1)　鉄筋コンクリート造耐震壁 … 69
　(2)　鉄骨架構 … 70
　(3)　接地圧 … 70
4.6.2　保有水平耐力やその他の機能維持の評価 … 70
4.7　実機による設計検証 … 71
4.7.1　原子炉建屋の振動試験 … 71
4.7.2　原子力発電所の地震観測記録を用いた検証 … 72
参考文献 … 75

第5章　機器・配管系の耐震設計 … 77
5.1　対象となる機器・配管系の設備 … 77
5.2　機器・配管系の耐震設計の流れ … 78
5.3　設計用地震力の算定 … 79
5.3.1　設計用地震力の算定方法 … 79
5.3.2　設計用減衰定数 … 80
5.4　強度評価 … 81
5.4.1　強度評価の概要 … 81

	5.4.2	応力分類	···	82
	5.4.3	許容応力	···	83
5.5	動的機能維持評価		··	84
	5.5.1	地震時の制御棒の挿入性	································	84
	5.5.2	回転機器・弁の動作保証	································	86
5.6	大型振動台による耐震信頼性実証試験		························	86
	5.6.1	多度津工学試験所大型高性能振動台設備	·················	86
	5.6.2	実大三次元震動破壊実験施設（E-ディフェンス）	········	89
参考文献			···	90

第6章 屋外重要土木構造物の耐震設計 ········ 91

- 6.1 原子力発電所の土木構造物 ········ 91
- 6.2 屋外重要土木構造物 ········ 92
- 6.3 耐震設計の流れ ········ 93
- 6.4 設計に考慮する荷重 ········ 94
- 6.5 耐震設計 ········ 95
    - 6.5.1 地震応答解析による設計 ········ 95
    - 6.5.2 応答変位法による設計 ········ 97
- 6.6 耐震性能の照査・機能維持検討 ········ 98
    - 6.6.1 耐震性能の照査法 ········ 98
    - 6.6.2 要求される性能と限界状態 ········ 98
    - 6.6.3 鉄筋コンクリート造構造物の限界状態 ········ 99
        - (1) 曲げ破壊に対する照査 ········ 99
        - (2) せん断破壊に対する照査 ········ 101
- 参考文献 ········ 102

第7章 津波に対する設計 ········ 103

- 7.1 津波に対する設計の流れ ········ 103
- 7.2 津波評価に必要な各種調査 ········ 104
    - 7.2.1 津波の痕跡調査 ········ 104
        - (1) 既存文献による調査 ········ 104
        - (2) 津波堆積物調査 ········ 104
    - 7.2.2 津波発生要因などに関する調査 ········ 105
- 7.3 津波波源の設定 ········ 106
- 7.4 津波評価 ········ 107
    - 7.4.1 初期海面変動量などの算定 ········ 107
        - (1) 地震を発生要因とする津波 ········ 107
        - (2) 地震以外の事象を発生要因とする津波 ········ 107

		7.4.2 津波伝播・遡上計算	108
7.5	津波に対する構造物および設備の設計		109
	7.5.1	津波対策の検討	110
	7.5.2	津波による浸水・波力などの評価	110
	7.5.3	構造物および設備の設計	111
		(1) 防潮堤による敷地への浸水対策	111
		(2) 取放水設備からの溢水対策	112
		(3) 建屋内への浸水対策	113
		(4) 海水取水ポンプの取水機能の確保	114
		(5) その他の津波対策	114
参考文献			116

第8章 原子力発電所の計画、建設、運転、廃止措置　117

8.1	原子力発電所に対する規制の流れ		117
	8.1.1 計画段階の規制		118
	8.1.2 建設段階の規制		118
	8.1.3 運転段階の規制		118
	8.1.4 廃止措置段階の規制		118
8.2	原子力発電所の建設		118
	8.2.1 建設工事の特徴		118
	8.2.2 建設工事全体の流れ		119
	8.2.3 原子炉建屋の建設工事		120
		(1) 準備工事	120
		(2) 掘削	120
		(3) 岩盤検査	120
		(4) 基礎版の構築	121
		(5) 原子炉格納容器構築	121
		(6) 原子炉圧力容器据付	122
		(7) 工事完了、試験・試運転	123
8.3	原子力発電所の運転		123
	8.3.1 保守管理		123
		(1) 施設定期検査	124
		(2) 健全性評価制度	124
		(3) 定期事業者検査	126
		(4) 定期安全レビューおよび高経年化技術評価	126
	8.3.2 高経年化技術評価		126
	8.3.3 耐震性向上施策		128
		(1) 耐震裕度向上工事	128

	(2)	新潟県中越沖地震対応	129
8.4	原子力発電所の廃止措置	131
8.4.1	廃止措置の流れ	131
	(1)	使用済燃料の施設外への搬出	132
	(2)	系統除染	132
	(3)	安全貯蔵	132
	(4)	解体撤去	132
8.4.2	廃止措置に伴って発生する廃棄物	133
8.4.3	原子力発電所から発生する廃棄物の区分と処分	133
8.4.4	廃止措置の事例	133
参考文献		135

第9章　放射性廃棄物の処理・処分技術　　　　　　　　　　　　　137

9.1	核燃料サイクル施設	137
9.1.1	核燃料サイクル施設の概要	137
9.1.2	再処理施設の全体工程	138
9.1.3	再処理施設と原子力発電所の比較	139
9.1.4	再処理施設の耐震設計	140
9.2	放射性廃棄物の種類と処分方法	140
9.2.1	放射性廃棄物の種類	140
9.2.2	放射性廃棄物の処分方法	141
9.3	低レベル放射性廃棄物	142
9.3.1	原子力施設から発生する廃棄物	142
9.3.2	トレンチ処分	143
9.3.3	浅地中コンクリートピット処分	143
9.3.4	余裕深度処分	144
9.3.5	余裕深度処分の調査状況	144
9.3.6	低レベル放射性廃棄物埋設設備の耐震設計	145
9.4	高レベル放射性廃棄物	145
9.4.1	高レベル放射性廃棄物の処理・処分	145
9.4.2	地層処分の概念	146
9.4.3	高レベル放射性廃棄物処分場に求められる地質条件と耐震設計	147
9.4.4	高レベル放射性廃棄物処分に関わる国内での経緯と諸外国の状況	148
9.5	クリアランス	149
9.5.1	クリアランスとクリアランスレベル	149
9.5.2	廃止措置に伴うクリアランス物の量の例	150
参考文献		151

第10章　将来に向けた原子力耐震技術 ······ 153
10.1　原子力施設に適用できる構造制御技術 ······ 153
　10.1.1　大振幅の地震動への対策 ······ 153
　10.1.2　免震構造 ······ 155
　10.1.3　制振構造 ······ 157
　10.1.4　原子力施設への適用事例 ······ 159
　10.1.5　次世代軽水炉への適用 ······ 160
10.2　原子力発電所の立地多様化技術 ······ 161
＜Appendix 1＞　第四紀地盤立地 ······ 163
＜Appendix 2＞　地下立地 ······ 164
＜Appendix 3＞　海上立地 ······ 165
参考文献 ······ 167

第Ⅱ編　地震工学の基礎 ······ 169

第1章　地震・地震動と津波 ······ 171
1.1　地震工学と地震学 ······ 171
1.2　地震と活断層 ······ 172
　1.2.1　地震の発生様式 ······ 172
　1.2.2　活断層 ······ 173
　1.2.3　地震のマグニチュードと震度階 ······ 174
　1.2.4　地表地震断層と被害 ······ 176
1.3　地震波動 ······ 177
　1.3.1　地震波動の種類 ······ 177
　1.3.2　S波の伝播 ······ 178
　1.3.3　S波の反射と透過 ······ 180
1.4　表層地盤の地震応答 ······ 181
　1.4.1　基盤および解放基盤表面の地震動 ······ 181
　1.4.2　表層地盤の地震動 ······ 182
1.5　津波 ······ 183
　1.5.1　津波発生のメカニズムと伝播 ······ 183
　1.5.2　津波の諸特性 ······ 185
＜Appendix 1＞　S波の伝播とS波速度 ······ 189
参考文献 ······ 190

第2章　構造物と地盤の動的応答解析 ······ 191
2.1　1質点系の応答 ······ 191

2.1.1　1質点系によるモデル化·· *191*
　　2.1.2　1質点系の自由振動·· *192*
　　2.1.3　1質点減衰系の調和波に対する定常応答································ *193*
　　2.1.4　応答スペクトル·· *195*
　2.2　多質点系の応答·· *198*
　　2.2.1　多質点系の振動方程式·· *198*
　　2.2.2　多質点系の非減衰自由振動·· *200*
　2.3　地震動に対する応答·· *200*
　　2.3.1　直接積分法··· *201*
　　2.3.2　モード解析法··· *202*
　＜Appendix 1＞　有限要素法（FEM）の基礎·· *204*
　参考文献·· *206*

第3章　耐震設計法 *207*
　3.1　震度法と修正震度法·· *207*
　　3.1.1　震度法··· *207*
　　3.1.2　修正震度法··· *209*
　3.2　時刻歴地震応答解析·· *210*
　　3.2.1　計算法の位置づけ··· *210*
　　3.2.2　基本振動モデルの構成··· *210*
　　　(1)　質点の構成·· *210*
　　　(2)　復元力特性·· *211*
　　　(3)　減衰·· *212*
　3.3　時刻歴地震応答解析によらない耐震計算······································ *213*
　　3.3.1　許容応力度等計算法··· *213*
　　　(1)　地震力の略算·· *213*
　　　(2)　構造特性の算定·· *213*
　　3.3.2　一次設計··· *214*
　　3.3.3　二次設計··· *214*
　3.4　応答変位法··· *216*
　　3.4.1　応答変位法の考え方··· *216*
　　3.4.2　応答変位法による地中構造物の耐震設計································ *217*
　＜Appendix 1＞　耐震建築構造法の略史·· *219*
　参考文献·· *221*

用語解説 *223*
索引 *233*
あとがき *239*

第Ⅰ編

原子力発電所の耐震設計

第1章　原子力発電所の耐震設計の基本
第2章　基準地震動の策定
第3章　基礎地盤および周辺斜面の安定性評価
第4章　建物・構築物の耐震設計
第5章　機器・配管系の耐震設計
第6章　屋外重要土木構造物の耐震設計
第7章　津波に対する設計
第8章　原子力発電所の計画、建設、運転、廃止措置
第9章　放射性廃棄物の処理・処分技術
第10章　将来に向けた原子力耐震技術

第 1 章　原子力発電所の耐震設計の基本

　原子力発電所の耐震設計の目的は、大きな地震が発生した場合でも、原子炉を止め（「止める」）、一定の温度以下になるまで原子炉を冷却するとともにその状態を維持し（「冷やす」）、放射性物質を周辺に放出することがないように閉じ込めておく（「閉じ込める」）、という安全上重要な機能を保持することにある。

　本章では、原子力発電の仕組みと原子力発電所の安全確保について説明し、「止める」「冷やす」「閉じ込める」の安全上重要な機能を保持するための耐震設計の全体像を述べる。さらに、2007 年新潟県中越沖地震および 2011 年東北地方太平洋沖地震における原子力発電所の状況と地震後の対応を紹介する。

1.1　原子力発電の仕組み

　原子力発電は、原子炉内にある核燃料に含まれるウラン 235 が中性子を吸収し核分裂反応を起こす際に発生する熱エネルギーを利用して行われる。図1-1 に示すように、核分裂反応が起こると核分裂生成物と呼ばれる不安定な原子核が生成され、同時に高速中性子と呼ばれる中性子が放出される。この高速中性子はウラン 235 に吸収されにくく、核分裂反応を生じさせにくい。このため原子炉内の水など（減速材）により高速中性子を減速させて、ウラン 235 に吸収されやすい熱中性子に変換する。熱中性子の一部が、ウラン 235 に吸収

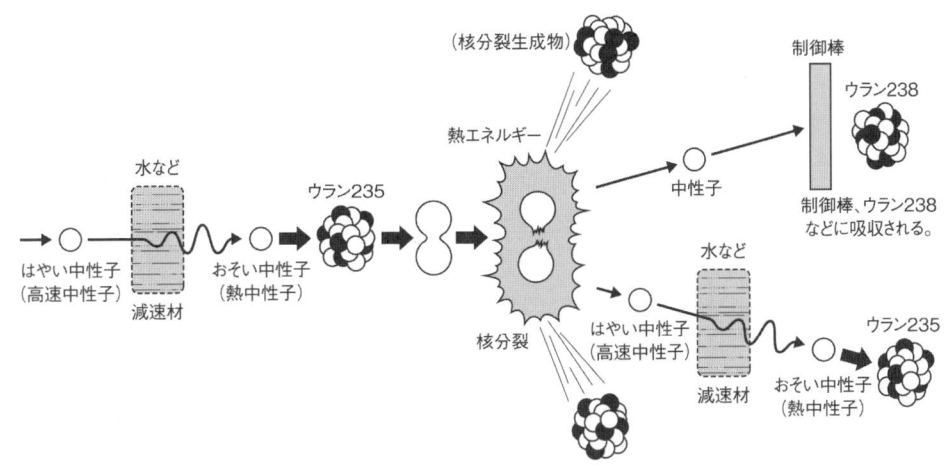

図 1-1　核分裂反応 [1)]

されて核分裂反応を生じさせ、熱エネルギーが発生し、高速中性子が放出される。このような現象が繰り返される連鎖反応により熱エネルギーが持続的に生じることとなる。

原子力発電に使用される核燃料は、3～5%の核分裂反応を起こしやすいウラン235と、95～97%の核分裂反応を起こしにくいウラン238から構成されている。核分裂の連鎖反応においては、発生する熱中性子の一部が、燃料の大半を占めるウラン238や、中性子を吸収する物質（ボロン、ハフニウムなど）を用いた**制御棒**に吸収される。原子炉内では、1個のウランの核分裂が、次のウラン1個の核分裂を誘発するように調整されており、そのような状態を「臨界」と呼ぶ。この状態では、ウラン235と熱中性子との核分裂反応が連鎖を繰り返すことにより熱エネルギーが増大し続けることはなく、ある一定の熱エネルギーの放出量を保持することができる。なお、原子爆弾では、ウラン235をほぼ100%近くまで濃縮したものを使用し、一気に連鎖反応を生じさせて大爆発を引き起こしている。これらの核分裂反応により生じる熱エネルギーは極めて大きく、ウラン235の1グラムが反応を起こすと、石油約2,000Lを燃やしたときのエネルギー量に相当する。

核分裂反応によって発生した熱エネルギーが水を蒸発させ、発生した蒸気がタービン発電機を回すことにより、電気を作り出す。タービンを回し終えた蒸気は**復水器**に送られ、海から取り入れた海水によって冷やされ、再び水となって原子炉へ送り返される。**図1-2**に示すように、水を蒸気に変え、蒸気をタービンに送り、発電機を回して発電するプロセスは、基本的に火力発電と同じである。原子力発電が火力発電と異なる点は、水を原子炉冷却材としても用いることにある。

わが国のほとんどの原子力発電所が、中性子の減速材および原子炉の冷却材として軽水（通常の水）を用い、水（蒸気）の力によりタービン発電機を回す発電方法を採用している。このような発電方法の原子炉を軽水炉という。軽水炉には、沸騰水型軽水炉（BWR：Boiling Water Reactor）と加圧水型軽水炉（PWR：Pressurized Water Reactor）の2種類があり、BWRは核分裂反応によって原子炉で発生した蒸気が直接タービンを回す方式であるのに対

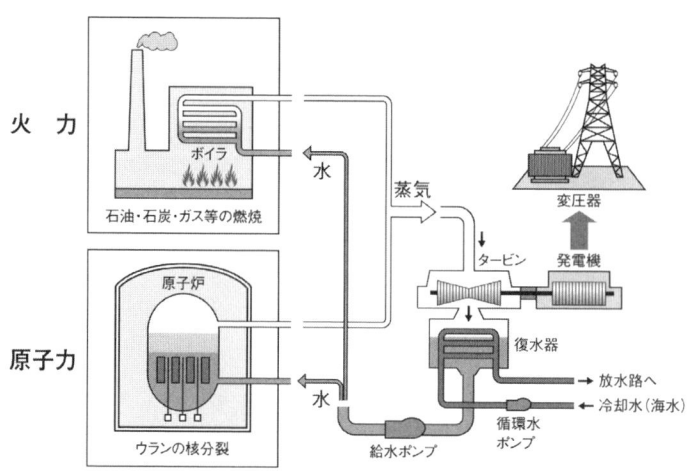

図1-2 火力および原子力の発電方式[2)]

し、PWRでは核分裂反応により原子炉で発生した熱エネルギーにより水を高温高圧の状態にし、その高温高圧の水により蒸気発生器で発生させた蒸気がタービンを回す方式である（詳細はAppendix 1参照）。

1.2 原子力発電所の安全確保

「止める」「冷やす」「閉じ込める」という原子力発電所の安全上重要な機能について、通常時および異常検知時の原子炉の制御を解説し、3つの機能を保持するための基本的考え方を説明する。

1.2.1 原子炉の制御

起動、運転、停止など通常時の原子炉の制御では、原子炉内の圧力、水位と出力の制御が主となる。BWRの場合、「原子炉圧力制御系」によってタービンの加減弁やバイパス弁を開閉することにより**原子炉圧力容器**内の圧力を制御し、「制御棒駆動系」によって制御棒の抜き差しを行うこと、また「原子炉再循環流量制御系」によって**再循環ポンプ**の回転数を変化させ炉心の水の流量を変えることによって、原子炉の出力を制御する。併せて「原子炉水位制御系」による原子炉水位の確保も行われる。

核分裂反応により生成される核分裂生成物は、そのほとんどが不安定な放射性物質であり、安定した状態になるまでβ線などの放射線を出しながら崩壊を繰り返し、熱を出し続ける。そのため、運転を停止した後も冷却を続ける必要がある。原子炉内の冷却水が100℃以下となり、大気圧程度の圧力となった状態を冷温停止状態という。原子炉が安定に停止するということは、冷温停止状態となることを意味する。

原子炉施設内の検知器により何らかの異常を検知した場合、制御棒が燃料棒（燃料集合体）の間に数秒間で自動的に挿入され、原子炉は緊急停止（スクラム）するように設計されている。原子炉がスクラムすると、タービン発電機による発電も停止される。検知器による異常検知のひとつに、地震による大きな揺れの検知がある。原子炉がスクラムしても、例えばBWRの場合には、発電所の外部からの電源が維持されて給水ポンプなどの常用機器が正常に作動し続け、原子炉の圧力・水位の異常およびタービン建屋の復水器の真空度の異常が検知されなければ、原子炉で作られる蒸気はタービンに送られて復水器で冷却され続ける。

外部電源喪失による給水ポンプなどの常用機器への電源供給停止、および機器・配管自体の異常により、原子炉の水位や復水器の真空度の異常などが検知されれば、原子炉で作られる蒸気を原子炉からタービンに送る主蒸気管の弁（主蒸気隔離弁）が自動で閉じる。その状態では、タービン建屋内の復水器による蒸気の冷却ができなくなる。このため、原子炉圧力容器内の蒸気は原子炉の逃がし安全弁を通して**原子炉格納容器**内のプール水に導かれ、水に戻される。それとともに、このプール水を非常用の冷却水系統で冷却し、最終的には海水に原子炉の熱を逃がす機能が維持される。また、発生した蒸気による原子炉圧力容器内の水位の低下に対しては、原子炉で発生し続ける蒸気を動力とする蒸気駆動ポン

プを用いて注水することで水位を維持する。しかし、何らかの原因でさらに水位が低下する場合は、非常用炉心冷却系が作動し、注水により燃料を冷却する。図 1-3 に非常用炉心冷却装置の仕組みを示す。

　外部電源が停電などにより供給されない場合でも、非常用のディーゼル発電機の自動起動が機能すれば、原子炉冷却のための注水を行う電動ポンプモーターの駆動と機器を制御するための電源が確保され、海水に原子炉の熱を逃がす機能が維持される。さらに、非常用のディーゼル発電機が起動せず、他の号機からの電力融通も得られない場合には、すべての交流電源が使えない全交流電源喪失（SBO：Station Blackout）となる。この場合には、動力として電力を必要としない前述の蒸気駆動ポンプを用いてタンクやプールに溜められた水を原子炉に注水し、そのポンプの出力制御のみをバッテリーからの直流電源で行う冷却システムに移行し、原子炉の冷却機能が確保される。

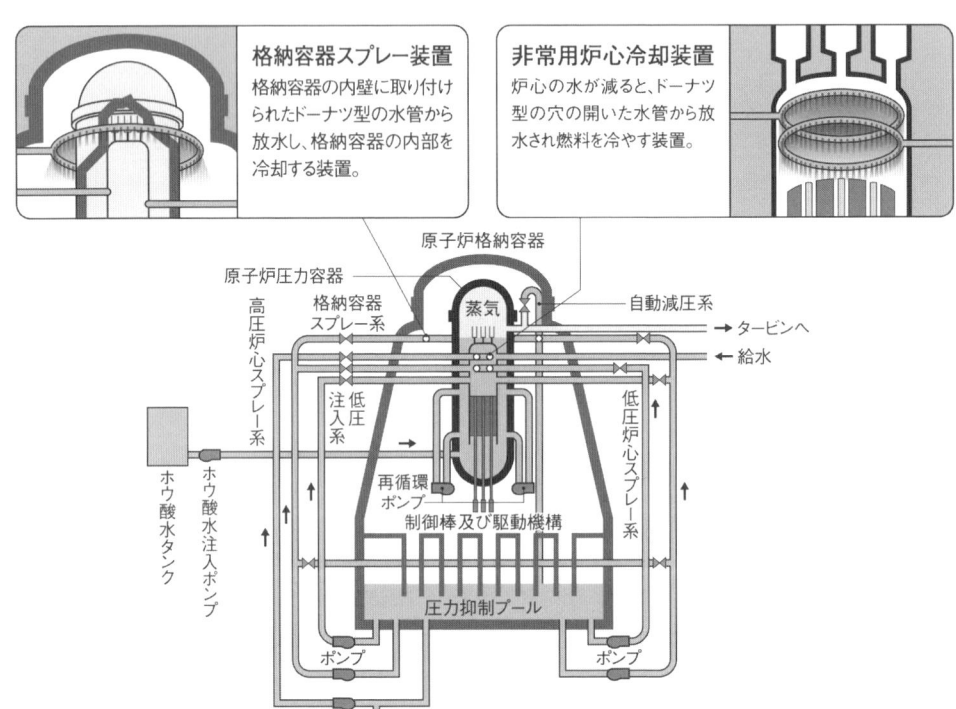

図 1-3　非常用炉心冷却装置の仕組み（BWR の例）[2] に加筆

1.2.2　安全確保の考え方

　原子力発電所は、放射性物質を周辺に出さないことが、安全確保の大原則である。そのために「多重防護」の考え方を基本としている。多重防護とは、第 1 の安全対策に加え、第 2、第 3 の安全対策を講じておくなど、何重もの対策を用意することをいう。

　万が一異常が発生した場合でも、この何重もの対策により「止める」「冷やす」「閉じ込める」という安全上重要な機能を保持することによって、周辺環境への放射性物質の放出を防ぐ。図 1-4 にこれらの安全上重要な機能を示す。

① 「止める」

　地震などにより、あらかじめ設定した値より大きな振動を検知した場合や原子炉冷却材（水）喪失などの炉心の冷却に異常が生じた場合などには、早急に制御棒を挿入して原子炉を停止し、燃料の発熱量を抑制する。制御棒はボロンやハフニウムなど中性子をよく吸収する材質が用いられている。

　また、万が一制御棒が動作しない場合であっても、中性子を吸収するホウ酸水を注入するなどの方法により核分裂反応を止めることができる。

② 「冷やす」

　原子炉が停止し核分裂反応が止まっても、炉心では核分裂生成物の崩壊による**崩壊熱**が発生する。原子炉停止直後の崩壊熱は、原子炉停止前の熱出力の 7%程度である。この崩壊熱が適切に除去されない場合、**燃料被覆管**温度が上昇し、炉心の損傷に至る可能性があるため、炉心冷却系で適切に崩壊熱を除去する機能を確保する必要がある。

　炉心冷却系のポンプについても、低圧系、高圧系、蒸気駆動注水系などの多様な方法での注水が用意されている。

③ 「閉じ込める」

　原子力発電所の安全確保では、放射性物質の閉じ込めに万全を期す必要がある。放射性物質はその大半が**燃料ペレット**に蓄積される。燃料ペレットから拡散などにより漏洩した放射性物質の一部が燃料被覆管内に蓄積され、基本的に放射性物質は燃料棒の中に留まる。また、何らかの原因により燃料被覆管に損傷が生じ放射性物質が原子炉内の冷却材中に漏洩したとしても、原子炉圧力容器内に留まる。さらに、原子炉圧力容器から放射性物質が漏洩するような事態が生じたとしても、原子炉格納容器、原子炉建屋の閉じ込め機能および**非常用ガス処理系**により、減衰あるいは除去されることで大気への放出量が抑制される。

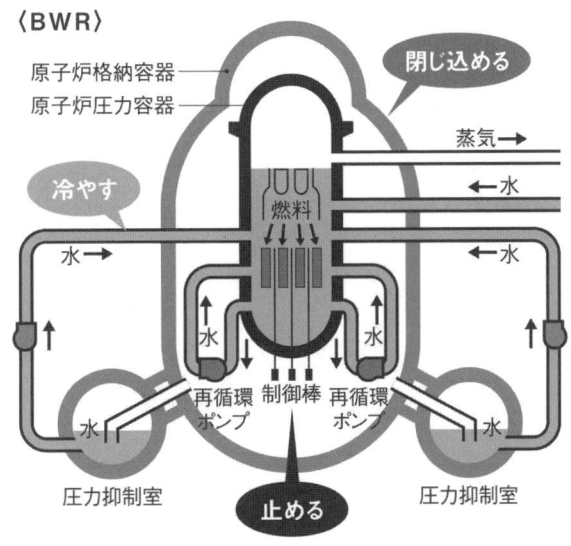

図 1-4　安全に関わる 3 つの機能の概念

1.3 原子力発電所の耐震設計の全体像

原子力発電所の耐震設計の考え方と全体像を述べる。重要度に応じて設定する地震力について説明し、地震力に対する建物・構築物の基礎地盤の安定性評価、建物・構築物、機器・配管系の設備および屋外重要土木構造物の設計を概説する。

1.3.1 原子力発電所の耐震設計の考え方

原子力発電所の耐震設計では、原子炉を「止める」「冷やす」、放射性物質を「閉じ込める」という安全性を確保するための機能が地震により損なわれることがないよう、設備の重要度に応じた設計を行う。「止める」「冷やす」「閉じ込める」機能に関わる設備は、最も重要度の高い設備に該当する。

原子力発電所の安全性を確保するためには、「止める」「冷やす」の機能に直接関係する機器・配管系の設備、それらの設備を支持する機能や放射性物質を「閉じ込める」機能を有する建物・構築物について高い耐震性が求められる。安全上重要な設備を支持する機能や「冷やす」ための海水を取水する機能を持つ屋外重要土木構造物についても同様である。また、建物・構築物が設置される地盤やその周辺の斜面についても、その健全性の確保が求められる。さらに、津波についても各設備の安全上重要な機能が損なわれることがないよう、津波による水位や**波力**を評価して設計に反映し、安全性を確保する必要がある。図1-5に原子力発電所の耐震設計の全体像を示す。

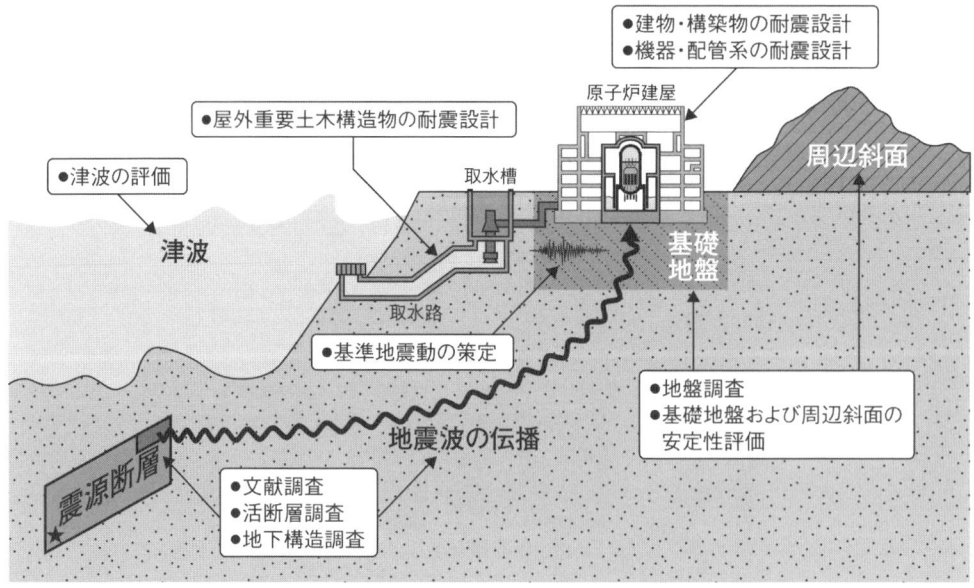

図1-5 原子力発電所の耐震設計の全体像

1.3.2 耐震重要度分類と設計用地震力
(1) 耐震重要度に応じた耐震設計

　地震により発生する可能性のある原子炉施設の安全性を確保する機能の喪失およびそれに起因する放射線による公衆への影響を防止する観点から、原子炉施設を耐震設計上の重要度に応じてS、B、Cの3つの耐震クラスに分類し、耐震重要度が高い施設ほど大きい設計用地震力で耐震設計を行うことで高い耐震性を確保している。

　表 1-1 に原子炉施設の耐震設計上の重要度分類の考え方を示す。主に「止める」「冷やす」「閉じ込める」機能に関わる施設が、耐震重要度が最も高いSクラスに該当する。

表 1-1　原子炉施設の耐震設計上の重要度分類

耐震クラス	分類の考え方
S	・地震により発生するおそれがある事象に対して，原子炉を停止し，炉心を冷却するために必要な機能を持つ施設 ・自ら放射性物質を内蔵している施設 ・当該施設に直接関係しておりその機能喪失により放射性物質を外部に拡散する可能性のある施設 ・これらの施設の機能喪失により事故に至った場合の影響を緩和し，放射線による公衆への影響を軽減するために必要な機能を持つ施設 ・これらの重要な安全機能を支援するために必要となる施設 ・地震に伴って発生するおそれがある津波による安全機能の喪失を防止するために必要となる施設 であってその影響が大きいもの
B	安全機能を有する施設のうち，機能喪失した場合の影響がSクラス施設と比べ小さい施設
C	Sクラスに属する施設及びBクラスに属する施設以外の一般産業施設または公共施設と同等の安全性が要求される施設

(2) 施設の耐震重要度分類

　図 1-6 に BWR の耐震設計上の重要度分類の例を示す。また、表 1-2 にそれぞれの耐震クラスに該当する設備の具体例を示す。

　Sクラスの設備は、原子炉を止めるための制御棒挿入に関わる設備、原子炉冷却のための非常用炉心冷却系などの冷却設備、放射性物質を閉じ込めるための原子炉格納容器、その他に使用済燃料を貯蔵するための設備などである。

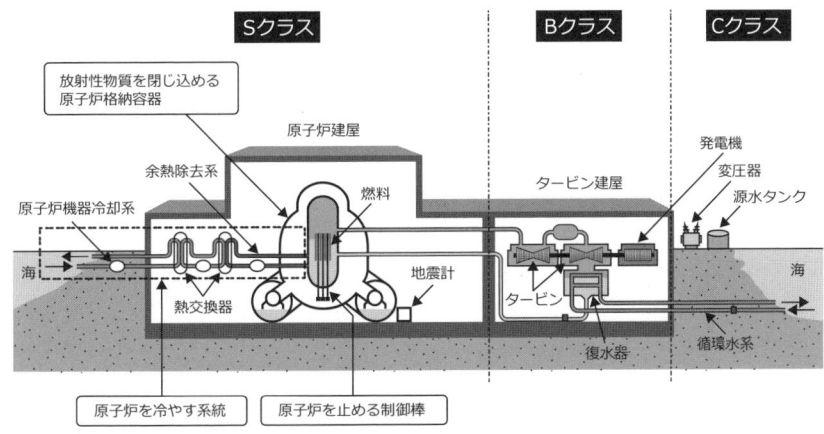

図 1-6　BWR の耐震設計上の重要度分類の例[3]

Bクラスの設備は、放射性物質を含んでいるがその量や影響が比較的少ないタービン設備や廃棄物処理設備などである。

Cクラスの設備は、安全機能を有せず放射性物質を含まない変圧器や消火設備などであり、一般産業施設または公共施設と同等の耐震設計が行われる。

表1-2 耐震クラスの例（BWR）

耐震クラス	原子炉施設・設備
S	・原子炉建屋（二次格納施設） ・原子炉格納容器 ・原子炉圧力容器 ・制御棒及びその駆動機構 ・非常用炉心冷却系などの冷却設備 ・**原子炉冷却材圧力バウンダリに属する容器・配管・ポンプ** ・使用済燃料貯蔵設備 　　　　　　　　　　　　　　　　　　　　　　　　　　　　　　など
B	・廃棄物処理施設 ・燃料プール浄化系 ・タービン系設備（タービン本体やその補助系） 　　　　　　　　　　　　　　　　　　　　　　　　　　　　　　など
C	・新燃料設備 ・主発電機・変圧器 ・消火設備 ・循環水系 　　　　　　　　　　　　　　　　　　　　　　　　　　　　　　など

原子力発電所の安全性は、原子炉施設の機能に直接関連する主要設備、補助的な役割をもつ補助設備、およびそれらを支持する構造物（直接支持構造物および間接支持構造物）を含めた全体としての健全性が保たれて初めて保持されることから、それらの関連性を踏まえた耐震設計を行う必要がある。

例えば、機器・配管系の多くは建物・構築物あるいは土木構造物に設置されているため、設置する機器・配管系の設備がより高い耐震クラスである場合には、その高い耐震クラスの設計用地震力に対して設備の機能が維持できるよう支持金物、および建物・構築物などの設備を支持する構造物の耐震性も高くする必要がある。図1-7に配管と支持構造物の例を示す。

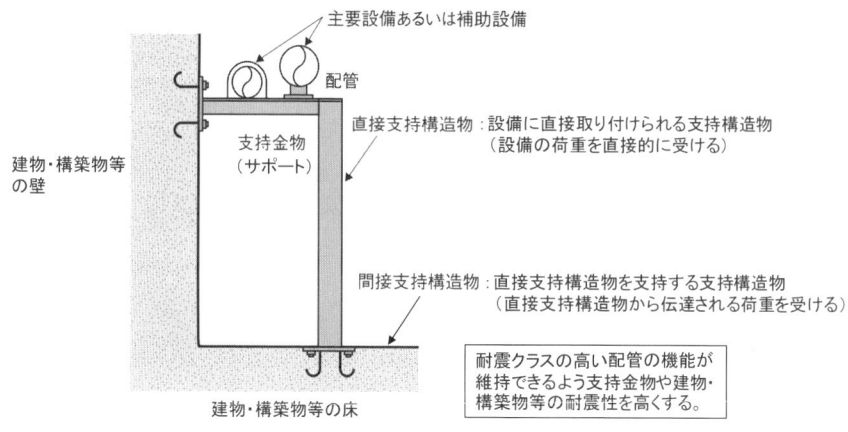

図1-7 配管と支持構造物の例[4]に加筆

また、下位の耐震クラスに属するものの破損により、上位の耐震クラスに属するものに影響を与えないことを確認する。

(3) 耐震重要度分類に応じた設計用地震力

耐震重要度に応じたS、B、Cの各耐震クラスで考慮する設計用地震力には、建築基準法で一般の建物に求められる地震力を耐震重要度に応じて割り増した静的地震力と、Sクラスで考慮する動的地震力とがある。

静的地震力は地震時に施設に作用する力を、時間変化のない静的な力に置き換えて考慮する地震力であり、動的地震力は動的に時々刻々と変化する力として考慮する地震力である。**表 1-3** に各耐震クラスで考慮する設計用地震力を示す。

表 1-3　各耐震クラスで考慮する設計用地震力

耐震クラス	静的地震力	動的地震力
S	一般の建物に求められる地震力の3.0倍	基準地震動による地震力 弾性設計用地震動による地震力
B	一般の建物に求められる地震力の1.5倍	－※
C	一般の建物に求められる地震力の1.0倍	－

※共振のおそれのある施設については弾性設計用地震動の1/2による地震力を考慮

各耐震クラスで考慮する静的地震力は、Sクラスでは一般の建物に求められる地震力の3.0倍、Bクラスでは1.5倍、Cクラスでは1.0倍とする。またSクラスの耐震設計で考慮する動的地震力には、基準地震動による地震力と**弾性**設計用地震動による地震力がある。

基準地震動は、最新の科学的・技術的知見を踏まえ、敷地および敷地周辺の地質構造、地盤構造および地震活動性などをもとに原子力発電所ごとに策定される。Sクラスの施設は基準地震動により、安全機能を保持できることを確認する。

構造物を弾性設計するための弾性設計用地震動は、基準地震動に係数 α を乗じて設定した地震動である。α は 0.5 を下回らないように規定されているが、発電所ごとの各事業者の判断により設定し、およそ0.5〜0.75の値がとられている。構造物の弾性設計では、地震入力と構造物の応答が比例関係にあり、算定される応答値の精度も比較的高い。一般的に構造物の**弾性限界**と**終局強度**の間には大きな差があり、弾性設計された構造物は、設計で考慮した地震動を超える地震動に対しても、崩壊するまでに余裕がある。そのため原子炉施設の設計でも弾性設計用地震動が設定され、Sクラス設備は弾性設計用地震動に対して概ね弾性範囲となるように設計される。これにより、基準地震動による**弾塑性**解析結果の信頼性を担保し、安全機能の保持を高い精度で確認することができる。

1.3.3　原子力発電所の耐震設計の流れ

原子力発電所の耐震設計における「基準地震動の策定」「基礎地盤・周辺斜面の安定性評価」「建物・構築物の耐震設計」「機器・配管系の耐震設計」「屋外重要土木構造物の耐震設

計」および「津波に対する設計」の概要と全体の流れについて説明する。図 1-8 に原子力発電所の地点ごとに行われる各種調査から安全性確認までの耐震設計の流れを示す。

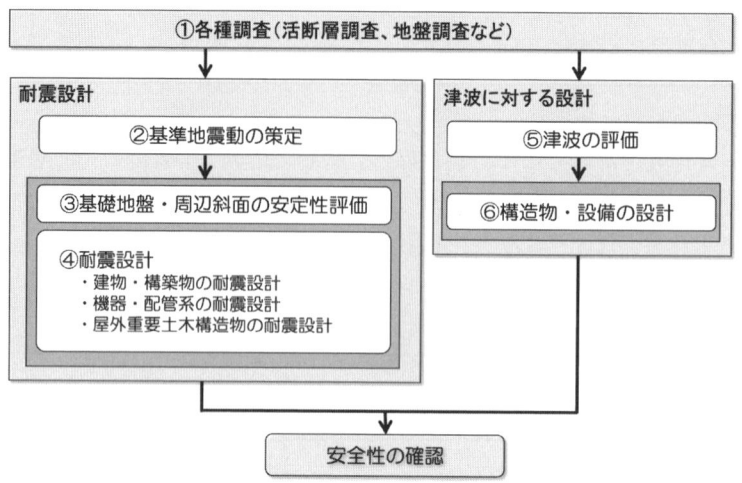

図 1-8 原子力発電所の耐震設計の流れ

① 各種調査（第 2、3、7 章）

地震動、津波の評価や基礎地盤の評価のため、敷地周辺で過去に発生した地震に関する調査、敷地周辺の活断層に関する調査、地盤調査、津波痕跡調査などを実施する。

② 基準地震動の策定（第 2 章）

敷地周辺および敷地近傍において、歴史地震や活断層の活動履歴の十分な調査を行い、考慮すべき地震の**震源特性**、震源から敷地基盤までの**伝播特性**、敷地の**地盤増幅特性**を把握して地震動を評価する。地震動評価には、**応答スペクトル**にもとづく地震動評価および**断層モデル**を用いた手法による地震動評価があり、**解放基盤表面**における水平方向および鉛直方向の地震動として基準地震動を策定する。

③ 基礎地盤・周辺斜面の安定性評価（第 3 章）

基礎地盤・周辺斜面の安定性評価では、安全上重要な設備を設置する建物・構築物が十分な支持性能を持つ基礎地盤に設置されていること、および周辺斜面が地震時に崩壊して施設の安全機能に重大な影響を与えるおそれがないことを確認する。

安定性評価の手順は、以下のとおりである。はじめに安定性評価に必要な岩盤の強度、剛性および弱層の分布などを**ボーリング調査**、**弾性波探査**、岩石試験などにより調査し、その結果にもとづき基礎地盤と周辺斜面のモデル化を行う。次に、基準地震動による水平および鉛直方向の慣性力を動的に作用させて、地震時の地盤の応力を求め、地盤の支持力、すべり抵抗力と比較することにより、基礎地盤と周辺斜面の安定性評価を行う。

④ 耐震設計（第 4、5、6 章）

建物・構築物、機器・配管系の設備、屋外重要土木構造物は、環境への放射線による影響の観点から、耐震重要度に応じた地震力により設計を行う。

安全上重要な建物・構築物の耐震設計では、部材断面寸法や重量などを仮定してモデル化し、**地震応答解析**により弾性設計用地震動による動的地震力を算出する。動的地震力と静的地震力を比較し、大きい方の地震力にもとづき設計に用いる地震力を設定する。常時荷重や運転時荷重などと地震力を組み合わせた**応力解析**により、部材応力を求める。その結果にもとづき各部材の断面などの詳細な設計を行う。さらに、基準地震動による地震応答解析を行い、機能が維持されることを確認する。

地震時に動作が必要となるポンプや弁などの動的機器については、加振試験などにより動作確認を行う。

⑤ 津波の評価（第7章）

津波が原子力発電所の安全上重要な機能に影響を与えないことを確認する。各種調査にもとづき、敷地に大きな影響を与えると予想される津波波源を設定し、津波伝播と遡上計算により津波水位などを評価する。

⑥ 構造物・設備の設計（第7章）

津波の評価により算出された浸水高や波力などに対して構造物および設備の設計を行う。

1.4 地震時における原子力発電所の状況と地震後の対応

2007年新潟県中越沖地震における柏崎刈羽原子力発電所、2011年東北地方太平洋沖地震における福島第一原子力発電所および女川原子力発電所それぞれの地震発生後の状況と対応について述べる。

1.4.1 2007年新潟県中越沖地震における柏崎刈羽原子力発電所の状況

2007年7月16日、新潟県中越沖を震源とするマグニチュード6.8の地震が発生し、新潟県長岡市、柏崎市、刈羽村と長野県飯綱町で震度6強の揺れを観測した。柏崎刈羽原子力発電所の7基の原子炉のうち、地震発生時に運転中であった原子炉（2、3、4、7号機）は、すべて安全に自動停止され、冷温停止状態に導かれた。また、1〜7号機の原子炉すべてにおいて、原子炉の安全を守るための機能「止める」「冷やす」「閉じ込める」は確保された。地震による主な被害として、地盤の不等沈下によりダクトが破損し、絶縁油の漏れによる3号機所内変圧器の火災、使用済燃料プールの水の**スロッシング**による溢水などが発生したが、いずれも安全上重要な機能に影響を及ぼすものではなかった。

観測された記録は、設計時に想定した最大応答加速度を大きく上回っており、中には2倍以上となっている場合もあった。また、距離減衰式（第I編第2章2.3.3項参照）で評価される平均的な地震動に対し、観測された最大加速度は1〜4号機で約6倍、5〜7号機で約3倍であった。観測記録の分析から、大きな地震動が発生した要因として、震源断層がより強い地震波を放出する特性を持っていたこと、および発電所周辺の地盤が地震動を増幅しやすい構造であったことが挙げられた。

本地震により、震源特性および地盤増幅特性に関わる新たな知見が得られるとともに、

設計時に想定した地震動を大幅に上回る地震動に対しても、安全上重要な設備に支障は見られなかったことから、原子力発電所の耐震設計上の安全余裕に関する知見も得られた。このような余裕の要因のひとつとして、安全上重要な設備に対して要求される静的地震力の割増しが考えられる。例えば原子炉建屋では、一般の建物に求められる地震力を 3 倍に割増しした地震力に対して弾性設計が行われており、新潟県中越沖地震時の揺れによる荷重は、これとほぼ同程度と推定されている。このため、原子炉建屋の各部材は地震時に弾性範囲にあり、損傷しなかったと考えられる（詳細は Appendix 2 参照）。

1.4.2　2011 年東北地方太平洋沖地震における福島第一原子力発電所および女川原子力発電所の状況

2011 年 3 月 11 日、三陸沖を震源とするマグニチュード（M_w）9.0 の地震が発生し、宮城県栗原市で震度 7、宮城県、福島県、茨城県、栃木県の 4 県 37 市町村で震度 6 強を観測した。震源域は、岩手県沖から茨城県沖までに及んでおり、南北約 500km、東西約 200km で、最大すべり量は 50m 以上であったとされている。この地震により、東北地方から関東地方にかけての太平洋沿岸で非常に高い津波が襲来し、甚大な被害が発生した。本地震における福島第一原子力発電所および女川原子力発電所の状況について説明する。

(1)　福島第一原子力発電所の状況

地震発生時は、4 号機から 6 号機は定期点検中により停止状態であり、運転中の 1 号機から 3 号機は自動停止した。地震による遮断器などの損傷や送電鉄塔の倒壊によって、外部電源の 6 回線による受電がすべて停止したため、各号機の非常用ディーゼル発電機が起動した。しかし、地震発生から数十分後に襲来した津波の影響を受けて、1～5 号機の冷却用海水ポンプ、非常用ディーゼル発電機や配電盤が冠水した。冠水を免れた 6 号機の 1 台を除くすべての非常用ディーゼル発電機が停止し、全交流電源を喪失した状態となった。

1 号機から 3 号機では、交流電源を用いる炉心冷却機能が失われたため、バッテリーによる直流電源を用いた原子炉隔離冷却系などの炉心冷却機能の作動が試みられた。しかしながら、バッテリーの枯渇等により炉心冷却機能が停止したため、消防ポンプを用いた消火系ラインによる淡水または海水の代替注水に切り替えられた。原子炉内の圧力上昇に伴い代替注水が困難になり、原子炉圧力容器への注水ができない事態が一定時間継続したため、各号機の炉心の核燃料は水で覆われずに露出し、**炉心溶融**に至った。

また、大気中に露出した燃料棒被覆管などのジルコニウムと水蒸気との化学反応により大量の水素が発生して原子炉格納容器内に充満し、さらに海水系機器が損傷し冷却系統を喪失したこと（最終ヒートシンク喪失状態）により、原子炉格納容器が破損し、1 号機および 3 号機において、漏れ出した水素に引火して爆発が生じ、原子炉建屋の最上階上部全体が破壊されたと推測される。

この地震で原子炉建屋において観測された地震動は、2006 年の「発電用原子炉施設に関する耐震設計審査指針」改訂以降に考慮している基準地震動による地震動と概ね同程度であったとされている。また、地震動による設備の被害については、津波襲来により、明確に確認されていないが、諸々の調査により東京電力は「安全上重要な機能を有する主要な

設備は、地震時および地震直後において安全機能を保持できる状態にあったものと考えられる」としている。

　福島第一原子力発電所において評価していた津波高は、最大でO.P.＋6.1m（O.P.：小名浜港工事基準面、東京湾平均海面T.P.から0.727m引いた値）であったが、O.P.＋13.1mの高さの津波に襲われた。敷地内の浸水高は、1〜4号機側でO.P.＋15.5m、5、6号機側でO.P.＋14.5mとされている。津波による冠水により電源や冷却に関わる機能の大半を失っている（詳細はAppendix 3を参照）。

(2)　女川原子力発電所の状況

　東北地方太平洋沖地震の発生時、女川原子力発電所は、1号機および3号機が運転中、2号機が原子炉起動中であり、「地震加速度大」の信号発信によりすべての原子炉が自動停止した。外部電源は、5回線のうち松島幹線2号線が機能維持していたため、2号機と3号機は受電し、所内電源が確保されていた。1号機では、地震により起動用変圧器が停止したため外部電源を受電できなかったが、非常用ディーゼル発電機が起動し電源が確保された。

　2号機では、地震発生直前の状態は、原子炉は未臨界で炉水温度100℃未満であったため、原子炉モードスイッチを「停止」位置に操作することで冷温停止状態になった。1号機および3号機は、約12〜13時間後に冷温停止に導くことができた。

　東北地方太平洋沖地震で原子炉建屋において観測された地震動は、設計上考慮している地震動と概ね同程度のものであったとされている。地震による被害としては、1号機タービン建屋の高圧電源盤の火災、および3号機原子炉建屋の**ブローアウトパネル**の解放などが確認されているが、原子炉施設の安全上重要な設備については、地震時に適切に機能したことが確認されている。

　女川原子力発電所において確認された津波の高さは、最大でO.P.＋約13m（O.P.：女川港工事用基準面、東京湾平均海面T.P.から0.74m引いた値）で、女川の敷地高さ（O.P.＋約13.8m：地震による地殻変動で約1m沈降しており、それを考慮した値）を超えていない。地下トレンチなどを介して原子炉建屋内に水が流入したことにより浸水し、一部の冷却系機器の機能に支障が生じたが、他の冷却系により正常に冷却機能が維持された。また、屋外施設の重油タンクが倒壊したが、安全機能に影響を及ぼすものではなかった（詳細はAppendix 4を参照）。

1.4.3　地震後の対応

　新潟県中越沖地震時の柏崎刈羽原子力発電所の状況から得られた知見としては、震源特性や地下構造特性により設計時の想定を大幅に上回る地震動が観測されたこと、変圧器火災が発生した原因が地盤の不等沈下であったこと、などが挙げられる。これらを受け、地下構造調査や地震観測記録の分析などにもとづく震源特性や地盤増幅特性の再評価、変圧器などの耐震BおよびCクラスの設備の耐震性の再評価と信頼性向上、および被災時の体制の強化として緊急時対策室などの非常時用設備の信頼性向上などの取り組みが、他の原子力発電所でも実施されている。

　また、東北地方太平洋沖地震時の福島第一原子力発電所の事故による教訓として、前述のよ

うに、「全交流電源喪失」「最終ヒートシンク喪失」により安全機能を喪失したこと、さらに、その後の**シビアアクシデント**の進展を食い止めることができなかったこと、が挙げられる。この事故を踏まえ、シビアアクシデントを防止するための設計基準が強化されるとともに、万が一重大事故やテロが発生した場合に対処するための基準が新設された。その内容を反映したものとして、2013年6月に「実用発電用原子炉及びその附属施設の位置、構造及び設備の基準に関する規則」（以下「新規制基準」という）が決定され、7月に施行された。

主要な反映事項としては、以下のとおりである。
・津波対策の大幅な強化
・地震対策の強化
　　地震による揺れに加え地盤の「ずれや変形」に対する基準を明確化
　　活断層の認定基準を明示
　　敷地の地下構造を三次元的に把握し、より精密に基準地震動を策定
・その他の自然現象の想定と対策を強化（火山・竜巻など）
・自然現象以外の事象による共通要因故障への対策（航空機衝突など）
・炉心損傷防止対策・格納容器破損防止対策・放射性物質の拡散抑制対策

図1-9に従来の規制基準と新規制基準の比較を示す。

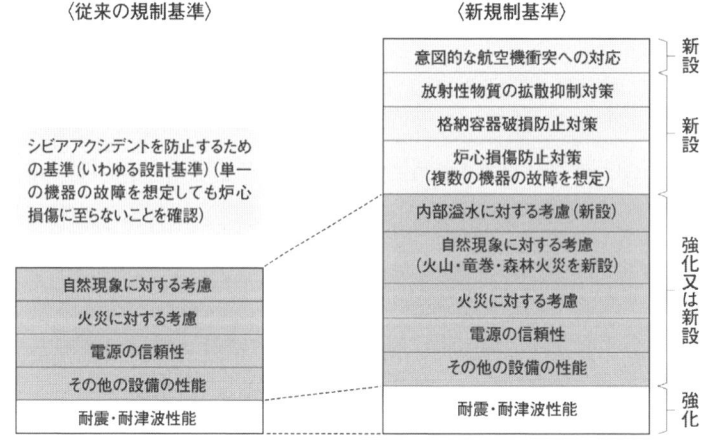

図1-9　従来の規制基準と新規制基準の比較[5]

＜Appendix 1＞　BWRとPWR

(1)　BWR

　沸騰水型軽水炉（BWR：Boiling Water Reactor）は、原子炉の水（軽水）を沸騰させ、その蒸気でタービン発電機を回し、発電するタイプの原子炉である。核燃料の核分裂反応によって発生した熱エネルギーにより、原子炉圧力容器に送り込まれた一次冷却材（軽水）が、燃料棒の間で沸騰し、蒸気が直接タービンに送られて、発電機を回すのに用いられる。発電機を回した蒸気は、復水器において冷却水（海水）で冷やされて水に戻り、一次冷却材としてまた原子炉圧力容器に送り込まれる。原子炉圧力容器に入った水は、再循環ポンプによって循環され、再循環流量の増減および制御棒の出し入れによって、原子炉の出力が調整される。

　BWRの特徴としては、放射性物質を含んだ蒸気がタービンに送られるため、タービン建屋でも放射線管理が必要となることが挙げられる。**図A1-1**にBWRの仕組みを示す。

　また、最新の炉型として改良型BWR（ABWR：Advanced Boiling Water Reactor）がある。従来型BWRの鋼製格納容器に代えて、鉄筋コンクリート製原子炉格納容器（RCCV：Reinforced Concrete Containment Vessel）を採用したことにより、重心が低く、機器配置の自由度が高いというメリットがある。また、インターナルポンプを用いることにより、原子炉建屋の容積が従来型に比べ相対的にコンパクトである。

(2)　PWR

　加圧水型軽水炉（PWR：Pressurized Water Reactor）は、原子炉の水（軽水）を高温高圧の状態にして蒸気発生器に送り、そこで別系統の水を蒸気に変え、その蒸気でタービン発電機を回し、発電するタイプの原子炉である。原子炉内を水が循環する一次冷却系統と、蒸気発生器において発生した蒸気をタービンへ送る二次冷却系統が、蒸気発生器を介して分離されている。

　一次冷却系統では、核燃料の核分裂反応によって発生した熱によって、原子炉容器内に送り込まれた一次冷却材（軽水）が燃料棒の間で高温の状態になり、蒸気発生器に送り込まれる。蒸気発生器に送り込まれた水は、冷却材ポンプによって循環される。原子炉の出力は、制御棒の出し入れと、冷却材に溶かした「ホウ酸」濃度の変化によって調整される。

　二次冷却系統では、蒸気発生器に送り込まれた一次冷却系統の高温高圧の水により、タービン側の二次冷却材（水）が蒸気になり、その蒸気がタービンに送られて、発電機を回す。発電機を回した蒸気は、復水器において冷却水（海水）で冷やされて水に戻り、二次冷却材としてまた蒸気発生器に送り込まれる。

　PWRの特徴は、BWRとは異なりタービンには放射性物質の含まれた蒸気が流入しないため、放射線管理の範囲が狭いが、原子炉建屋内で一次冷却材から、二次冷却材への熱交換を必要とすることが挙げられる。また、炉心部における高温の水（一次冷却材）が沸騰するのを抑制するため、一次冷却系統には加圧器によって15MPaの高圧力がかけられ、温度は約320℃に達している。BWRにおける原子炉圧力容器内の一次冷却材の圧力が約7MPa、温度が約280℃であることと比べ、高温高圧となっていることが特徴のひとつである。**図**

A1-2 に PWR の仕組みを示す。

PWR においても、出力の増大や、長サイクル運転を可能とする高性能炉心の開発が進められており、改良型 PWR として建設段階に入ったプラントが複数存在する。

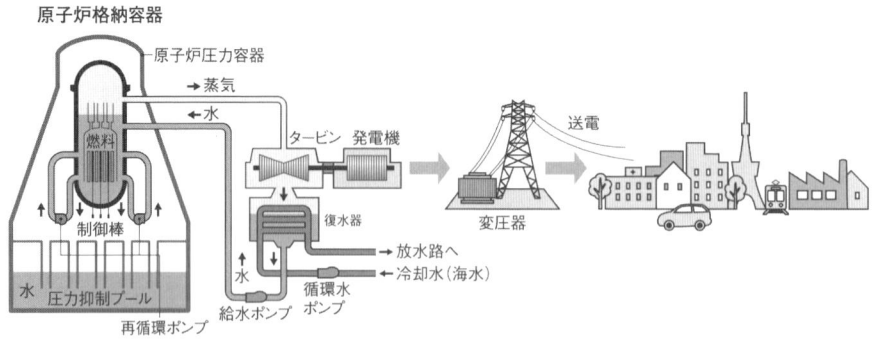

図 A1-1　沸騰水型軽水炉（BWR）の仕組み [6)]

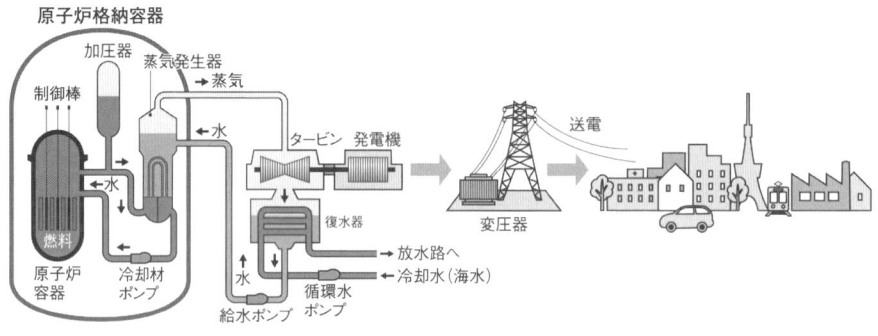

図 A1-2　加圧水型軽水炉（PWR）の仕組み [6)]

＜Appendix 2＞　2007年新潟県中越沖地震における柏崎刈羽原子力発電所の状況

　2007年7月16日10時13分、新潟県上中越沖の深さ17kmを震源とするマグニチュード6.8の地震が発生し、新潟県長岡市、柏崎市、刈羽村と長野県飯綱町で震度6強、新潟県上越市、小千谷市、出雲崎町で震度6弱を観測したほか、北陸地方を中心に東北地方から近畿・中国地方にかけて広範囲に揺れが観測された。この地震により柏崎で32cm～1mの津波を観測した。

　柏崎刈羽原子力発電所の7基の原子炉のうち、新潟県中越沖地震発生時に運転中又は起動中であった原子炉（2、3、4、7号機）は、すべて安全に自動停止し、冷却・減圧操作を経て、冷温停止状態に導かれている。また、地震発生時に定期検査により停止中であった他の原子炉（1、5、6号機）を含む柏崎刈羽原子力発電所の7つの原子炉すべてにおいて、燃料中の放射性物質の閉じ込めは維持され、緊急時に要求される「止める」「冷やす」「閉じ込める」という原子炉の安全を守るための最も重要な安全機能は確保された。

　新潟県中越沖地震時に柏崎刈羽原子力発電所で観測された記録は、設計時に想定した最大加速度を大きく上回っていた。例えば、1号機原子炉建屋地下5階（基礎版上）では、設計時に想定された最大加速度273Galに対して、最大加速度680Galの揺れを記録した。1～4号機における観測記録は、距離減衰式で評価される平均的な地震動に対して約6倍、5～7号機では約3倍に達した。しかしながら、原子炉施設の安全上重要な設備について、地震の揺れによる損傷は確認されなかった。

　観測記録の分析結果から、大きな地震動が観測された要因として、①同じ規模の地震と比べ、1.5倍程度大きめの地震動を与える地震（震源特性の影響）であったこと、②深部地盤構造（深さ4～6km程度）における**地震基盤面**の不整形性（地震基盤面の屈曲）の影響で地震動が2倍程度増幅したこと、加えて③浅部地盤構造（深さ2～4km程度）における不整形性（古い**褶曲構造**の存在）の影響により敷地内で地震動の増幅に違いがあり、1～4号機側の方が5～7号機側に比べ2倍程度地震動が大きくなったことが挙げられた。

　地震による主な被害として、3号機所内変圧器の火災が挙げられる（**図A2-1**）。その原因は、ショートにより発生したアークが変圧器から漏洩した絶縁油に引火したことである。変圧器本体は杭基礎により岩盤支持されていたが、変圧器に接続しているダクトの基礎は岩盤支持されていなかったため、地震によりダクト基礎のみが沈下してダクトが外れ、外れたダクトがブッシング（変圧器などの機器や壁に、外部からの電線をつなぎこみ、機器や壁から絶縁・支持する装置）を損傷するとともにアークが発生し、漏洩した絶縁油に引火したとされている。

　また、地震の揺れの影響により、1～7号機において、スロッシングが生じ使用済燃料プール水が溢れた（**図A2-2**）。このうち6号機では、溢れ出た水がケーブルなどを伝い、放射性物質が含まれない排水タンクに流入して海水に放出された。これにより放出された放射能量および線量はそれぞれ約9×10^4ベクレル、約2×10^{-9}ミリシーベルトであり、一般人が一年間に自然界で受ける線量（2.4ミリシーベルト）を大きく下回った。

　この他、7号機排気筒からの微量の放射能漏れ、6号機原子炉建屋天井クレーン継ぎ手破

損、3号機原子炉建屋のブローアウトパネル解放、1～5号機の主排気ダクト（建屋からの排気を排気筒に送る空調用ダクト）のずれなどの被害が報告されている。さらに、事務本館の被災により、その建物内にある緊急時対策室の扉の枠が変形して入室できず、かつ内部の設備が破損して、地震直後の体制構築に支障を生じたことも報告されている。

図A2-1　変圧器火災の様子[7]

図A2-2　使用済燃料プールからの溢水の様子[7]

<Appendix 3> 2011年東北地方太平洋沖地震における福島第一原子力発電所の状況

　東北地方太平洋沖地震の発生時、福島第一原子力発電所では、1号機、2号機、3号機は定格出力で運転しており、4号機、5号機、6号機は定期検査中であった。運転中の1号機から3号機は、地震の発生を受けて自動停止した。地震発生当日の福島第一原子力発電所には合計6回線の外部電源が接続されていたが、地震による遮断器などの損傷や送電鉄塔の倒壊によって、これら6回線による受電がすべて停止したため、各号機の非常用ディーゼル発電機が起動した。しかし、地震発生から数十分後に襲来した津波の影響を受けて冷却用海水ポンプ、非常用ディーゼル発電機や配電盤が冠水し、6号機の1台を除くすべての非常用ディーゼル発電機が停止した。このため、6号機を除いて全交流電源喪失の状態となった。6号機では、非常用ディーゼル発電機1台（空冷式）と配電盤が冠水を免れ、運転を継続した。また、津波による冷却用海水ポンプの冠水のため、原子炉内部の残留熱を海水へ逃がすための残留熱除去系や機器の熱を海水に逃がすための補機冷却系が機能を失った。

　1号機から3号機では、交流電源を用いる炉心冷却機能が失われたため、直流電源による炉心冷却機能の作動が試みられた。1号機の非常用復水器（IC：Isolation Condenser）の作動、2号機の原子炉隔離時冷却系（RCIC：Reactor Core Isolation Cooling system）の作動と3号機の原子炉隔離時冷却系と高圧注水系（HPCI：High Pressure Coolant Injection）の作動である。その後、これらの直流電源による炉心冷却機能は、そのバッテリーが枯渇したことなどにより停止し、消防ポンプを用いた消火系ラインによる淡水または海水の代替注水に切り替えられた。

　1号機から3号機について、原子炉内の圧力が高く、それぞれ原子炉圧力容器への注水ができない事態が一定時間継続したため、各号機の炉心の核燃料は水で覆われずに露出し、炉心溶融に至った。溶融した燃料の一部は原子炉圧力容器の下部に溜まった。燃料被覆管などのジルコニウムと水蒸気との化学反応により大量の水素が発生するとともに、燃料被覆管が損傷し、燃料棒内にあった放射性物質が原子炉圧力容器内に放出された。さらに、原子炉圧力容器の減圧の過程でこれらの水素や放射性物質は原子炉格納容器内に放出された。

　注入された水は原子炉圧力容器内で核燃料から熱を奪い蒸気になり、炉心冷却機能が失われた原子炉圧力容器では内圧が上昇し、蒸気が原子炉格納容器内に安全弁を通して導かれた。通常、原子炉格納容器は、最終的には海水を冷却源とする冷却系で冷やすことができるが、海水系機器が損壊したことにより冷却することができず、最終ヒートシンク喪失状態となった。これにより、徐々に原子炉格納容器の温度・圧力が上昇した。1号機から3号機では原子炉格納容器が圧力により破損することを防ぐため、内部の気体をサプレッションチェンバー（蒸気圧などによる原子炉格納容器の圧力上昇を抑えるための水冷装置）の気相部（水面より上の部分）から排気筒を通じ大気中に逃がす操作（原子炉格納容器ウェットウェルベント）が数回行われた。

　1号機と3号機では、原子炉格納容器ウェットウェルベント後に、原子炉格納容器から漏洩した水素が原因と思われる爆発が原子炉建屋上部で発生し、それぞれの原子炉建屋の最

上階が破壊された。これらによって環境に大量の放射性物質が放散された。3号機の建屋の破壊に続いて、定期検査のために炉心燃料がすべて使用済燃料プールに移動されていた4号機においても原子炉建屋で水素が原因とみられる爆発があり、原子炉建屋の上部が破壊された。この間、2号機では原子炉格納容器のサプレッションチェンバー室付近と推定される場所で破損が生じたとみられている（図A3-1）。

電源の回復および原子炉圧力容器内への注水の継続と合わせて、1号機から4号機の使用済燃料プールへの注水も取り組まれた。各号機の使用済燃料プールについては、電源の喪失によってプール水の冷却が停止したため、使用済燃料の発熱による水の蒸発により、その水位が低下し続けた。このため、使用済燃料プールに対して、自衛隊、消防や警察がヘリコプターや放水車を用いて注水を行ったが、最終的にはコンクリートポンプ車を用い、近くの貯水池の水などを活用した淡水による注水により冷却を行った。

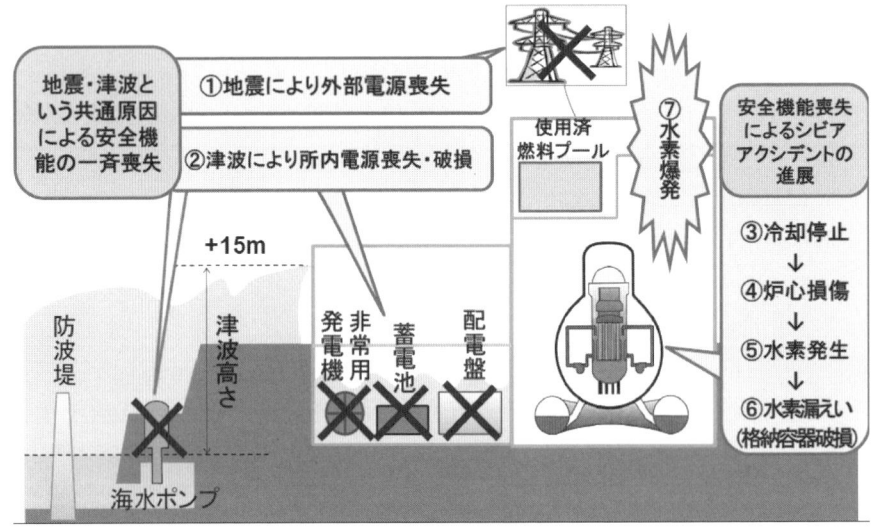

図A3-1　福島第一原子力発電所の事故の状況[5]

福島第一原子力発電所の原子炉建屋基礎版上（最地下階）に設置された地震計により、2号機原子炉建屋地下1階で最大加速度550Galが観測されるなど、基準地震動Ssの最大加速度を一部超えるものが見られたが、ほとんどが下回っており、東北地方太平洋沖地震による地震動は設備の耐震安全性評価の想定と概ね同程度のものであったとされている。

地震発生から約40分後に津波が襲来したため、地震動による設備の被害は明確には確認されていない。プラントの状態を示す計器類の記録や警報発生記録などによる確認、地震観測記録を用いた地震応答解析結果による確認、および可能な範囲での現地目視確認により、東京電力は「安全上重要な機能を有する主要な設備は、地震時および地震直後において安全機能を保持できる状態にあったものと考えられる」としている。また、福島第一原子力発電所の事故について複数の機関で報告書が作成されており、どの機関の報告書も津波による全交流電源喪失が事故の直接的原因であるとしているが、国会が設けた「東京電

力福島原子力発電所事故調査委員会」のみが原因を津波に限定することに疑念を呈し、「安全上重要な機器の地震による損傷はないとは確定的には言えない」としている。

福島第一原子力発電所において想定していた津波高は、最大で O.P.＋6.1m であったが、O.P.＋13.1m の高さの津波に襲われ、敷地内の浸水高は、1～4号機周辺で O.P.＋15.5m、5、6号機周辺で O.P.＋14.5m まで達したとされている（図 A3-2）。

設備の被害としては、非常用ディーゼル発電機や配電盤の冠水による機能喪失、冷却用海水ポンプの冠水による原子炉内部の残留熱除去系や補機冷却系の機能喪失などで、電源や冷却に関わる機能の大半が失われた（図 A3-3）。また、重油タンクの倒壊・漂流、構内の車両の漂流など、多数の漂流物が散乱した状態となり、事故対応・収拾に向けた作業性を低下させる結果となった。

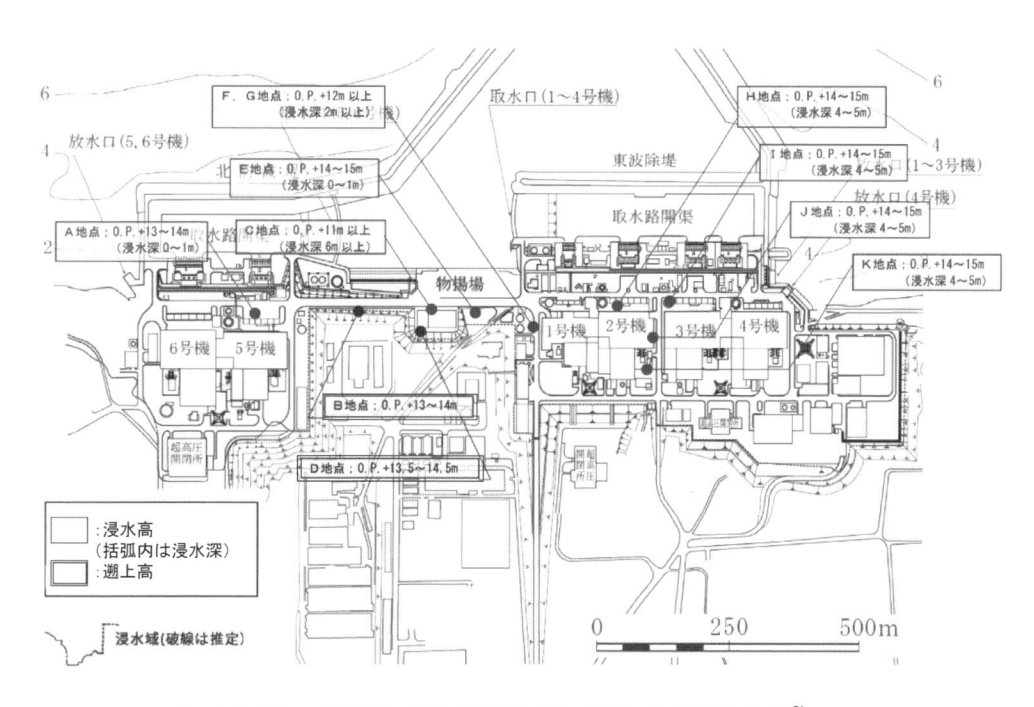

図 A3-2　福島第一原子力発電所の津波による浸水状況 [8]

図 A3-3　福島第一原子力発電所の津波による被害状況 [7]

＜Appendix 4＞ 2011年東北地方太平洋沖地震における女川原子力発電所の状況

　東北地方太平洋沖地震の発生時、女川原子力発電所の1号機および3号機は運転中、2号機は原子炉起動中であった。「地震加速度大」信号発信により全号機の原子炉が自動停止した。外部電源は、5回線のうち松島幹線2号線が機能維持していたため、2号機と3号機は受電し、所内電源が確保されていた。

　1号機では、地震により起動用変圧器が停止したため外部電源を受電できなかったが、非常用ディーゼル発電機が起動し電源が確保された。また、直流電源からの電源により原子炉隔離時冷却系を起動して原子炉の冷却が行われた。圧力の制御が主蒸気逃がし安全弁により行われ、減圧後、制御棒駆動水圧系により原子炉への給水が行われた。サプレッションチェンバーおよび原子炉の冷却が残留熱除去系により行われ、地震発生から約12時間後に冷温停止となった。

　2号機では、地震発生直前の状態は、原子炉は未臨界で炉水温度100℃未満であったため、原子炉モードスイッチを「停止」位置に操作することで冷温停止状態になった。なお、海水ポンプ室の取水路から流入した海水が海水ポンプ室に設置している水位計設置箱の上蓋を押し上げ、そこから流入した海水がケーブルトレイや配管貫通部を通じて地下トレンチに流入した後、配管貫通部を通じて原子炉建屋に浸入し、原子炉補機冷却系（B）と高圧炉心スプレイ補機冷却系が機能喪失したが、原子炉補機冷却系（B）と系統が異なる原子炉補機冷却系（A）が健全であったため、残留熱除去系（A）による原子炉の冷却機能は確保された。

　3号機では、津波の押し波により海水ポンプ用水位検出器が損傷し、循環水ポンプが自動停止した。さらに、海水の浸入によりタービン補機冷却海水系が機能喪失したため、原子炉給水ポンプを停止し、原子炉隔離時冷却系を手動起動して原子炉の冷却が行われた。また、圧力の制御が主蒸気逃がし安全弁により行われ、原子炉減圧後は復水補給水系（MUWC：Make-Up Water Condensate）により原子炉に給水を行った。サプレッションチェンバーおよび原子炉の冷却を残留熱除去系で行って地震発生から約13時間後に冷温停止となった。

　また、使用済燃料プールの冷却系も地震の揺れによる影響で自動停止したが、設備に異常がないことを確認して再起動し、燃料プール水の有意な温度上昇は認められなかった。

　地震による被害としては、1号機タービン建屋の高圧電源盤の火災や、2号機の燃料交換機制御室の窓ガラスの割れ、3号機タービン建屋のブローアウトパネルの解放、1号機中央制御室の天井化粧板の脱落が確認されているが、原子炉施設の安全上重要な設備については、地震時に適切に機能したことが確認されている。

　女川原子力発電所の潮位計で確認された津波の高さは、最大でO.P.約+13mであり、敷地高さ（O.P.約+13.8m）を超えていない（地震による地殻変動で1m沈降しており、それを考慮した値）。女川原子力発電所1号機の計画当初から、津波対策について外部専門家を含む社内の検討会で討議を重ね、「敷地の高さによって津波対策とする。敷地高さはO.P.+15m程度でよい」との検討結果を反映して、敷地高さを14.8mとしたことなどが結果として津波被害を抑えることとなった。

津波による被害は、原子炉補機冷却系やタービン補機冷却海水系の一部の支障、海水ポンプ用水位検出器の損傷による循環水ポンプの自動停止などが確認されているが、冷却機能は正常に維持された。また、屋外施設の被害として、重油タンクの倒壊などが発生しているが、安全機能に影響を及ぼすものではなかった（図A4-1～図A4-3）。

図A4-1　女川1号機重油タンクの倒壊[9]

図A4-2　女川1号機高圧電源盤の焼損[9]

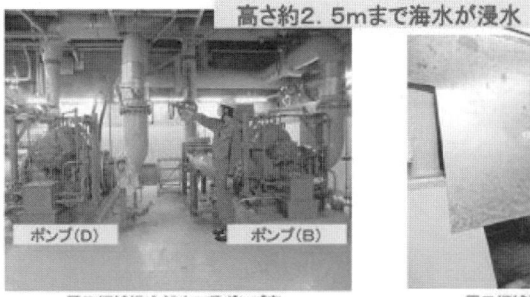

図A4-3　女川2号機原子炉建屋への海水の流入[9]

参考文献

1) 「原子力発電ポケットブック（2010 年版）」中部電力、2010 年
2) 「原子力エネルギー図面集 2012」電気事業連合会、2012 年
3) 中部電力ホームページ
4) 「原子力発電所耐震設計技術指針（JEAG4601-1984）」日本電気協会、1984 年
5) 原子力規制委員会ホームページ
6) 「原子力エネルギー図面集 2011」電気事業連合会、2011 年
7) 東京電力ホームページ
8) 「福島第一原子力発電所及び福島第二原子力発電所における平成 23 年東北地方太平洋沖地震により発生した津波の調査結果を踏まえた対応について（指示）」旧原子力安全・保安院、2011 年 4 月 13 日
9) 「東北地方太平洋沖地震による女川原子力発電所の状況について」東北電力ホームページ、2011 年 4 月 26 日
10) 「軽水炉発電所のあらまし」原子力安全研究協会、1992 年 10 月
11) 「原子力発電所耐震設計技術規程（JEAC4601-2008）」日本電気協会、2008 年
12) 「原子力百科事典 ATOMICA」高度情報科学技術研究機構ホームページ
13) 「第 7 章　中越沖地震に係る柏崎刈羽原子力発電所への影響」新潟県ホームページ、新潟県中越沖地震記録誌
14) 「新潟県中越沖地震を受けた柏崎刈羽原子力発電所に係る原子力安全・保安院の対応（第 3 回中間報告）」原子力安全・保安院、2010 年 4 月 8 日
15) 「新潟県中越沖地震による影響に関する原子力安全委員会の見解と今後の対応」原子力安全委員会、2007 年 7 月 30 日
16) 「新潟県中越沖地震を踏まえた原子力発電所等の耐震安全性評価に反映すべき事項（中間とりまとめ）について」原子力安全・保安院、2007 年 12 月 27 日
17) 「新潟県中越沖地震を踏まえた原子力発電所等の耐震安全性評価に反映すべき事項について」原子力安全・保安院、2008 年 9 月 4 日
18) 「原子力安全に関する IAEA 閣僚会議に対する日本国政府の報告書－東京電力福島原子力発電所の事故について－」原子力災害対策本部、2011 年 6 月、9 月
19) 「福島原子力事故報告書」東京電力、2012 年 6 月 20 日
20) 「東京電力福島原子力発電所における事故調査・検証委員会最終報告」内閣官房東京電力福島原子力発電所における事故調査・検証委員会、2012 年 7 月 23 日
21) 「福島第一原発事故と 4 つの事故調査委員会」国立国会図書館、2012 年 8 月 20 日
22) 「女川原子力発電所及び東海第二発電所　東北地方太平洋沖地震及び津波に対する対応状況について（報告）」原子力安全推進協会、2013 年 8 月
23) 「原子力防災基礎用語集」原子力安全技術センターホームページ
24) 「鉄筋コンクリート造建物の靱性保証型耐震設計指針・同解説」日本建築学会

第 2 章　基準地震動の策定

　原子力発電所の安全上重要な機能が損なわれ周辺の公衆に放射線による影響を与えることがないよう、敷地に影響を与えるおそれのある地震について検討し、設計に用いる地震動を設定する必要がある。

　このため、敷地周辺を対象に、評価地点からの距離が近くなるにつれてより詳細な調査を行い、検討対象とする地震の震源特性、震源から敷地基盤までの地震動の伝播特性、敷地の地盤増幅特性をもとに地震動を評価する。また、活断層調査によっても事前に把握することが困難な地震による地震動を評価し、それらの結果を踏まえて基準地震動を策定し、これにもとづき、弾性設計用地震動を設定する（第Ⅰ編第4, 5章参照）。

　本章では基準地震動の策定の流れを示し、敷地に影響を与えるおそれのある地震の震源の特定と地震動評価のための調査および地震動評価の手法などについて説明する。

2.1　基準地震動策定の流れ

　図 2-1 に基準地震動策定の流れを示す。「敷地ごとに震源を特定して策定する地震動」および「震源を特定せず策定する地震動」を評価して基準地震動を策定する。

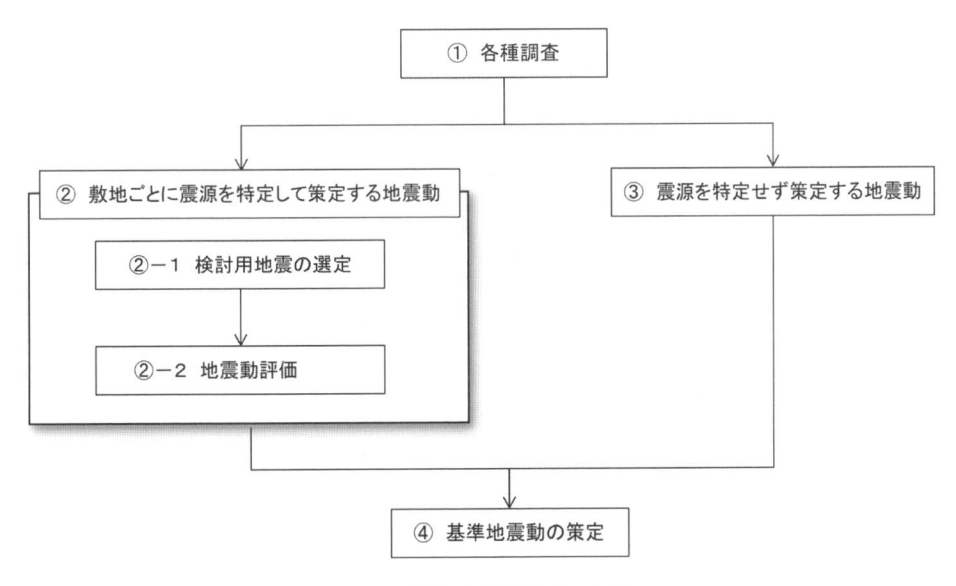

図 2-1　基準地震動策定の流れ

① 各種調査（2.2節）

敷地に影響を与えるおそれのある地震を把握するため、文献調査、敷地および敷地周辺の活断層と地震発生状況を調査する。

② 敷地ごとに震源を特定して策定する地震動

敷地に大きな影響を与えると予想される地震の震源を特定し、地震動を評価する。

②-1　検討用地震の選定（2.3節）

各種調査結果をもとに、対象地震を「内陸地殻内地震」「プレート間地震」「海洋プレート内地震」に分類し、敷地に大きな影響を与えると予想される地震（検討用地震）を複数選定する。

②-2　地震動評価（2.3節）

検討用地震ごとに震源モデルを設定し、「応答スペクトルにもとづく地震動評価」および「断層モデルを用いた手法による地震動評価」を行う。地震動評価では各種の不確かさ（ばらつき）を適切に考慮する。

③ 震源を特定せず策定する地震動（2.4節）

活断層調査によっても事前に震源を把握できない可能性を考慮する。このため、震源と活断層を関連づけることが困難な過去の内陸地殻内の地震の観測記録を収集し、これをもとに考慮すべき地震動を設定する。

④ 基準地震動の策定（2.5節）

「敷地ごとに震源を特定して策定する地震動」および「震源を特定せず策定する地震動」の評価結果にもとづき、敷地の解放基盤表面における水平方向および鉛直方向の地震動を策定する。

解放基盤表面は、基準地震動を策定するにあたって、基盤面上の表層地盤や構造物がないものとして仮想的に設定する自由表面であり、著しい高低差がなく、ほぼ水平で相当な広がりを持って想定される基盤（S波速度 V_s=700m/s以上）の表面と定義される。敷地の地表面の地震動は各地点の表層地盤や地形、および構造物の影響を受けるため、解放基盤表面で共通の基準地震動を策定し、構造物などの耐震性を評価する。図2-2に解放基盤表面の考え方を示す（第Ⅱ編第1章1.4.1項参照）。

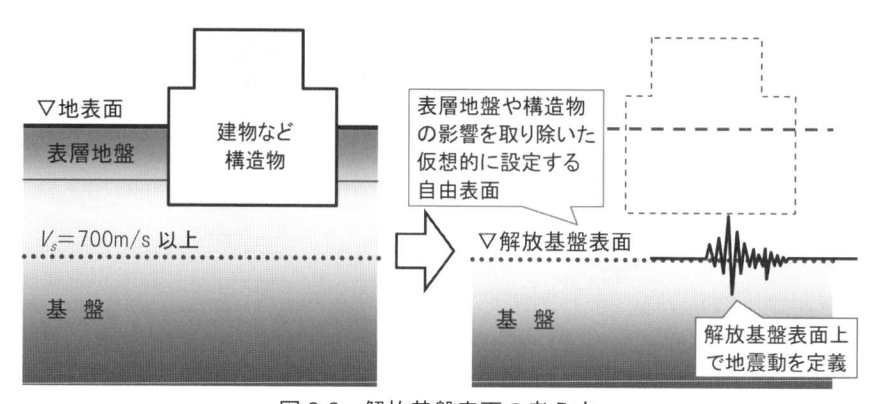

図2-2　解放基盤表面の考え方

敷地および周辺の地下構造が成層ではない場合や不均質である場合には、「敷地ごとに震源を特定して策定する地震動」および「震源を特定せず策定する地震動」の地震動評価において、三次元的な地下構造が地震波の伝播特性、地盤増幅特性に与える影響を検討する必要がある。

2.2 各種調査

基準地震動の策定のため、敷地に影響を与えるおそれのある地震を把握し、地震動評価に必要な震源モデルを検討する。そのため、敷地周辺で過去に発生した地震の調査や敷地周辺の活断層（第四紀後期更新世以降（約12〜13万年前以降）に活動した断層であって将来も活動する可能性のある断層）などに関する調査を行う。

古文書や地震観測記録などを含む既存文献の調査、地形・地質条件による変動地形学的調査、地質調査および地球物理学的調査などを行う。文献調査により広域の地質や地質構造を把握し、変動地形学的調査により変動地形を抽出する。また、地質調査により断層の詳細な性状、活動性などを把握する。地球物理学的調査は、地下における断層の位置や形状、弾性波の速度分布などの地下構造の把握のために実施される。敷地や敷地周辺の三次元的な地下構造が地震波の伝播特性、地盤増幅特性に与える影響を上記の一連の調査により検討し、地震動を評価する。

以上の調査の他に、基礎地盤の支持性能と周辺斜面の安定性の評価のための調査および津波の評価のための調査がある。これらの調査については第3章および第7章で述べる。

2.2.1 既存文献の調査

歴史地震など敷地周辺で過去に発生した地震、敷地周辺の地形・地質構造、断層の位置・形状・活動性などを把握することを目的に、既存文献による調査を行う。調査に用いる活断層の文献として、図2-3に示す「新編 日本の活断層」などが活用される。

調査地域の地形・地質構造、地震観測記録、歴史地震記録、GPSなどによる測地記録、変動地形学的調査および地球物理学的調査に関する文献などを収集し分析する。既往の地

図2-3 文献調査の例

震および将来発生する可能性のある地震について、断層との関連性、地震の発生様式（プレート間地震、内陸地殻内地震、海洋プレート内地震）、地震の発震機構（正断層、逆断層、右横ずれ断層、左横ずれ断層）、地質構造との関係などを把握する（第Ⅱ編第1章1.2節参照）。これらの文献調査の結果により、変動地形学的調査、地質調査および地球物理学的調査の調査方針と範囲を決定する。

2.2.2 変動地形学的調査

変動地形学的調査は、活断層のずれによってできた特徴的な地形に着目し、調査地域の地形の発達過程や成因、活動性を考慮して、震源として考慮する活断層など「将来活動する可能性のある断層等」（Appendix 1 参照）を評価することを目的としている。調査地域の空中写真や**航空レーザ測量**などの結果を用い、断層の活動によって生じた可能性のある地形を抽出する。海域については測深調査による海底地形図などを用いる。断層活動により地盤のずれが地表付近まで及ぶと、山の尾根や谷、崖地形などが連続的にずれた地形として残ることが多い。ただし、このような地形は、浸食や堆積、地質の境界などによっても形成されるため、活断層の評価は他の調査結果も参考に総合的に行う必要がある。

図 2-4 に、活断層のずれによってできた地形の例を示す。図では谷や尾根が断層を挟んで同じ方向にずらされ、断層で切断された尾根に三角形の崖が形成されている。これらの特徴から、右横ずれの断層が存在していることが推定できる。

図 2-4 活断層のずれによってできた地形の例 [1] に加筆

2.2.3 地質調査

地質調査は、既存文献の調査、変動地形学的調査の結果などを踏まえ、調査地域の広域的な地形・地質構造を把握するとともに、断層近傍などの地下構造をより詳細に把握することを目的に実施される。

図 2-5 に示すように、調査方法として、地表踏査（**露頭観察**など）、トレンチ調査、ボーリング調査などがある。地表踏査では、断層あるいは地層の変形を見い出し、断層を挟む地層のずれや乱れを調査して、断層の活動年代、ずれの量と方向など、過去の断層運動の履歴を読み取る。トレンチ調査は人工的に溝を掘り地層を露出させて調べる調査であり、

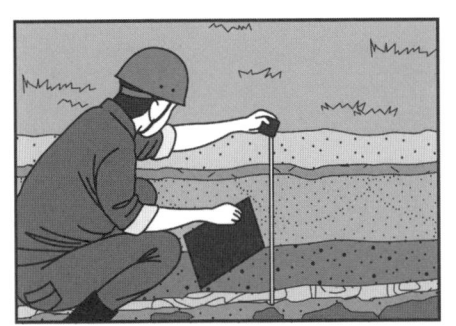

図 2-5　地質調査の例 [2]

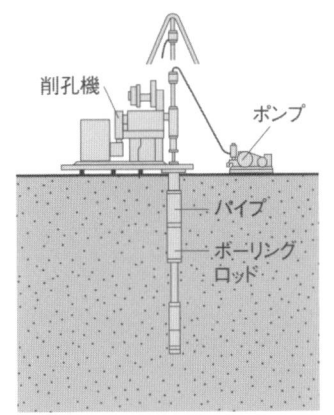

ボーリング調査は鉛直方向に小口径の孔を深く掘り下げ、深い地質構造を把握する調査である。

2.2.4　地球物理学的調査

　地球物理学的調査は、新しい堆積物に覆われている場合や地表面が風化している場合など地表からの調査では見つけにくい断層の把握、および断層形状、地層の傾斜・褶曲、弾性波の速度分布などの把握を目的としている。特に海域部では、航空写真や露頭で直接的に地形の変状を確認することが不可能なため、地球物理学的調査により海底地形、地下構造および断層の位置と形状を明らかにする必要がある。

　図 2-6 に示すように、ボーリング孔を用いて地盤の弾性波速度や密度などを測定する**物理検層**（**PS 検層**、密度検層など）、人工的に発生させた弾性波の伝播状況を観測して、断層や地層の傾斜・褶曲および地盤内の弾性波速度の分布を把握する**弾性波探査**がある。また、常時微動や地震観測記録を用いた地盤の速度構造の把握方法として、**微動アレイ探査**や**水平アレイ地震観測**などがある。さらに、地下を構成する土や岩石の密度差を利用した重力探査などがある。

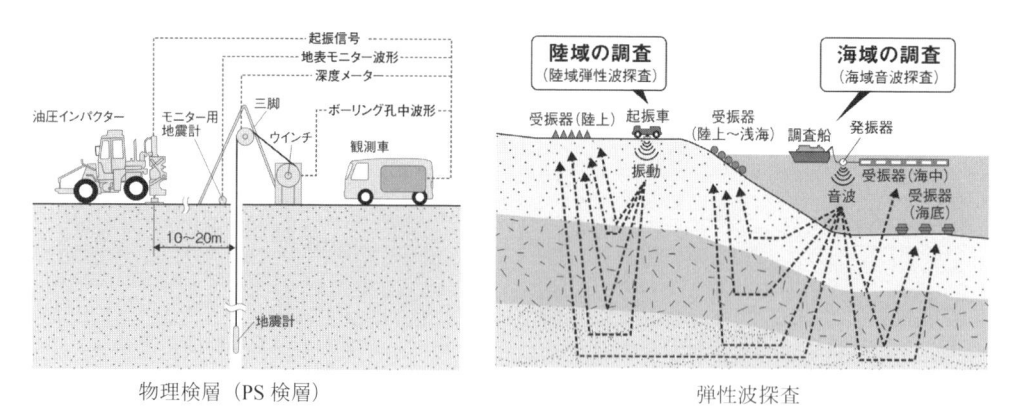

図 2-6　地球物理学的調査の例

2.2.5　地震観測記録の分析

1995 年の兵庫県南部地震以降、気象庁、防災科学技術研究所、海洋研究開発機構、大学などの機関により地表や地中での強震動観測、微小地震を対象とした高感度地震計による観測、海域でのケーブル式海底地震計による地震観測などが行われている。これらの地震観測記録を分析することにより、地震の震源分布、弾性波の伝播速度（速度構造）、減衰特性などを求める。気象庁発表の震源分布は、地震発生層の検討を行うことにより地震動評価のための震源モデルの深さの設定の参考とすることができる。調査データをもとに、研究者や研究機関により公表されている速度構造や減衰特性も参考にして、地震動評価のための地下構造モデルが作成される。

原子力発電所では、建屋や地中のボーリング孔内に設置された地震計により地震観測が行われている。敷地地盤における観測記録を用いて、後述する距離減衰式による評価結果と比較し、最大加速度などに大きな違いがないかを確認する。また、地震波の到来方向や地点による揺れの違いなどを検討することにより、敷地周辺の地下構造に起因する地震動の増幅特性を把握する。これらの結果が地震動評価に反映される。

2.3　敷地ごとに震源を特定して策定する地震動

敷地に大きな影響を与えると予想される地震の震源を特定し、それによる敷地の地震動を評価する「敷地ごとに震源を特定して策定する地震動」について述べる。

2.3.1　検討用地震の選定

各種調査結果にもとづき、地震発生様式（内陸地殻内地震、プレート間地震、海洋プレート内地震）ごとに、検討の対象とする地震を選定する。選定した地震の震源要素（規模、位置など）を用いて、応答スペクトルにもとづく地震動評価などを行い、敷地へ大きな影響を与えると予想される地震を検討用地震として選定する（応答スペクトルについては、第Ⅱ編第 2 章 2.1.4 項参照）。

2.3.2 不確かさの考慮

選定した検討用地震について、各種調査にもとづき、震源断層の拡がりや傾斜角、強震動生成域（震源断層の中で強い地震動を放出する領域）などを定めて、震源モデルを設定する。震源モデルの設定では、調査によっても地震の震源が完全には把握できないことを踏まえ、不確かさ（ばらつき）を考慮する。

震源モデルの不確かさを考慮した例を図 2-7 に示す。内閣府の南海トラフ巨大地震モデル検討会が強震断層モデルを設定するにあたり、強震動生成域（図に示されるハッチングされた部分）について、過去の地震を再現できる位置を基本とし、その位置が少し変わる可能性も考えられるとして、強震動生成域の位置が異なるケースを複数設定している。

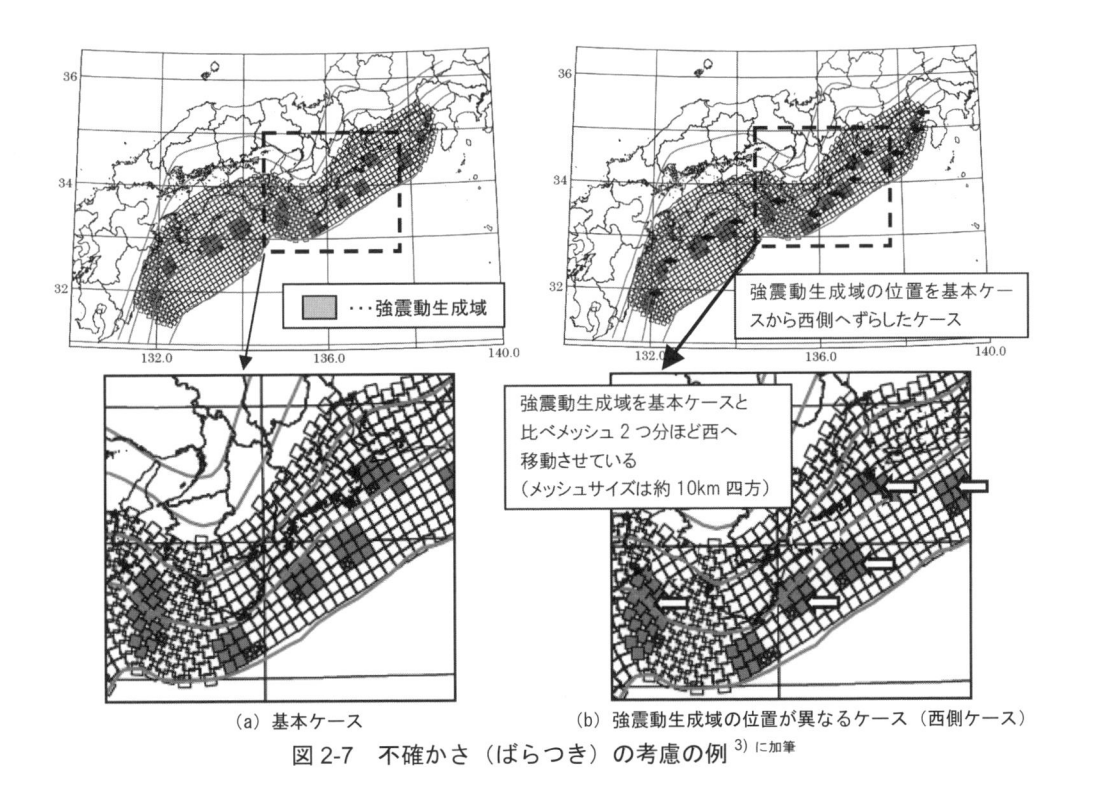

(a) 基本ケース　　(b) 強震動生成域の位置が異なるケース（西側ケース）
図 2-7　不確かさ（ばらつき）の考慮の例 [3] に加筆

2.3.3 地震動評価

検討用地震の震源モデルをもとに、図 2-8 に示すように「応答スペクトルにもとづく地震動評価」および「断層モデルを用いた手法による地震動評価」を行い、「敷地ごとに震源を特定して策定する地震動」として解放基盤表面における地震動を策定する。

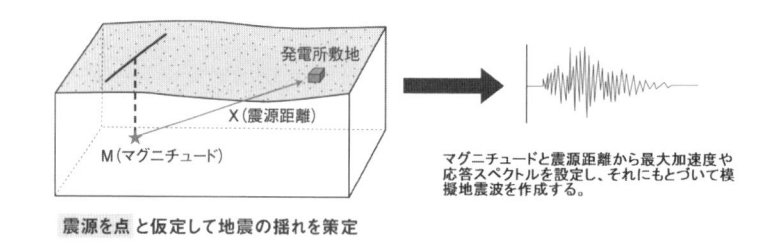

(a) 応答スペクトルにもとづく地震動評価

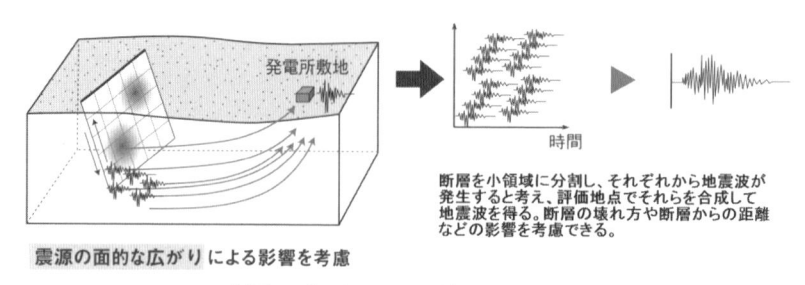

(b) 断層モデルを用いた手法による地震動評価

図 2-8　地震動評価手法

(1)　応答スペクトルにもとづく地震動評価

応答スペクトルにもとづく地震動評価では、距離減衰式により地震動の大きさを評価する。距離減衰式には加速度や速度などの最大値を与えるものと、応答スペクトルを与えるものがある。基準地震動策定では応答スペクトルを与える距離減衰式を用いる。

距離減衰式は、地震の揺れの強さと震源からの距離との関係を示すもので、過去の多くの地震データの統計的処理によるものである。図 2-9 に 1995 年兵庫県南部地震で観測された最大加速度と距離減衰式による最大加速度を対比して示す。

図 2-10 に、応答スペクトルにもとづく地震動評価の流れを示す。設定した震源モデルの

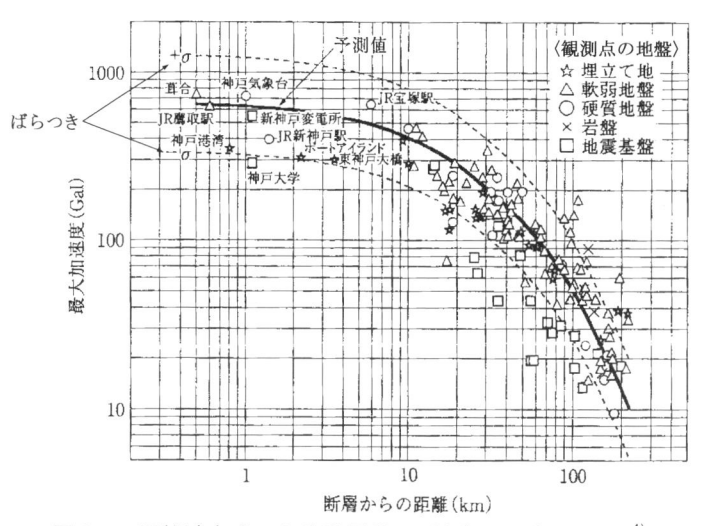

図 2-9　距離減衰式による強震動予測と観測記録の関係 [4]

マグニチュードと等価震源距離から、敷地の解放基盤表面における地震動の応答スペクトルを求める。複数の検討用地震ごとの応答スペクトルを包絡するように設計用応答スペクトルを設定する。この設計用応答スペクトルに適合するように設計用模擬地震波を振幅の経時的変化などを考慮して作成する。日本電気協会の「原子力発電所耐震設計技術指針（JEAG 4601-2008）」に、応答スペクトルにもとづく地震動評価の詳細が示されている（Appendix 2 参照）。

このように求めた設計用模擬地震波を基準地震動として設定する。

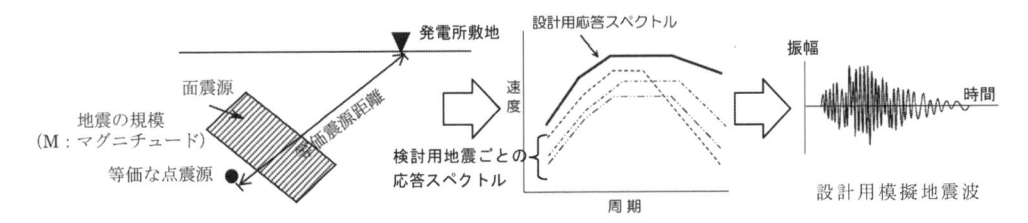

図 2-10　応答スペクトルにもとづく地震動評価の流れ

(2) 断層モデルを用いた手法による地震動評価

応答スペクトルにもとづく地震動は、震源を点に集約し、震源距離とマグニチュードにより評価するが、断層モデルを用いた手法による地震動は、断層面積や傾斜角などの断層形状および破壊形式を考慮して評価する。

断層モデルを用いた手法による地震動評価では、活断層調査など各種調査により設定された震源モデルを用い、**図 2-11** に示すように、震源断層を複数の小断層に分割し、破壊の伝播によってその各小断層から小地震が放出されると考える。評価地点への到達時刻に応じて各小地震の時刻歴波形を重ね合わせることにより、断層面の破壊の伝播による効果を反映した地震動を求める。破壊開始点や強震動生成域を設定することにより、断層面の破壊伝播の方向の効果、強震動生成域による地震動への影響を表現することができる。

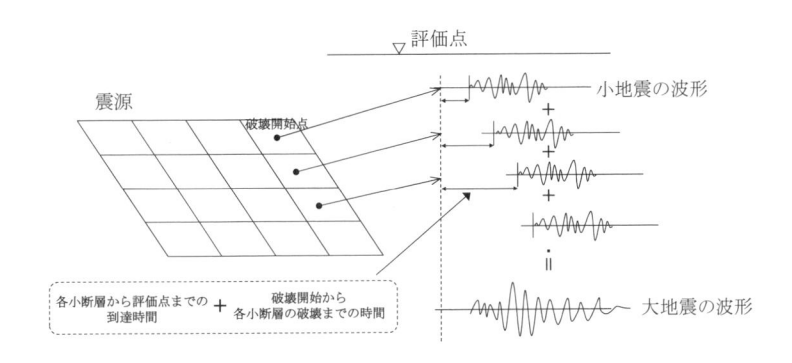

図 2-11　断層モデルを用いた手法の概念

断層モデルを用いた手法には、半経験的手法（**経験的グリーン関数法、統計的グリーン関数法**）と、**理論的手法**がある。また、短周期側の地震動を半経験的手法により評価し、長周期側の地震動を理論的手法により評価して、これらを組み合わせるハイブリッド法がある。

図 2-12 に示すように、断層モデルを用いた手法により得られた地震動の時刻歴波形から検討用地震の応答スペクトルを求め、応答スペクトルにもとづく地震動評価により求めた設計用応答スペクトルと比較を行う。検討用地震のスペクトルが設計用応答スペクトルに包絡されている場合は、設計用応答スペクトルによる基準地震動で代表させることができるため基準地震動として設定はしないが、検討用地震のスペクトルが周期によって設計用応答スペクトルを超えるような場合には基準地震動の 1 つとして設定する。

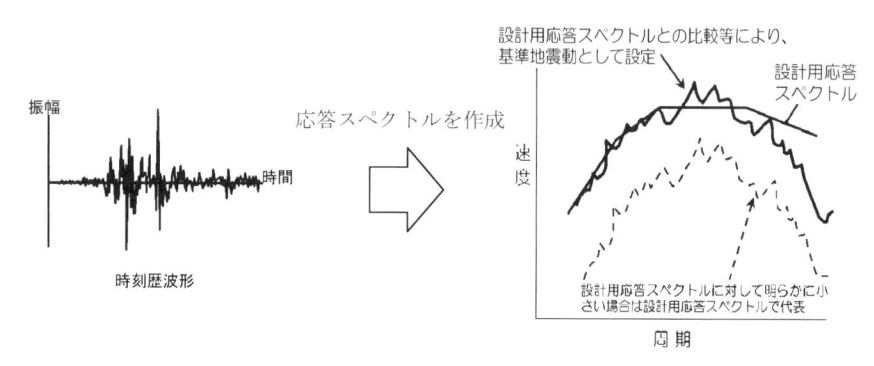

図 2-12　検討用地震の応答スペクトルの比較

2.4　震源を特定せず策定する地震動

敷地周辺の状況を十分考慮した地質調査や活断層調査によっても、敷地近傍において発生の可能性がある内陸地殻内地震のすべてを事前に評価し得ない可能性があることから、「震源を特定せず策定する地震動」を共通的に考慮すべき地震動として策定する。震源と活断層を関連付けることが困難な過去の内陸地殻内地震による震源近傍の観測記録を収集し、これらをもとに敷地の地盤物性を考慮し応答スペクトルを設定する。この応答スペクトルに適合するように地震動の振幅の経時的変化などを考慮して模擬地震波を作成する。

2.5　基準地震動の策定

「敷地ごとに震源を特定して策定する地震動」と「震源を特定せず策定する地震動」の評価にもとづき、敷地の解放基盤表面における基準地震動を策定する。

地震動評価結果のトリパタイト応答スペクトルと時刻歴波形の例を、**図 2-13** と図 2-14 にそれぞれ示す。トリパタイト応答スペクトル（第Ⅱ編第 2 章 2.1.4 項参照）は、変位・速度・加速度の各応答スペクトルを 1 つのグラフに示したもので、横軸が周期、縦軸が速度応答スペクトル、左上がり 45°軸が加速度応答スペクトル、右上がり 45°軸が変位応答ス

ペクトルを表している。

策定された基準地震動（Ss と表記）は、それにもとづき設定する弾性設計用地震動（Sd と表記）とともに、建物・構築物等の設計や機能維持の評価に用いられる。

―――― ・・・応答スペクトルにもとづく地震動評価から策定される基準地震動
― ― ― ・・・断層モデルを用いた手法による地震動評価から策定される基準地震動

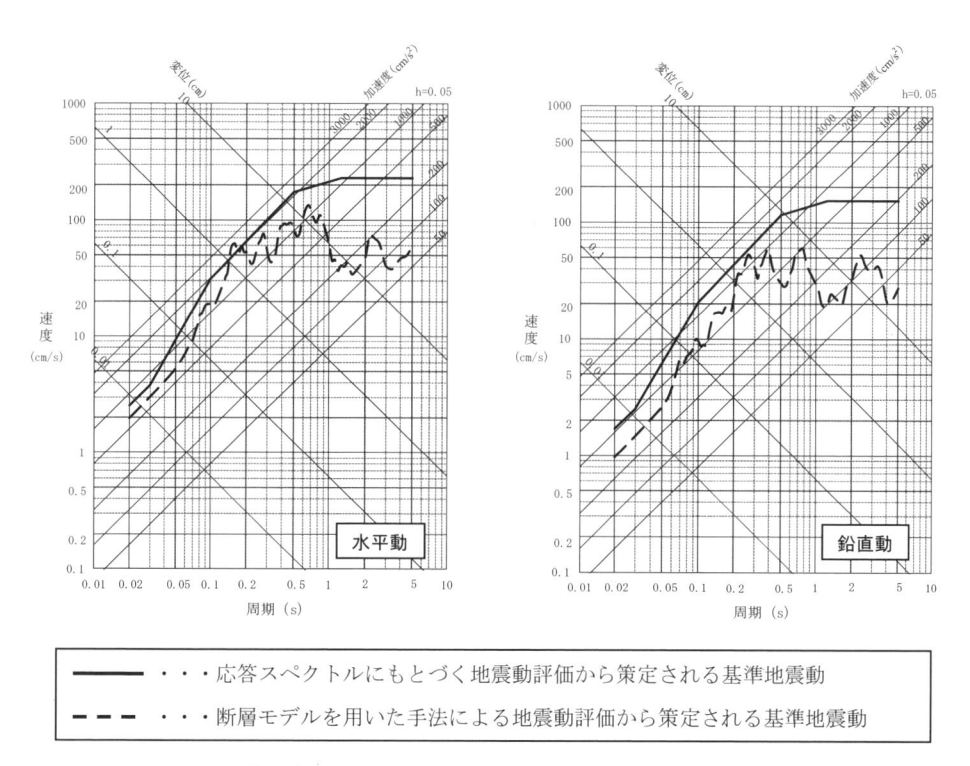

図 2-13　基準地震動の策定（応答スペクトル、トリパタイト表示）

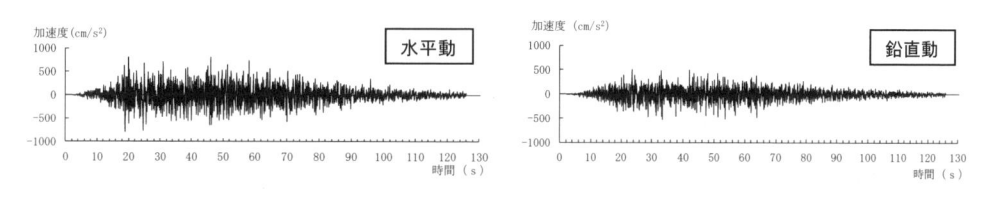

(a)応答スペクトルにもとづく地震動評価から策定される基準地震動

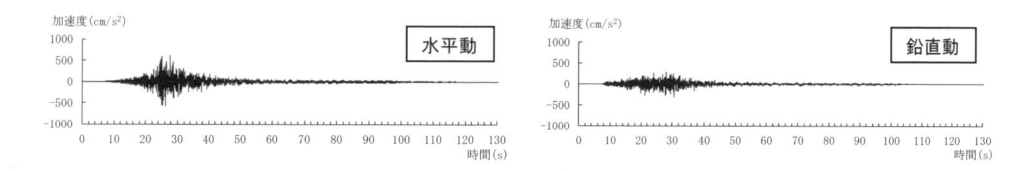

(b)断層モデルを用いた手法による地震動評価から策定される基準地震動

図 2-14　基準地震動の策定（時刻歴波形）

<Appendix 1> 将来活動する可能性のある断層等（震源として考慮する活断層）

　地震の震源として考慮する活断層のほか、地震活動に伴って永久変位が生じる断層や支持基盤を切る地すべり面を「将来活動する可能性のある断層等」と呼んでいる。また、将来活動する可能性のある断層等は、後期更新世以降（約12～13万年前以降）の活動が否定できないものであり、その活動性が明確に判断できない場合は、中期更新世以降（約40万年前以降）まで遡って、地形、地質・地質構造および応力場などを総合的に検討した上で活動性を評価する（図A1-1）。

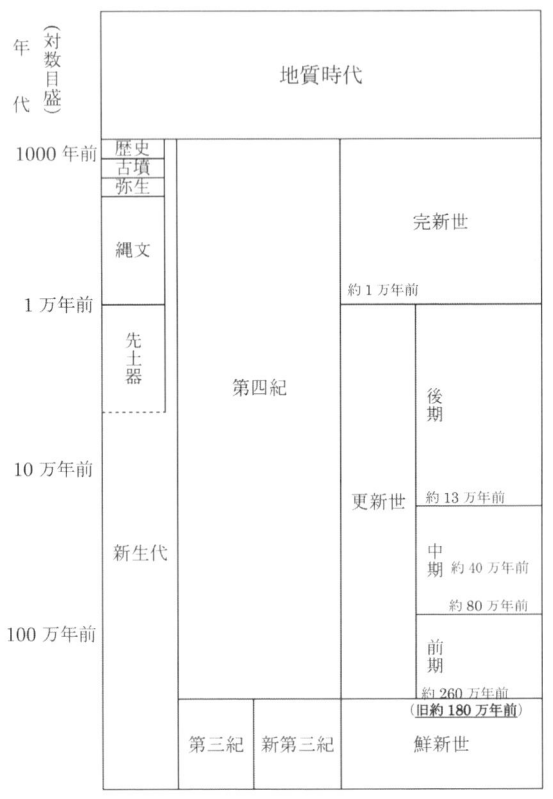

図 A1-1　地質時代 [5), 6), 7)] をもとに作成

＜Appendix 2＞ 応答スペクトルにもとづく地震動評価：原子力発電所耐震設計技術指針（JEAG 4601-2008）

気象庁マグニチュード（M_j）5.5 以上、震源深さ（H）60km 以浅の地震を対象として、震源距離（X）200km 以内における岩盤の地震動の応答スペクトルを 1 つの評価式で表現するように策定された手法。関東地方、東北地方の岩盤上の観測点における 214 記録（水平 214、上下 107 成分）を対象に統計的に地震動の応答スペクトルを定め、国内 23 地点、海外 14 地点の観測記録と比較し、他地点での適用性を確認している。地震動評価のためのパラメータは、地震の規模（マグニチュード M）と震源からの距離（等価震源距離 X_{eq}）、解放基盤表面における地盤の S 波速度などである。

等価震源距離は、図 A2-1 に示すように、震源距離に断層面の面的な広がり（面震源）や断層面の不均質性（強震動生成域の分布）が強震動に与える影響を考慮して定められる。震源断層面の各部から放出される地震波のエネルギーが、特定の 1 点から放出されたものと等価となる距離である。

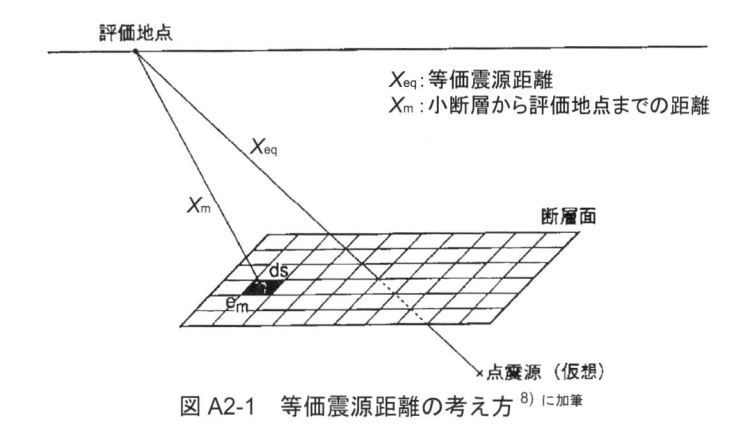

図 A2-1 等価震源距離の考え方 [8] に加筆

解放基盤表面における水平および鉛直地震動の応答スペクトルは、地震基盤における応答スペクトルに水平方向と鉛直方向の地震動の地盤増幅率を乗じることで求められる。敷地における地震観測記録が存在する場合には、それらを収集・分析し、地震の発生様式や地域性を考慮して地震波の増幅特性の影響を評価し、地盤増幅率を補正する。

設計用模擬地震波の作成では、図 A2-2 に示すように地震動の開始から実効上消滅したとみなされるまでの時間（加速度記録の始まりから最大振幅の 10%になるまでの時間）を継続時間として考慮する。地震動の振幅包絡線の経時的変化と継続時間を地震の規模（マグニチュード）と等価震源距離（X_{eq}）により設定する。図 A2-3 に示すように、振幅包絡線に沿った時刻歴波形の応答スペクトルが設計用応答スペクトルに適合するよう設定される。

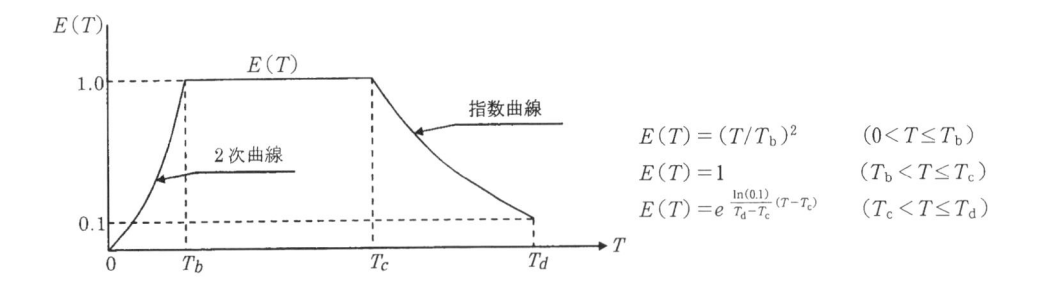

$$E(T) = (T/T_b)^2 \qquad (0 < T \leq T_b)$$
$$E(T) = 1 \qquad (T_b < T \leq T_c)$$
$$E(T) = e^{\frac{\ln(0.1)}{T_d - T_c}(T - T_c)} \qquad (T_c < T \leq T_d)$$

$$T_b = 10^{0.5M - 2.93}, \quad T_c - T_b = 10^{0.3M - 1.0}, \quad T_d - T_c = 10^{0.17M + 0.54\log X_{eq} - 0.6}$$

図 A2-2　振幅包絡線の経時的変化 [8)に加筆]

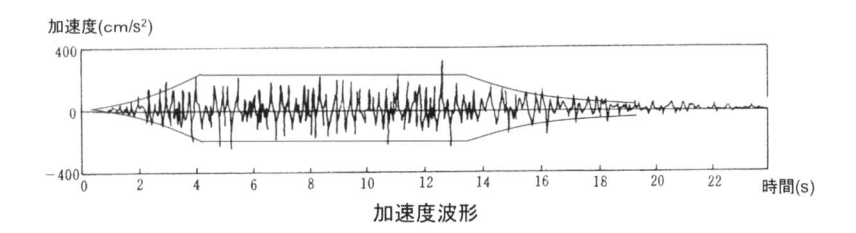

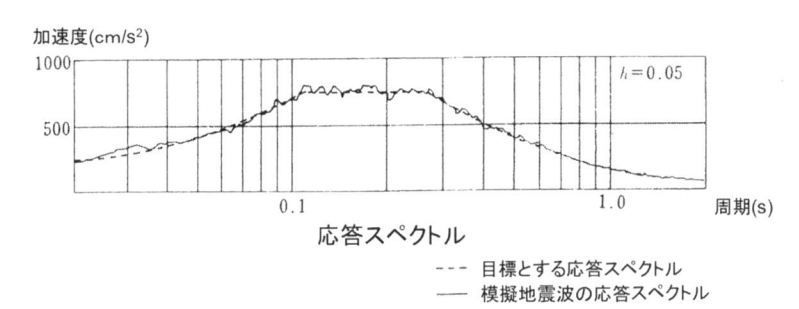

図 A2-3　模擬地震波の作成例 [8)に加筆]

参考文献

 1) 「日本の地震防災　活断層」文部科学省、2004 年
 2) 地震調査研究推進本部ホームページ
 3) 「南海トラフの巨大地震モデル検討会」内閣府、2012 年
 4) 「地震の揺れを科学する　みえてきた強震動の姿」山中浩明編著・武村雅之・岩田知孝・香川敬生・佐藤俊明、東京大学出版会、2006 年
 5) 「日本の地形」貝塚爽平、岩波新書、1977 年
 6) 「日本列島の誕生」平朝彦、岩波新書、1990 年
 7) 日本第四紀学会ホームページ
 8) 「原子力発電所耐震設計技術指針（JEAG 4601-2008）」日本電気協会、2008 年
 9) 「原子力発電所の耐震安全性」原子力安全基盤機構、2007 年
    http://www.jnes.go.jp/kouhou/hyouka-pamphlet.html
10) 「新編　日本の活断層、活断層研究会」東京大学出版会、1991 年
11) 「基準地震動及び耐震設計方針に係る審査ガイド」原子力規制委員会、2013 年
12) 「強震動の基礎ウエッブテキスト 2000 版」木下繁夫・大竹政和監修
    http://www.kyoshin.bosai.go.jp/kyoshin/gk/publication/
13) 旧原子力安全委員会ホームページ

第3章　基礎地盤および周辺斜面の安定性評価

　原子力発電所の耐震設計において、原子炉建屋などの重要な建物・構築物の基礎地盤および原子炉施設周辺の斜面の安定性評価は主要な検討課題である。建物・構築物の基礎地盤がすべり破壊を生じた場合、あるいは周辺斜面が崩壊した場合、原子炉施設の安全機能に重大な影響を与える可能性がある。そのため、建物や機器などに作用する地震力により生じる基礎地盤の変位と周辺斜面の崩壊が原子炉施設の安全機能に重大な影響を与えないことを確認する。

　本章では、基礎地盤と周辺斜面の安定性を評価するために必要な岩石・岩盤の強度と変形特性の試験法を説明するとともに、これらの試験結果の解釈と安定性評価への活用方法および安定性評価の方法を述べる。

3.1　安定性評価の流れ

　基礎地盤と周辺斜面の安定性評価は、対象地点の地盤調査から得られた岩石・岩盤の物理特性および力学特性を考慮した数値解析により実施する。

　安定性評価の流れを**図3-1**に示す。

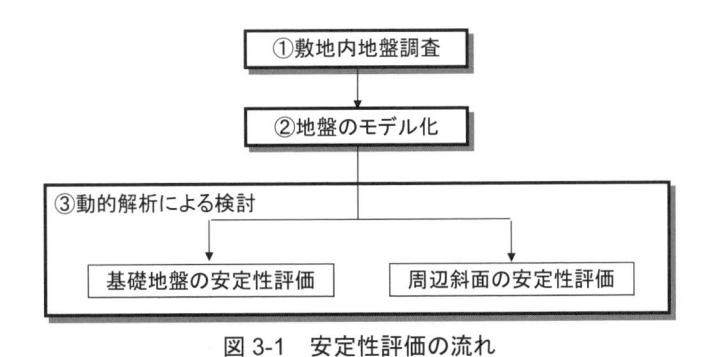

図3-1　安定性評価の流れ

① 敷地内地盤調査
　　地盤の安定性、入力地震動などの検討に必要な地質・地質構造に加え、地盤を構成する岩石・岩盤の物理特性、静的・動的力学特性などについて調査を実施する（3.2節）。
② 地盤のモデル化
　　調査結果にもとづき、地盤を岩種や性状および物性値などにより分類して地質図と岩盤分類図を作成し、これをもとに解析用地盤モデルを作成する（3.3節）。

③　動的解析による検討

　動的解析による評価を基本とし、地震時の地盤安定性をすべりや沈下の観点などから評価を行う（3.4 節、3.5 節）。

3.2　敷地内地盤調査

　敷地内地盤調査は、地形・地質構造を把握するための地質調査（ボーリング調査など）と地盤の強度や変形特性などの工学的性質を評価するための岩石・岩盤試験に分けられる。

　岩石・岩盤試験は試掘坑内やボーリング孔内など、敷地内で実施する「岩盤試験（原位置試験）」と、ボーリングコアや試掘坑から採取した試料を用いて室内で実施する「岩石試験（室内試験）」がある。一般に、硬岩の強度・変形特性は**節理**などの不連続面などに支配されるため岩盤試験を主体とした調査を行うが、軟岩は節理・亀裂などの影響が小さいことから、岩石試験を主体とした調査を行うことが多い。地質調査については、第Ⅰ編 第 2 章 2.2.3 項で既に述べた。本節では、主に安定性評価に重要となる強度と変形に関する原位置試験および室内試験について述べる。

3.2.1　岩盤試験
(1)　岩盤せん断試験

　地盤のすべり安定性評価に用いる「岩盤のせん断強度特性」を求めるため、試掘坑内などの原位置で岩盤せん断試験を実施する。岩盤せん断試験には、試験対象の岩盤にコンクリートブロックを打設し、そのブロックを介して打設面下の岩盤をせん断する「ブロックせん断試験」と、試験対象の岩盤を原位置で凸状に切り出し、その岩盤をコンクリートで覆って岩盤を直接せん断する「ロックせん断試験」がある。以下、ブロックせん断試験について述べる。

　試験装置は、**図 3-2** に示すように油圧ジャッキ・コンクリート製の反力ブロックなどの載荷装置、荷重計などの測定装置から構成され、試験体としてコンクリート製ブロックが岩盤上に打設される。試験は、試験体に油圧ジャッキ（鉛直）より一定の垂直荷重（垂直反

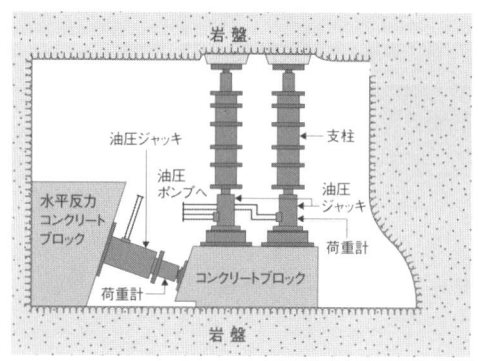

図 3-2　岩盤のブロックせん断試験[1]

力）を与えたのち、油圧ジャッキ（側面）より傾斜荷重（水平反力）を徐々に増加させて、ブロック下の岩盤面にせん断破壊が生じる荷重を測定する。これを垂直荷重の異なる複数の試験体について測定し、それぞれの破壊面における「せん断応力-垂直応力」の関係を**図 3-3** のように表示する。この結果から「クーロンの破壊基準」を用いて、せん断強度特性（岩盤の粘着力 c、せん断抵抗角 ϕ）を求める。

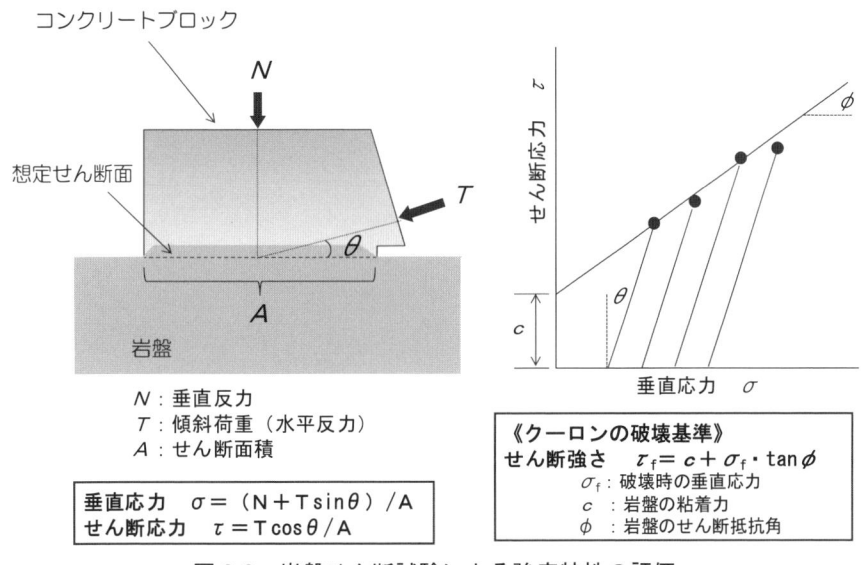

図 3-3 岩盤せん断試験による強度特性の評価

(2) 平板載荷試験

建物の自重および地震力による「岩盤の変形特性」および「地盤の支持特性」を求めるため、試掘坑内などの原位置で平板載荷試験を実施する。

試験装置は、**図 3-4** に示すように載荷板、油圧ジャッキ、支柱、基準梁および変位計で構成される。ジャッキを用いて鉛直に力を加えて基準梁からの変位量を測定し、岩盤の変形特性を求める。

図 3-5 に示すように予備荷重をかけた後、最大荷重まで段階的に載荷・除荷を繰り返す。最大荷重は、基準地震動 Ss による設計荷重の 1～3 倍の範囲で設定するのが一般的である。軟質岩盤の場合は、長期間荷重が作用することにより剛性が低下する性質（**クリープ特性**）があることから、最大荷重の後に荷重を持続してクリープ特性を評価する。

載荷荷重と生じた変位の測定結果にもとづいて「載荷圧力-変位曲線」を作成し、岩盤の変形特性を求める。岩盤の変形特性には、**図 3-5** に示す「変形係数（①）」、「接線弾性係数（②）」、「割線弾性係数（③）」があり、設計の目的によって以下のように選択して用いられる。

① 変形係数：緩みの影響を受けた岩盤の変形特性を表し、弾性計算で擬似的に岩盤の緩みを評価する場合に用いる。変形係数は「載荷圧力-変位曲線」の初期載荷時からの繰返し載荷曲線を包絡する勾配から算定する。

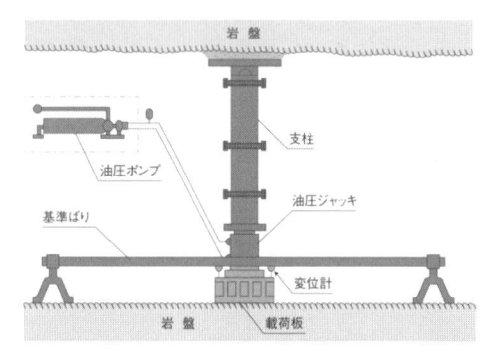

図 3-4　岩盤の平板載荷試験[1]

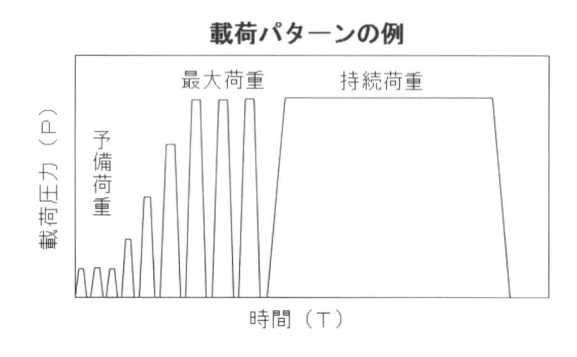

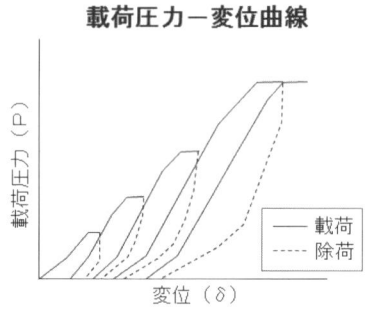

図 3-5　平板載荷試験による荷重と変位の関係

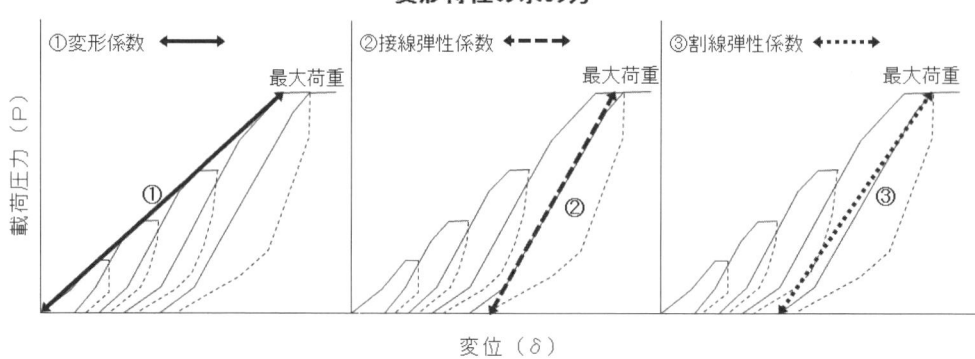

＜変形係数 D、弾性係数 E の算出式＞

$$D \text{ or } E = \tfrac{1}{2} \cdot \pi a (1-\nu^2) \cdot \Delta P / \Delta \delta$$

- ν ： 岩盤のポアソン比
- a ： 載荷板半径
- ΔP ： 係数算出区間の荷重増分
- $\Delta \delta$ ： 係数算出区間の変位増分

② 接線弾性係数：岩盤が弾性的に挙動する場合の変形特性を表し、弾性解析の弾性係数、非線形解析の初期変形係数に用いる。接線弾性係数は「載荷圧力−変位曲線」のうち最大荷重からの除荷曲線の直線部分の勾配から算定する。

③ 割線弾性係数：岩盤の非弾性的な挙動を含めた変形特性を表し、亀裂の影響を含めた全体的な岩盤の挙動を解析する場合に適用する。割線弾性係数は、「載荷圧力−変位曲線」のうち最大荷重による繰返し載荷時の曲線の始点と終点を結ぶ直線の勾配から算定する。また「載荷圧力−変位曲線」において変位が急激に増大する載荷圧力を地盤の極限支持力とする。

3.2.2 岩石試験

岩石試験は、ボーリングや試掘坑から採取した岩石による室内試験である。岩石試験には、比重や密度などの物理特性を把握するための「物理試験」と、岩石の変形特性や強度特性などを把握するための「力学試験」がある。

岩石試験の結果は、原位置で行われる岩盤試験結果との関連性の検討や、物性値の異なる岩石・岩盤の空間的な分布の推定に用いられるほか、3.3節で述べる地盤モデルの作成に利用される。

表 3-1 に、力学試験における試験方法と地盤の構成材料ごとの適用範囲を示す。試験方法は、試験対象とする岩石の種類により選択して実施する。特に対象地盤に断層や**破砕帯**などの相対的に弱い部分（弱層）がある場合は、これらの層の力学特性を適切に評価する必要がある。

表 3-1 岩盤試験・岩石試験（力学試験）の方法と適用範囲の例（強度・変形特性）

	静的			動的		
	変形特性		強度特性	変形特性		強度特性
	静弾性係数 E	静ポアソン比	地盤定数 C、ϕ	動せん断弾性係数 G	減衰定数 h	地盤定数 C、ϕ
軟岩	三軸圧縮試験		三軸圧縮試験、岩盤せん断試験	PS検層 繰返し三軸圧縮試験		静的強度で代用
硬岩	平板載荷試験	一軸圧縮試験	岩盤せん断試験	PS検層	慣用値 (2～3%)	
断層・弱層部	三軸圧縮試験			繰返し三軸圧縮試験		

注）C：粘着力　ϕ：内部摩擦角

3.3 地盤モデルの作成

基礎地盤および周辺斜面の安定性を評価するための地盤モデルは、ボーリングなどの地質調査および岩石・岩盤試験などの結果にもとづいて作成される。硬岩については風化や変質、節理の分布、軟岩については岩盤の組成や岩種、固結の程度などにもとづいて岩盤が分類される。また断層や破砕帯などの弱層、**シーム**や割れ目の分布は安定性評価に影響するため、成因や連続性および破砕性状を踏まえ評価する。

3.4 基礎地盤の安定性評価

基礎地盤の安定性評価に用いられる 3 つの手法「慣用法」「静的解析」「動的解析」を概説し、動的解析による安定性評価について、評価の流れ、評価項目とその評価内容について説明する。

3.4.1 安定性評価の方法

基礎地盤の安定性評価法には、慣用法、静的解析法および動的解析法がある。一般に、慣用法、静的解析法、動的解析法の順に解析精度が上がるが、解析に必要な岩盤の物性値など多くの定数を決定する必要がある。また、動的解析では解析モデルに入力する地震動の設定が必要である。従来、基本設計の段階では慣用法を、詳細設計の段階では動的解析が用いられてきたが、近年は動的解析が主体となっている。解析手法の概要を以下に示す。

(1) 慣用法

基礎地盤の安定性を簡易に評価するために慣用法が用いられる。基礎底面沿いや地盤中に分布する弱層を通るすべり面に対して、静的地震力を用いて **Bishop 法**や **Janbu 法**による地震時の安定性評価をするとともに、平板載荷試験から得られた割線弾性係数とクリープ試験から得られたクリープ特性を用いて沈下を評価する。

(2) 静的解析法

静的解析法は有限要素法による静的地震力を用いた安定解析手法である。地形・地質構造と地盤の物性値をもとに原子炉建屋などを含めた解析モデルにより地震時の基礎地盤の変形と応力を求める。評価は**すべり面法**により行われ、すべり面上の応力により地盤の安定性を評価する。

静的解析は一般に線形解析により行われるが、岩盤の非線形な変形特性や応力集中による塑性化が著しい場合には非線形解析が行われる。

(3) 動的解析法

動的解析法は動的地震力を考慮した解析手法で、一般に有限要素法が用いられる。静的解析から得られる常時の応力に、水平・鉛直同時加振から得られる動的応答（地震時増分応力）を重ね合わせて地震時応力の時刻歴を算定する。基礎地盤の安定性評価はすべり面法により行われる。すべり面上の応力を用いて地盤の安定性を評価する。

動的解析法として、直接積分法、モード解析法、**周波数応答解析法**などがあるが、一般には**等価線形化手法**による周波数応答解析が行われる。（直接積分法およびモード解析法については、第 II 編第 2 章 2.3 節を参照）。

3.4.2 動的解析による安定性評価

動的解析による基礎地盤の安定性評価では、「基礎地盤のすべり安全率」「基礎地盤の支持力」および「基礎底面の傾斜」の 3 項目を評価する。評価手法には等価線形化手法が一般に用いられる。評価項目を**図 3-6** に、動的解析による評価の流れを**図 3-7** に示す。また、有限要素法（以下「FEM」という）モデルの例を**図 3-8** に示す（FEM については、第 II 編

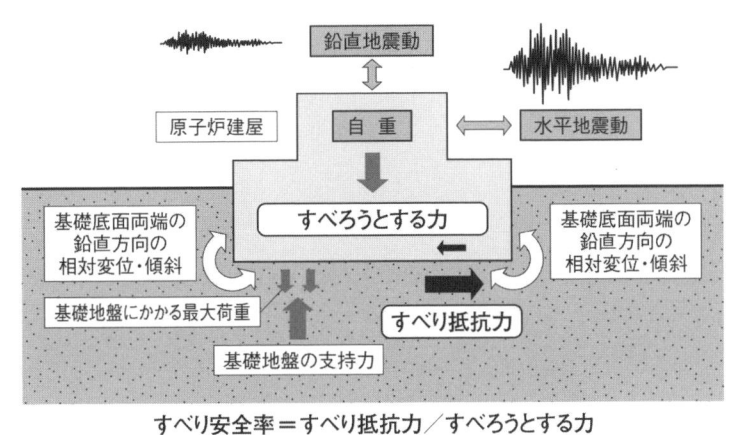

図 3-6　原子炉建屋基礎地盤の安全性評価[2)に加筆]

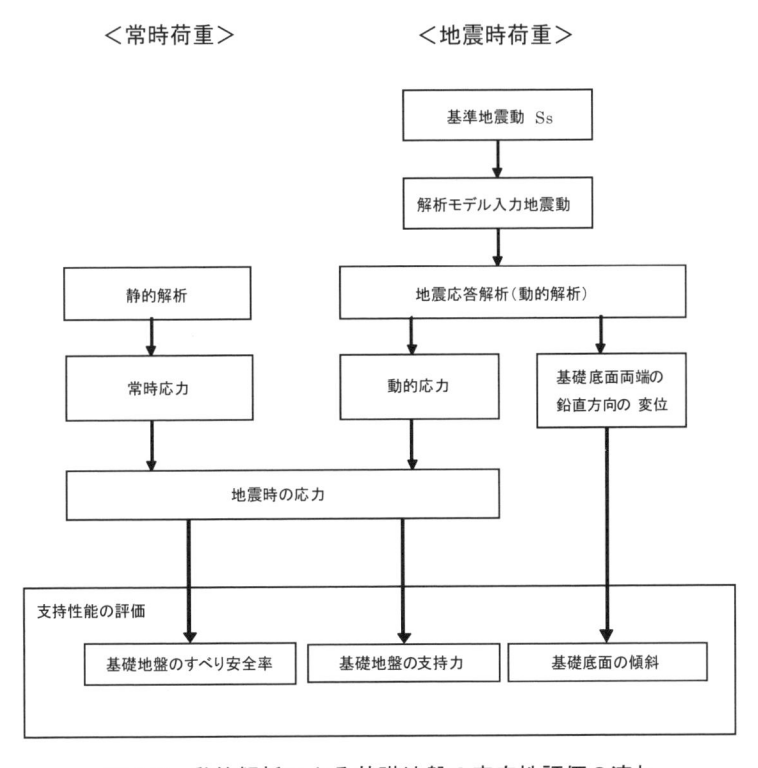

図 3-7　動的解析による基礎地盤の安定性評価の流れ

第 2 章 Appendix 1 を参照)。

　FEM による地盤モデルは岩盤分類にもとづいて作成する。建物・機器の自重および地盤自重を静的に作用させて地盤の常時の応力を求める。次に、基準地震動 Ss より解析モデル下端での入力地震動を作成し、地盤の動的応答（変位、応力、加速度、ひずみ）を求める。静的解析で得られた常時の応力と動的解析で得られた応力（地震時増分応力）を加算することにより地震時応力を求める。

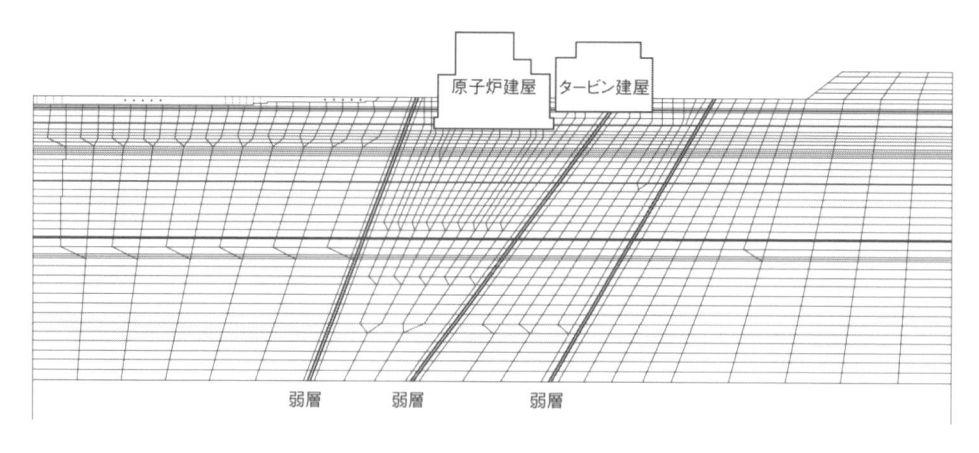

図 3-8　基礎地盤の安定性検討のための有限要素法モデル例

　解析モデル下端に入力する地震動は、解放基盤表面で定義されている基準地震動 Ss を図 3-9 に示すように一次元波動論によって解析モデル下端位置に戻し、モデル下端から鉛直上方に伝播する入射波あるいはモデル下端位置での地震動を求めることにより設定する。基盤を上方に伝播する地震動および解放基盤表面での地震動の算定は、第Ⅱ編第 1 章 1.4.1 項で述べる方法による。

　図 3-7 の支持性能の評価項目のうち、「基礎地盤のすべり安全率」はすべり面法で評価する。すべり面上のせん断抵抗力の和をすべり面上の自重と地震力によるせん断力の和で除してすべり安全率を求める。図 3-10 に示すように建物の底面、弱層の分布に着目したすべり面および地盤の応力状態、すなわち応力が集中することにより地盤の塑性化が進行する可能性のある要素を通るすべり面を複数選定する。動的解析では、基準地震動 Ss に対する時刻歴のすべり安全率が 1.5 を上回ることを確認する。

　「基礎地盤の支持力」では、原子炉建屋を支持する地盤が十分な支持力を有していることを評価する。常時については平板載荷試験から得られる**上限降伏値**と常時の接地圧との

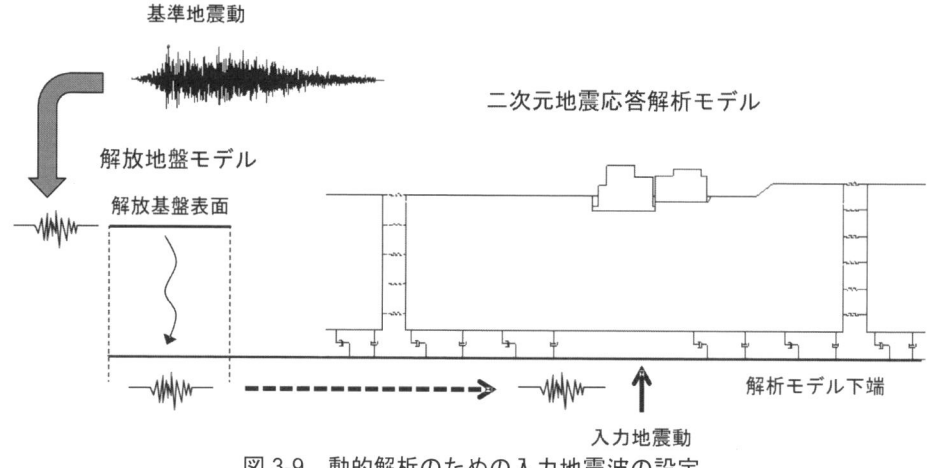

図 3-9　動的解析のための入力地震波の設定

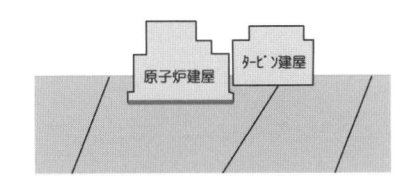

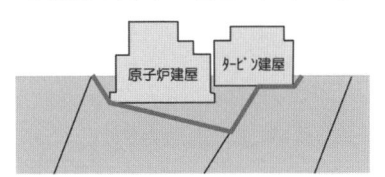

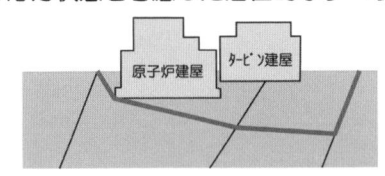

図 3-10 すべり面の設定例

比により、また地震時については平板載荷試験から得られる極限支持力と地震時接地圧との比により安定性を評価する。

「基礎底面の傾斜」では、地震時の不等沈下により建物・機器の構造的な障害が生じないことを確認する。動的解析により建屋基礎コンクリートの勾配を求める。具体的には基礎底面両端の鉛直方向相対変位を算定し、その相対変位を基礎底面幅で除して勾配を算定する。この勾配が、機器・設備仕様から得られる許容基準を下回ることを確認する。

3.5 周辺斜面の安定性評価

原子炉建屋の周辺には斜面が存在する場合が多い。斜面の崩壊により原子炉施設の安全機能に影響を及ぼす可能性がある場合は、基準地震動 Ss による動的解析をもとにすべり面法により安定性の評価を行う。評価の対象とする斜面は、斜面と重要施設との離間距離および斜面規模により選定する。

動的解析による斜面安定性評価の流れは、図 3-7 に示した原子炉建屋基礎地盤の評価の流れと同様である。静的解析により求めた常時の応力と、基準地震動 Ss を入力とした地震応答解析による応力増分を重ね合わせて地震時応力を求める。図 3-11 に示すように、斜面の

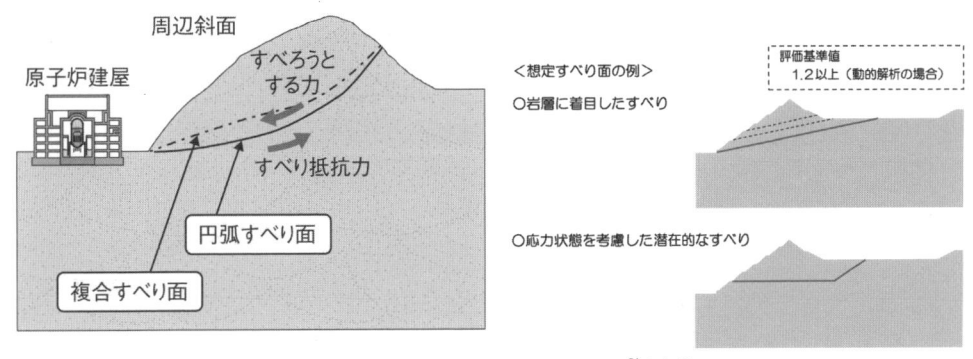

図 3-11 周辺斜面の安定性の検討 [2] に加筆

安定性評価で一般的に用いられる円弧形状のすべり面のほか、地層の傾斜や弱層に着目したすべり面、応力状態を考慮した潜在的なすべり面に対してすべり安定性を検討する。地盤のせん断抵抗力とすべり面上のせん断力との比より時刻歴の「すべり安全率」を求め、基準地震動 Ss に対する時刻歴のすべり安全率が 1.2 を上回ることを確認する。

参考文献

1) 中部電力ホームページ
2) 「原子力発電所の耐震安全性」原子力安全基盤機構、2007 年
3) 「原子力発電所耐震設計技術指針（JEAG4601-2008）」日本電気協会、2008 年
4) 「地盤材料の工学的分類方法（JGS0051）」地盤工学会、2000 年
5) 「岩盤上の大型構造物基礎」土木学会、1999 年

第4章　建物・構築物の耐震設計

　原子力発電所には、原子炉建屋をはじめとする様々な「建物・構築物」（原子炉施設のうち、原子炉建屋などの建物と排気筒などの構築物）が存在する。これら建物・構築物には、原子力発電所としての安全性を保持するため、地震時において原子炉施設特有の要求機能の確保が求められる。本章では、原子力発電所の建物・構築物の耐震設計について述べる。
　まず、地震応答解析による耐震設計の流れを説明する。設計で考慮する荷重の種類と組合せについて、主に原子炉建屋を例に説明し、静的設計および動的設計の考え方を述べる。次に、地震応答解析について、建物・構築物と地盤との相互作用を考慮した地震応答解析モデルの作成から、設計用地震力の設定、応力解析、機能維持の検討の手順を説明し、部材設計および機能維持評価について述べる。さらに、振動試験と地震観測記録を用いた耐震設計の検証方法について述べる。

4.1　対象となる建物・構築物

　対象となる建物・構築物のうち、安全上重要な施設である原子炉建屋などの特徴や求められている機能について説明する。

4.1.1　原子力発電所の建物・構築物
　原子力発電所の建物・構築物について、BWR型原子力発電所を例に述べる。BWR型原子力発電所に設置される主な建屋には、原子炉などを収納する「原子炉建屋」、発電所の運転・監視を集中的に行う中央制御室などを収納する「コントロール建屋」、タービン発電機を収納する「タービン建屋」、放射性廃棄物を収容・処理する「廃棄物処理建屋」などがある。図 4-1 に、BWR型原子力発電所のうち、改良型 BWR（ABWR：Advanced Boiling Water Reactor）の建屋を示す。

4.1.2　原子炉建屋の構造の特徴
　ABWRの原子炉建屋の主要な構造体は、鉄筋コンクリート造（一部鉄骨鉄筋コンクリート造、鉄骨造）であり、**壁式構造**（一部フレーム構造）を主体として、壁と床スラブおよび基礎版から構成される。耐震壁の厚さは下階で 2m 程度、基礎版の厚さは 5～6m 程度である。オペレーションフロア（燃料取替床）より上部は大きな空間となっており、天井を走行する大型の原子炉建屋天井クレーンが設置されている。この大空間の周りには、クレーンと屋根を支える鉄骨鉄筋コンクリート造の柱がある。また、屋根はこの大空間を確保

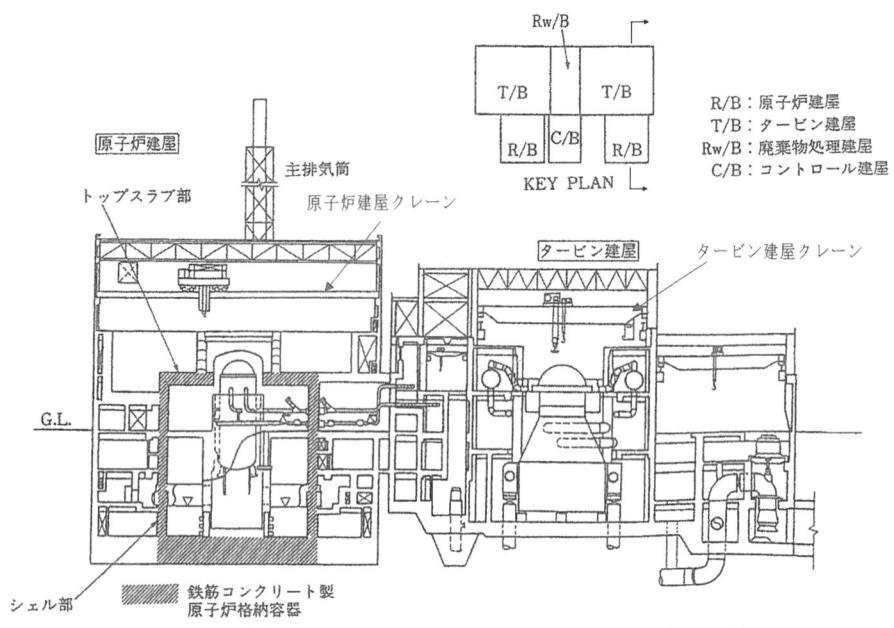

図 4-1　改良型 BWR（ABWR）135 万 kWe 級の建屋例 [1]

するための鉄骨トラス構造で支えられている。

　鉄筋コンクリート製原子炉格納容器（RCCV：Reinforced Concrete Containment Vessel）は、格納容器の内圧に耐えるための鉄筋コンクリート壁と、気密性確保のため内面に内張りされた鋼製板（ライナ）から構成され、鉄筋コンクリート壁は耐震壁を兼ねている。また、RCCV と建屋躯体とは各床スラブで接合され、底部を基礎版と一体とした構造となっている。図 4-1 に示したような RCCV の周囲に一重の耐震壁を持つシングルボックスタイプと、図 4-2 に示すような外側に補機室を配した二重の耐震壁（外部ボックス壁：OW、内部ボックス壁：IW）を持つダブルボックスタイプがある。

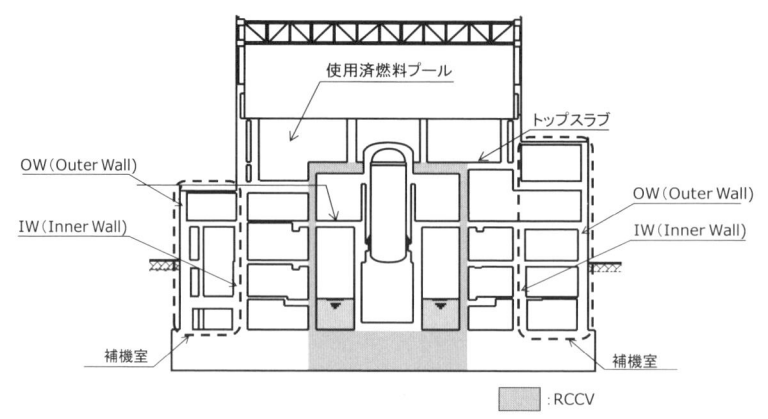

図 4-2　ダブルボックスタイプの建屋例

4.1.3　建物・構築物に対する要求機能

　原子炉施設の耐震設計上の重要度分類と、建物・構築物に対する要求機能との関連性を

ABWR 型原子力発電所の例で説明する。

建物に求められる一般的な機能として、自重や積載荷重および地震荷重などに耐える機能、防振や遮音などの使用性に関わる機能、経年的な変化に耐える機能、火災などに耐える機能などがあるが、原子力発電所の建物・構築物に対する特有の要求機能として、放射線や放射性物質を閉じ込める機能（負圧維持機能、漏洩防止機能、遮へい機能）、機器・配管系を支持する機能（支持機能）および波及的影響の防止機能が求められる。**図 4-3** に原子力発電所の建物・構築物に対する要求機能を、**表 4-1** に要求機能の確保に向けた設計方針の概要を示す。

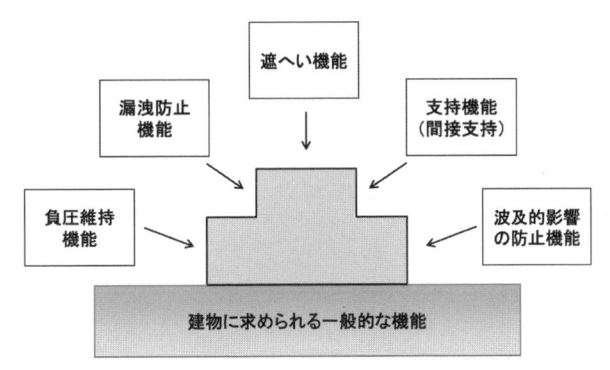

図 4-3　原子力発電所の建物・構築物に対する要求機能

表 4-1　要求機能の確保に向けた設計方針 [2), 3)] をもとに作成

要求機能	設計方針の概要
負圧維持機能	原子炉建屋の一部のエリアは、放射性物質の放出を伴うような事故の際にその外部拡散を抑制するため、換気空調設備により負圧に維持するよう設計する。
漏洩防止機能	気密性については、原子炉格納容器や二次格納施設等により多重防護し、水密性については、コンクリート部分に内張りされた鋼製ライナ等が担うよう設計する。
遮へい機能	遮へい機能は、主に遮へい体の質量に比例して高くなるものであり、主としてコンクリート構造物で確保するため、通常、鉄筋コンクリート造として設計する。
支持機能（間接支持）	建物・構築物を構成する壁、床等が、重要度の上位クラス設備の間接支持構造物となる場合は、その設備の耐震クラスに応じた条件下でも、支持する機能を保持できるよう設計する
波及的影響の防止機能	建物・構築物を構成する壁、床等の破損により、重要度の上位クラス設備に波及的影響が生じないことを確認する

これら要求機能と建物・構築物の耐震重要度分類との関係について、ABWR 型原子力発電所の例を**図 4-4**、**図 4-5** に示す。

図 4-4 の例に示すように、RCCV の閉じ込める機能（漏洩防止機能）など、安全機能が直接的に要求される設備については、その重要度に応じた耐震性を有する必要がある。また、重要度の高い機器・配管系などの設備を間接的に支持する建物・構築物については、これ

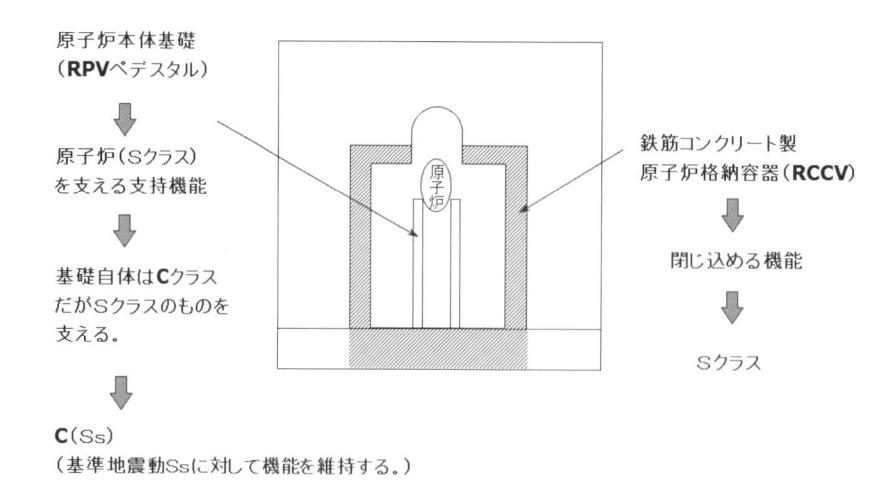

図4-4 要求機能と耐震重要度分類の関係（ABWR）（1）

らの設備の機能に支障が生じないようにする必要がある。さらに、重要度が下位の設備の波及的な影響により、重要度が上位の設備の安全機能が損なわれないよう、その重要度に応じた耐震性を確認する必要がある。

また、**図4-5**の例に示すように、事故により原子炉格納容器から放射性物質が漏洩した場合でも、非常用ガス処理系の作動で**二次格納施設**の内部を負圧に維持できるよう気密性能が要求されており（負圧維持機能）、施設外への漏洩を防止する。負圧維持された二次格納施設への出入り口には気密扉を二重に設置し、同時開放を防止することで、施設外への漏洩防止機能を確保する。

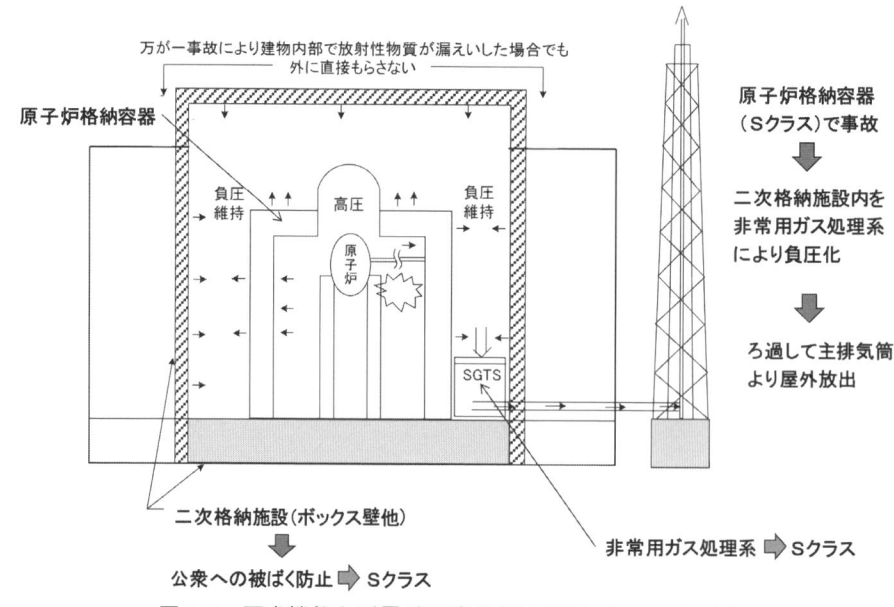

図4-5 要求機能と耐震重要度分類の関係（ABWR）（2）

4.2 耐震設計の流れ

地震応答解析や地震力の算定など、原子力発電所における建物・構築物の耐震設計の流れを図 4-6 に示す。

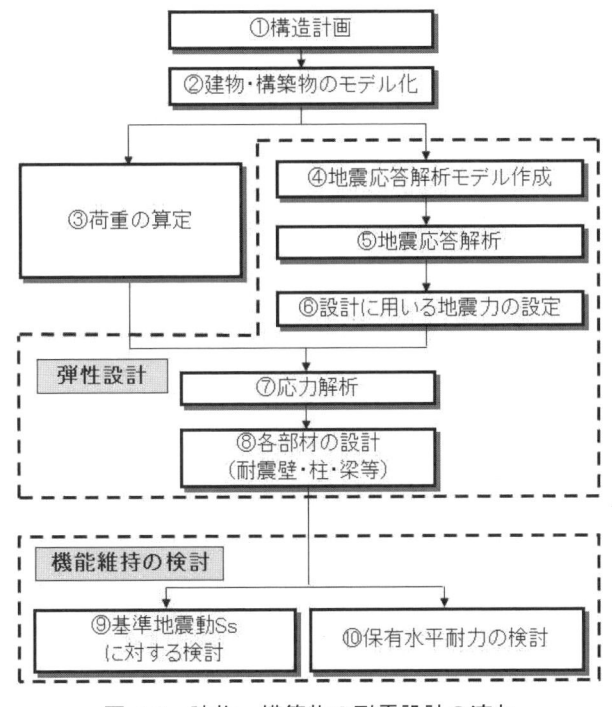

図 4-6 建物・構築物の耐震設計の流れ

① 構造計画
　　建物・構築物の耐震重要度や設置される設備の要求条件を踏まえ、基本構造を計画する。
② 建物・構築物のモデル化
　　地震応答解析のための建物・構築物のモデル化を行う。建物・構築物のモデルは、水平方向に対しては、曲げ変形とせん断変形の質点系（第Ⅱ編第 2 章 2.1 節を参照）とし、鉛直方向に対しては、軸方向変形の質点系とすることが多い。
③ 荷重の算定
　　自重などの固定荷重や積載荷重、設置される機器・配管系の荷重、周辺地盤から加わる土圧・水圧や積雪・風荷重など、建物の部材設計に必要な荷重を算定する。原子炉建屋のオペレーションフロアにおける天井クレーンによる荷重なども考慮する。RCCV など原子力発電所特有の施設の設計では、**温度荷重**や動水圧の作用による荷重、および異常時・試験時に作用する原子炉施設特有の荷重も算定する（4.3 節）。
④ 地震応答解析モデル作成
　　建物・構築物と地盤を連成させた地震応答解析モデルを作成する（4.4 節）。

⑤ 地震応答解析

建物・構築物と地盤の相互作用を考慮したモデルを用いて地震応答解析を行い、各床レベルの応答値を算定する。これを用いて機器・配管系の耐震性を評価する（4.4節）。

⑥ 設計に用いる地震力の設定

地震応答解析結果より求めた動的地震力および耐震重要度に応じて設定された静的地震力にもとづき設計に用いる地震力を設定し、部材設計のための荷重とする（4.4節）。

⑦ 応力解析

建物・構築物の屋根、柱、梁などをモデル化したフレームモデルなどを用いて、固定荷重や地震荷重など、設計の対象部位ごとに考慮が必要な荷重を作用させた応力解析を行う（4.5節）。

⑧ 各部材の設計

各荷重による応力解析結果を適切に組み合わせて各部材の設計（弾性設計）を行い、設計の対象部位ごとに部材に発生する応力が許容値以下になるように部材断面を決定する（4.5節）。

⑨ 基準地震動 Ss に対する検討

S クラスの設備が設置される建物・構築物は、基準地震動 Ss により作用する地震荷重（動的地震力）に対し、間接支持構造物としての機能保持を確認する。主として鉄筋コンクリート造の耐震壁により耐震性を確保する建物では、基準地震動 Ss により耐震壁の非線形特性などを考慮した応答解析（弾塑性解析）を行い、構造物全体としての変形能力（終局耐力時の変形）について、十分な余裕を有していることを確認する（4.6節）。

⑩ 保有水平耐力の検討

静的地震力に対する評価として、建物・構築物の終局耐力に対して適切な安全余裕を有していることを確認する（4.6節）。

4.3　設計に考慮する荷重

建物・構築物の設計では、常時荷重、運転時荷重、地震時荷重、原子炉施設特有の荷重、およびその他の荷重を必要に応じて考慮しなければならない。以下では、建物・構築物の設計において考慮する荷重について説明する。

4.3.1　考慮する荷重

① 常時荷重

建物・構築物に常時作用している荷重であり、固定荷重、積載荷重、土圧・水圧などが該当する。固定荷重は、床、壁、梁など建物自体の重さによる鉛直荷重である。積載荷重は、支持している機器や配管、建物中の什器・備品などによる鉛直荷重である。土圧・水圧は地中に構築された壁体に加わる荷重である。

② 運転時荷重

運転時に建物・構築物に作用する荷重で、運転時の機器・配管の荷重（機器・配管

の熱膨張などによって生じる荷重)、運転時の圧力と温度荷重などが含まれる。
③　地震時荷重

地震時に建物・構築物に作用する荷重であり、建物・構築物に生じる地震力、設置した機器・配管系から受ける地震力、地震時土圧、プール水の動水圧などである。地震力には、動的地震力および静的地震力を考慮する。

④　原子炉施設特有の荷重

原子炉施設の異常時や試験時に作用する荷重である。異常時の機器や配管の荷重、圧力、温度荷重、高温高圧のジェット流による荷重および試験時圧力などが該当する。

⑤　その他の荷重

設計対象となる部位に対し必要に応じて考慮する荷重であり、建築基準法で求められる積雪・風圧力による荷重や、原子炉建屋の天井クレーンによる荷重などが該当する。

4.3.2　荷重の組合せと許容限界

建物・構築物の各部材の設計においては、常時荷重や運転時荷重、地震時荷重などを適切に組み合わせ、その結果発生する応力や変形量が許容限界値を超えないことを確認する。

Sクラスの施設の設計では、水平方向の地震力として、動的地震力と静的地震力の双方を考慮する。動的地震力は、基準地震動 Ss による地震力と弾性設計用地震動 Sd による地震力を考慮する。静的地震力は、建築基準法により一般の建物の設計に考慮される層せん断力係数（Ci）の 3 倍を考慮する。ここで、Ci は、地域係数、建物の振動特性と地盤の振動特性による振動特性係数、および高さ方向の分布を表す係数 Ai を乗じて求める（第Ⅱ編第 3 章 3.3 節参照）。また、鉛直方向の地震力を、鉛直震度 Cv（≧0.3）として考慮する。常時荷重および運転時荷重に、弾性設計用地震動 Sd による地震力または静的地震力を適切に組み合わせ、その結果発生する応力が、規格および規準による**短期許容応力度**以下となるように、各部材断面が決定される（新規制基準では「おおむね弾性状態に留まる範囲」とされているが、実務においては短期許容応力度設計がなされるものと考えられる）。また、常時荷重および運転時荷重と、基準地震動 Ss による地震力との組合せに対して、建物・構築物全体として十分な変形能力（ねばり）を有し、終局耐力（詳細は 4.5.3 項参照）に対して妥当な安全余裕を有することが要求される。具体的には、建物・構築物全体として、基準地震動 Ss に対し十分な変形性能を有する（耐震壁のせん断ひずみや鉄骨架構の塑性率が所定の範囲に収まる）ことを確認する。

一方、Bクラス、Cクラスの施設は、常時荷重、運転時荷重に静的地震力（Bクラス：1.5Ci、Cクラス：1.0Ci）を組み合わせ、その結果発生する応力が、規格および規準による短期許容応力度以下になるように、各部材断面が決定される。

原子炉建屋の耐震壁の設計フローおよび荷重組合せ例を**図 4-7** に示す。耐震壁の寸法（壁の長さ、壁厚）や材料（コンクリート、鉄筋）を仮定した耐震壁モデルに対して、壁の位置（配置階、平面的な配置）に応じた鉛直荷重、地震荷重および土圧、水圧を組み合わせて応力解析を行う。荷重の組合せに応じ、長期許容応力度・短期許容応力度により評価を行うことで、配筋などを決定する。

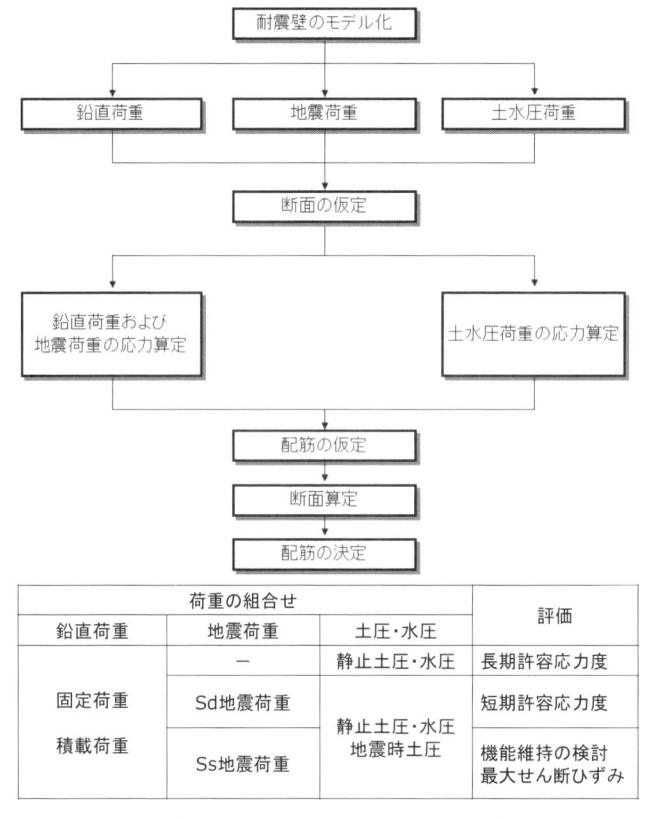

図 4-7 耐震壁の設計フローおよび荷重組合せ例

4.4 地震応答解析

原子力発電所の建物・構築物の耐震設計では、施設の耐震重要度により動的地震力を考慮する場合には地震応答解析が行われる。地震応答解析により、地震動によって生じる建物・構築物の「応答」が周波数領域あるいは時刻歴で算出される。

以下では、設計用地震力（動的地震力）設定などのために実施する建屋の地震応答解析の概要について説明する。

4.4.1 地震応答解析の手順

図 4-8 に地震応答解析の流れを示す。地震応答解析では建物・構築物と地盤との連成効果が考慮される。地盤を動的ばねに置換したスウェイ・ロッキング（SR）モデルや、地盤をFEM などで離散的にモデル化した離散系モデルが用いられる。

地震力を主として耐震壁に負担させる原子炉建屋などの水平方向の地震応答解析では、曲げ・せん断梁要素やトラス要素および集中質点から成る質点系の「建物・構築物」モデルと、**地盤ばね**による「地盤」モデルを連成させた、建物・構築物−地盤連成系モデルが用いられることが多い。鉛直方向の地震応答解析では、棒要素や集中質点および屋根トラスなどの水平部材を曲げ・せん断梁要素とした「建物・構築物」モデルと、鉛直地盤ばねの

図 4-8 地震応答解析の流れ

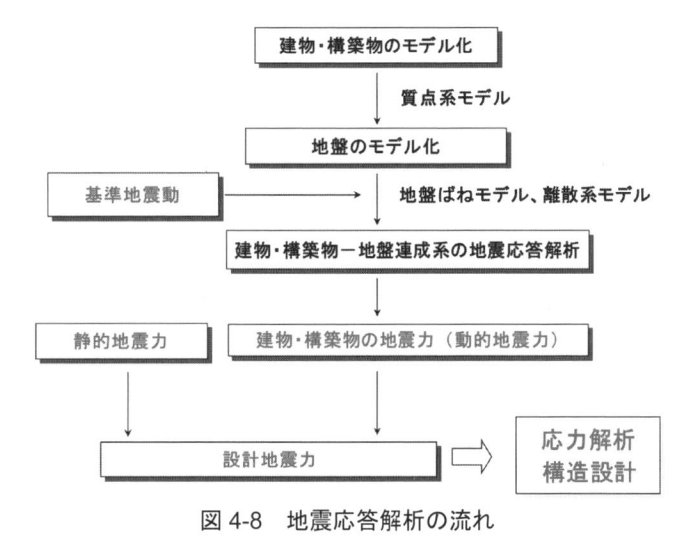

みによる「地盤」モデルを連成させたモデルが用いられることが多い。

　原子炉建屋などの地震応答解析では、建物・構築物の弾塑性復元力特性を考慮した応答解析を行う。質点系モデルによる鉄筋コンクリート造建屋の耐震壁の復元力特性を、せん断応力−せん断ひずみ関係（$\tau-\gamma$関係）と曲げモーメント−曲率関係（$M-\phi$関係）に分けて評価する。ここで、$\tau-\gamma$関係、$M-\phi$関係は、過去に実施された部材試験の結果をもとに設定される。**図 4-9**に$\tau-\gamma$関係、$M-\phi$関係の復元力特性（**トリリニア・スケルトンカーブ**）を示す（復元力特性については、第Ⅱ編第 3 章 3.2.2 項参照）。最近では三次元的な応答性状を把握するため、三次元 FEM モデルによる地震応答解析も行われるようになっている。

　「基準地震動 Ss」および「弾性設計用地震動 Sd」は、解放基盤表面で定義される地震動である。地震応答解析モデルへの地震動の入力位置が解放基盤表面と異なる場合には、一般的に「SHAKE」プログラムなどの一次元波動論にもとづく地震応答解析を行うことにより、解析モデルの入力位置での地震動を評価する。

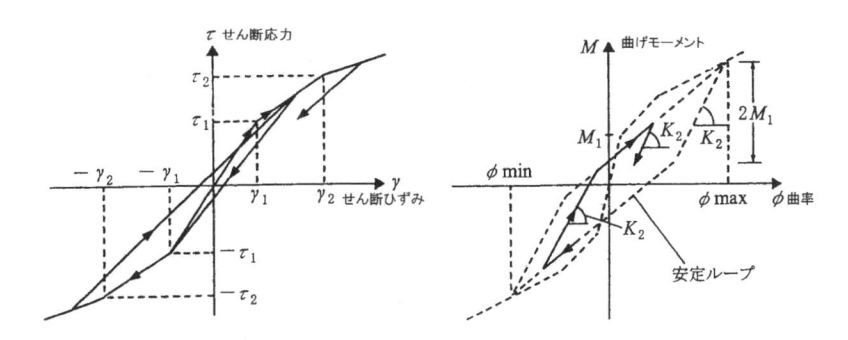

図 4-9　鉄筋コンクリート造耐震壁のせん断応力−せん断ひずみ関係、曲げモーメント−曲率関係のトリリニア・スケルトンカーブ[1]

4.4.2 建物・構築物と地盤の相互作用

原子力発電所の建物・構築物は大重量で高剛性のため、建物・構築物の地震応答解析では地盤との動的相互作用の考慮が必要である。

建物・構築物と地盤の相互作用とは、地盤を伝播してきた地震動の波動が、基礎を通して建物・構築物内部に伝わり、反射して戻ってきた波が、さらに基礎を通して地盤に逸散していく現象のことである。大重量で高剛性の建物・構築物が地盤から揺らされると同時に、建物・構築物が地盤を振動させる効果と考えることもできる。図 4-10 に動的相互作用の概念を示す。

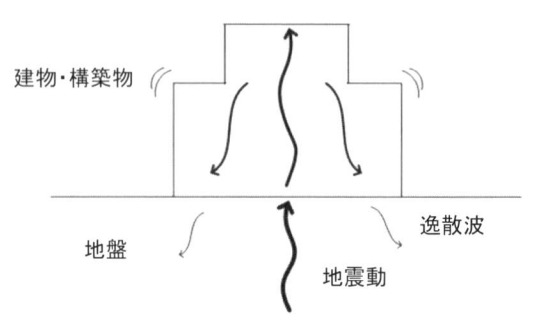

図 4-10　動的相互作用の概念

4.4.3 建物・構築物のモデル化

一般的に用いられるモデルとして、質量を質点に集中させて軸ばねで支える「質点系モデル」がある（第Ⅱ編第 2 章 2.1 節および 2.2 節参照）。実際の建物・構築物は各部が質量をもっているが、建物・構築物全体の質量を質点でモデル化して、建物・構築物全体の応答を精度良くかつ簡便に計算することが可能である。

モデル化では、建物・構築物の床は面内方向には剛性が極めて高いため、床の変形を考慮せずに床全体の応答変位は同一と仮定（剛床仮定）することが多いが、必要に応じて床の面内変形（床の面内方向の剛性をばねでモデル化）を考慮する。床は他の部材に比べると質量が大きいため、質量は床に集中しているとし、質点を各床位置に配置してモデル化する。通常の階数の多い建物では、床の数に等しい質点を持つ一軸の多質点系モデルとなるが、原子炉建屋の場合には、構造種別や耐震壁の配置に応じて複数の軸を設定してモデル化し、さらに耐震壁の軸ごとに剛な床で繋がれた多軸・多質点系モデルとなる。図 4-11 に ABWR 型原子炉建屋のモデル化の例を示す。

各耐震壁（外部ボックス壁：OW、内部ボックス壁：IW、RCCV）の軸位置ごとに建屋各階の質量を負担する範囲（実線、点線で区分けした網掛け部）を設定し、範囲ごとの質量を質点として、耐震壁および床で繋がれた多軸・多質点系モデルを作成する。なお、床に大きな開口がある（床が繋がっていない）使用済燃料プールでは、プール両側にある壁がRCCV の回転変形を抑制するため、その効果を「回転ばね」としてモデル化する。

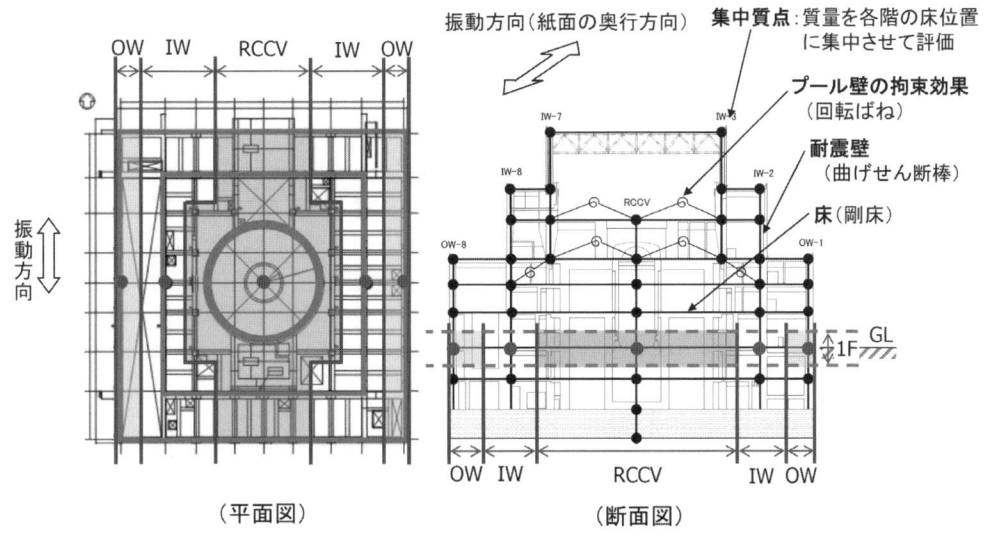

多軸・多質点系モデル（原子炉建屋の場合）
図 4-11　建屋モデルの例

4.4.4　地盤のモデル化

建物・構築物と地盤の相互作用モデルとしては、地盤への埋込み効果を考慮しないスウェイ・ロッキング（SR）モデルが代表的である。SR モデルにおける建屋基礎底面の支持地盤ばねは、基礎底面下の一様地盤を半無限に続く弾性体と仮定し、弾性波動論にもとづく動的地盤ばね（水平方向応答解析の場合はスウェイ（並進）およびロッキング（回転）ばね、鉛直方向応答解析の場合は鉛直ばね）として評価する。図 4-12 に SR モデルの考え方を、図 4-13 に地盤ばねの考え方を示す。

また、地盤の埋込みを考慮したモデルとして、埋込み SR モデルや多質点系並列地盤モデルなどの離散系モデルがある。

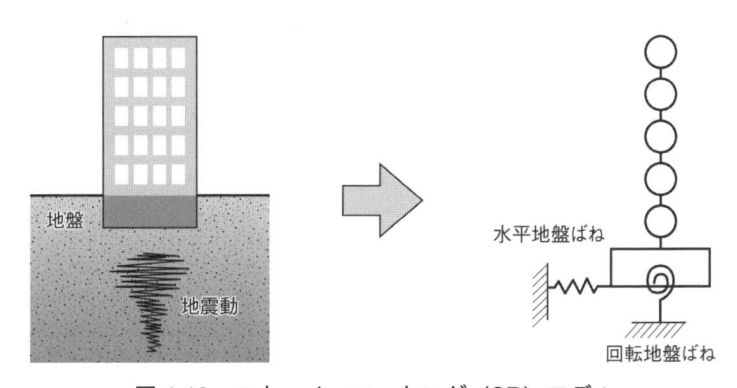

図 4-12　スウェイ・ロッキング（SR）モデル

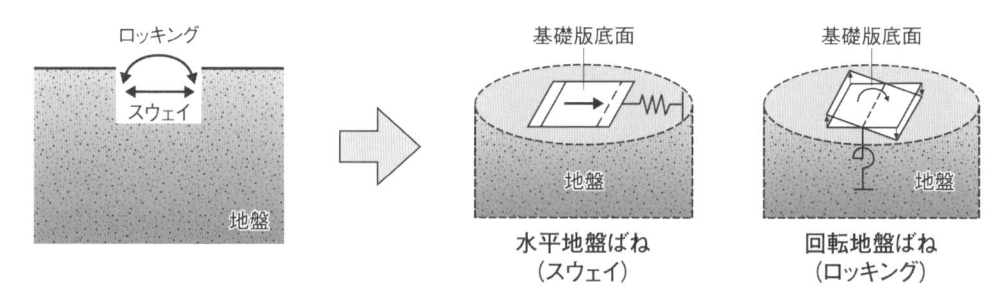

図 4-13　地盤ばね

4.4.5　設計に用いる地震力の設定

建物・構築物の部材の設計に用いる地震力は、建物・構築物の各層に作用する静的地震力および動的地震力を考慮して設定する。図 4-14 に示すように、静的地震力と、建物・構築物−地盤連成系モデルを用いた地震応答解析による動的地震力を、建物・構築物の各軸・各層ごとに算出し、それらを踏まえ設計に用いる地震力（層せん断力）を設定する。

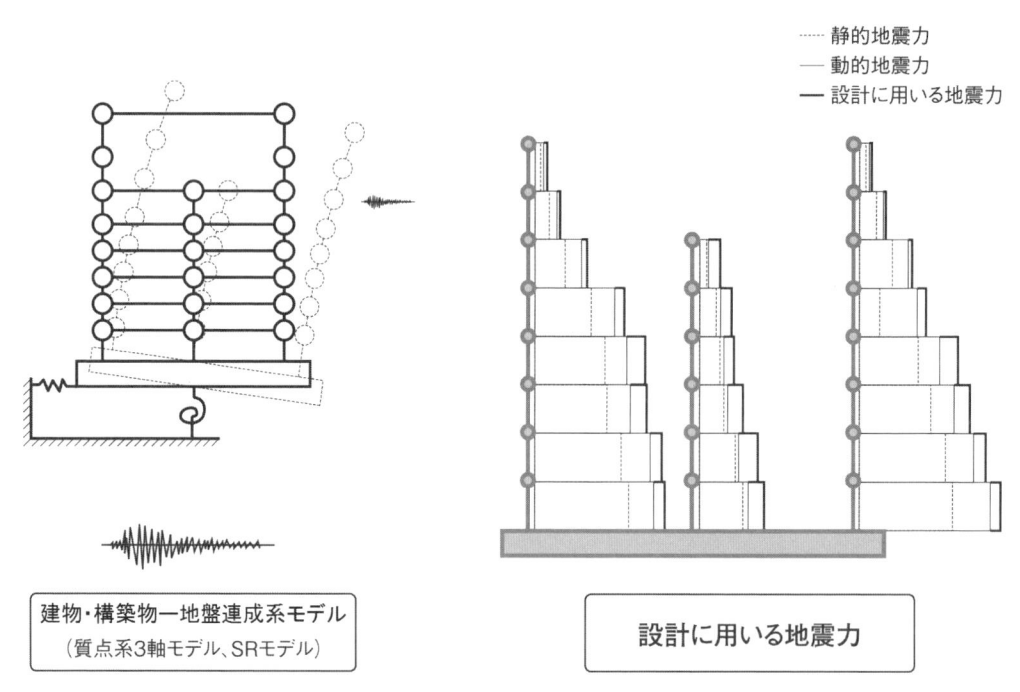

図 4-14　設計に用いる地震力の設定

4.5　部材設計

図 4-15 に、建築基準法にもとづいて耐震設計される、**純ラーメン構造**のような変形能力が大きい建物（一般的な建物）と、壁式構造のような壁が多く強度の大きい建物（原子炉建屋など）との、強度と変形性能の比較を示す。

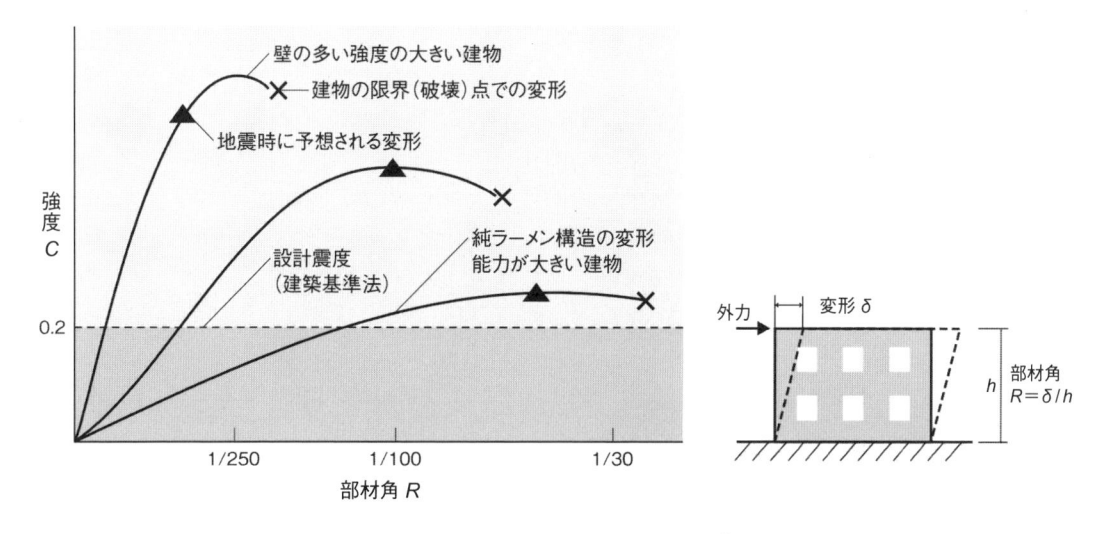

図 4-15　建物の強度と変形性能の比較[4]

　一般的に建物は、柱、梁、壁床で構成されている。このため、地震力に対し、主として構成部材の曲げ強度で耐える構造となっている。一方、原子炉建屋は主として壁（耐震壁）で地震力を負担する建物であり、地震力に対し、耐震壁のせん断強度で耐える構造である。原子炉建屋では、耐震壁以外の柱や梁などの各部材も、比較的断面が大きく、部材強度が大きくなるように設計が行われる。ここでは、原子炉建屋などの耐震設計における、建物・構築物の各部材の設計について説明する。

4.5.1　応力解析

　応力解析の手法を決定するためには、建物・構築物の構造種別や形状などを適切に考慮する必要がある。例えば、ABWRの原子炉建屋は、鉛直荷重や地震時水平荷重を耐震壁に負担させる構造となっている。また、各階の柱、梁は耐震壁の一部とつながり、フレームを形成している。さらに、RCCVは使用済燃料プールと一体となり、複雑な構造を有している。そのため、応力解析モデルでは、各フレーム部材については二次元フレームモデルが用いられ、RCCVや基礎版など原子炉施設特有の構造要素については、二次元や三次元のFEMモデルが用いられる場合が多い。図4-16に応力解析モデルの例を示す。

　フレームモデルやFEMモデルを用いた線形応力解析（弾性解析）の結果より、壁、柱、梁、屋根、基礎など各部材ごとの断面設計を行う。各部材に生じる最大応力度がそれぞれの許容応力度を超えないように断面寸法や鉄筋量を決定する。図4-17に原子炉建屋の部材断面の設計例を示す。

　Sクラスの建物・構築物は、終局耐力に対し妥当な安全余裕を有していることが求められる。構造物全体の安全余裕が確保できない場合には、各部材断面の設計の見直しを行う。

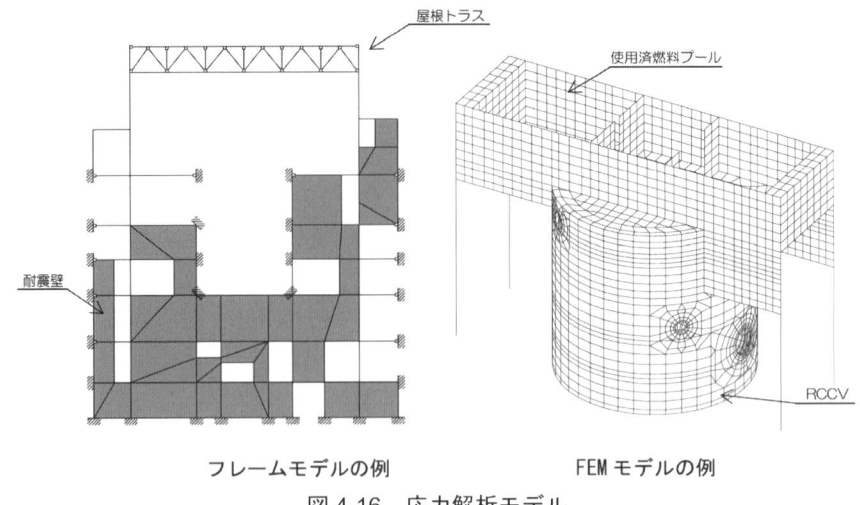

図 4-16 応力解析モデル

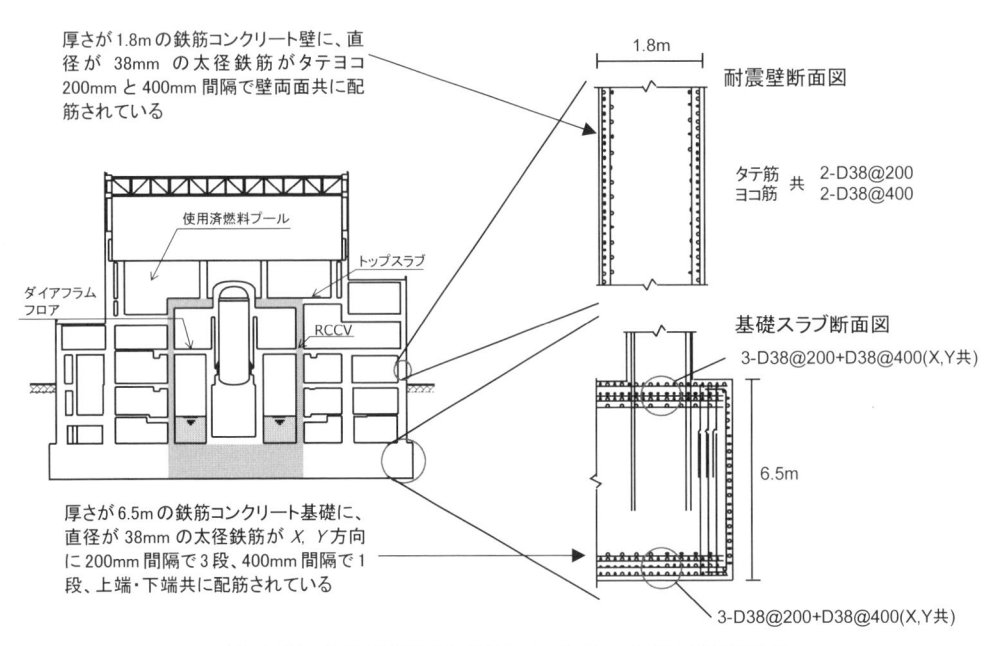

図 4-17 原子炉建屋の鉄筋コンクリート部材断面設計

4.5.2 許容応力度設計

「許容応力度設計」は、鉄筋とコンクリートをともに弾性体とみなし、荷重によって生じる鉄筋コンクリート部材の鉄筋やコンクリートの最大応力度がそれぞれの許容応力度を超えないように、各部材の断面寸法と鉄筋量を決定（弾性設計）する設計法である。建物・構築物の耐震設計では、常時荷重と運転時荷重、および弾性設計用地震動 Sd による地震力（S クラス）または静的地震力との組合せによって生ずる応力が、規格および規準による許容応力度以下となることを確認する。

4.5.3 終局強度設計

「終局耐力」は、構造物に対する荷重を漸次増大した際、構造物の変形またはひずみが著しく増加する状態を構造物の終局状態と考え、この状態に至る限界の最大荷重負荷である。建物・構築物の耐震設計では、常時荷重と運転時荷重、および基準地震動 Ss による地震力（S クラス）との組合せに対して、建物・構築物が構造物全体としての変形能力（終局耐力時の変形）について十分な余裕を有し、建物・構築物の終局耐力に対し妥当な安全余裕を有することを確認する。終局耐力を評価する方法として、終局強度設計がある。「終局強度設計」とは、構造部材を弾塑性体とし、各種荷重条件下の応力あるいはひずみが、それぞれの機能を維持できると考えられる値を超えないように設計する方法である。終局強度設計の考え方にもとづき、S クラスの建物については「基準地震動 Ss に対するひずみ評価」や「保有水平耐力やその他の機能維持の評価」を行う。

4.6 機能維持評価

原子炉建屋などの耐震設計における、S クラスの建物・構築物への要求機能に対する機能維持評価の概要について説明する。

4.6.1 基準地震動 Ss に対する検討

S クラスの建物・構築物に対し、基準地震動 Ss の作用下で構造物全体としての変形能力（終局耐力時の変形）について十分な余裕を有し、また終局耐力に対し妥当な安全余裕を有していることが求められる。

(1) 鉄筋コンクリート造耐震壁

原子炉建屋などの終局状態は「鉄筋コンクリート造耐震壁」のせん断破壊が支配的となることから、せん断ひずみにもとづく評価法が用いられ、地震時における鉄筋コンクリート造耐震壁の最大応答せん断ひずみの許容限界 γ_a は終局点のせん断ひずみに余裕をみて 2.0×10^{-3} とされている。図 4-18 に、鉄筋コンクリート造耐震壁のスケルトンカーブとせん断ひずみの

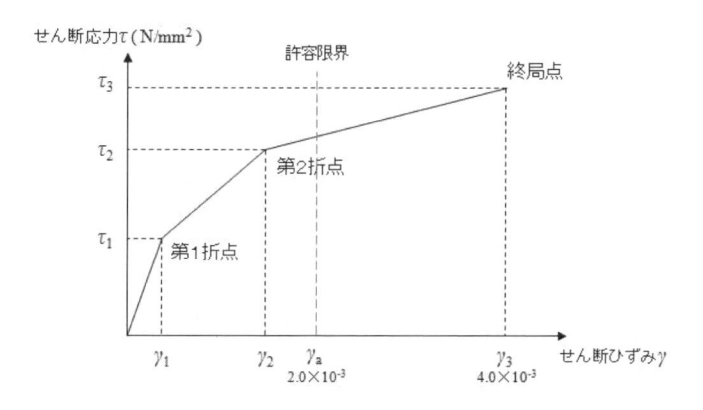

せん断ひずみの許容限界：$\gamma_a=2.0\times10^{-3}$

図 4-18 鉄筋コンクリート造耐震壁のせん断ひずみの許容限界の考え方

許容限界の考え方を示す。

コンクリート製原子炉格納容器である RCCV および PCCV（Prestressed Concrete Containment Vessel）については、別途、基準地震動 Ss による地震時応力に対して終局強度設計にもとづく検討も求められている。

(2) 鉄骨架構

S クラスの建物・構築物のブレースを有する鉄骨架構については、塑性率などにもとづく評価法および許容限界値により設計が行われる。

塑性率とは、材料の変形能力を表す指標のひとつで、材料に荷重が加えられた時の変形量（lx）の、荷重を取り去っても変形が元に戻る「弾性限界点（降伏点）」の変形量（la）に対する超過比率（lx/la）をいう。荷重と変形の一般的な関係を図 4-19 に示す（建築基準法による塑性率の考え方については第Ⅱ編第 3 章 3.3.3 項を参照）。

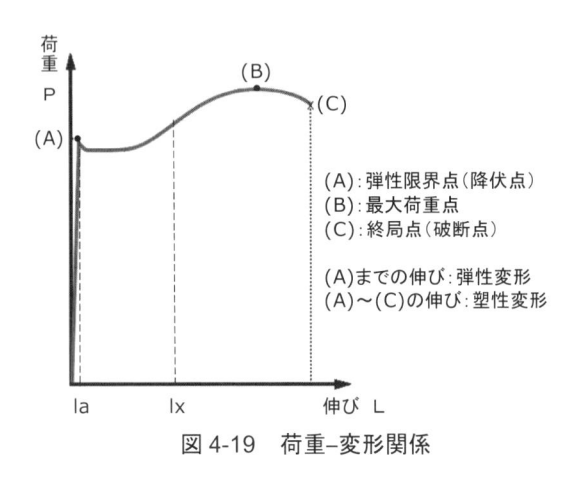

図 4-19 荷重−変形関係

(3) 接地圧

S クラスの建物・構築物では、基準地震動 Ss により生じる基礎板の接地圧が、支持地盤の**極限鉛直支持力度**を超えないことの確認が求められている。「接地圧」とは、基礎版が地盤に伝える単位面積当たりの荷重をいう。構造物の荷重が同じであれば、基礎版の面積が大きい方が、接地圧は小さくなる。基礎版の局部的な接地圧を支持地盤の極限支持力度以下にすることで、終局耐力に対する検討として、適切な安全余裕を確保することができる。

4.6.2 保有水平耐力やその他の機能維持の評価

S クラスの建物・構築物の場合、各層の保有水平耐力が必要保有水平耐力に対して 1.5 倍以上の余裕を有するように設計される。B クラス、C クラスの建物・構築物については、建築基準法に示されるように各層の保有水平耐力が必要保有水平耐力を上回っていれば必要な耐震性は確保できると判定される（詳細は第Ⅱ編第 3 章 3.2.2 項を参照）。

以上の他、負圧維持機能、漏洩防止機能、遮へい機能、支持機能、波及的影響の防止機能などが要求される構造部位がある。例えば耐震壁については、地震時のせん断ひずみ度の許容限界との比較などによりこれらの機能が維持されていることを確認する必要がある。

表 4-2 に建物・構築物に対する要求機能の例を示す。

表 4-2 建物・構築物に対する要求機能の例

建屋部位	要求機能
コンクリート製原子炉格納容器 （鋼製ライナ含む）	耐圧・漏洩防止機能
原子炉建屋の一部 （二次格納施設など）	負圧維持機能
使用済燃料プール （鋼製ライナ含む）	漏洩防止機能
中央制御室	遮へい機能

4.7 実機による設計検証

原子力発電所の原子炉建屋建設後には、耐震設計の妥当性を検証するため、原子炉建屋の型式、設置地盤の性状などに応じて、原子炉建屋の振動試験が実施されている。また、地震後の設備や建物の健全性や安全性を確認するため、常設の地震計による地震観測が実施される。以下では、原子力発電所実機による設計の検証について説明する。

4.7.1 原子炉建屋の振動試験

原子炉建屋の振動試験では、実機の原子炉建屋に起振機を設置して建屋を小振幅で振動させ、地震計の観測値から建屋の振動性状を求めて、設計時に想定した振動性状の確認を行う。さらに、地震応答解析モデルを用いた振動試験のシミュレーション解析結果と試験結果を比較することにより、地震応答解析手法の妥当性を検証する。図 4-20 に、振動試験における起振機および建物応答の測定点の配置例を示す。

原子炉建屋の振動試験により、建屋の固有周期、振動モードおよび減衰定数を確認することができる。起振機の回転周期に対する共振曲線のピークから、建物の固有周期を確認する。図 4-21 に固有周期を推定する方法を示す（第 II 編第 2 章 2.1 節参照）。

また、建物の固有周期周辺の共振曲線の振幅レベルおよび形状から、建物の減衰定数を同定することができる。

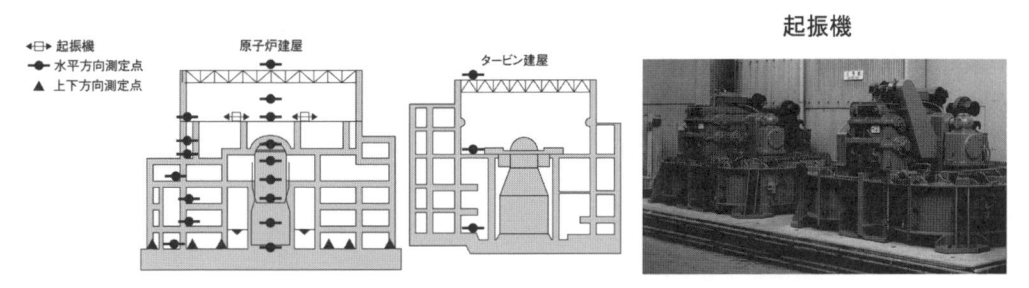

図 4-20 振動試験における起振機および測定点の配置

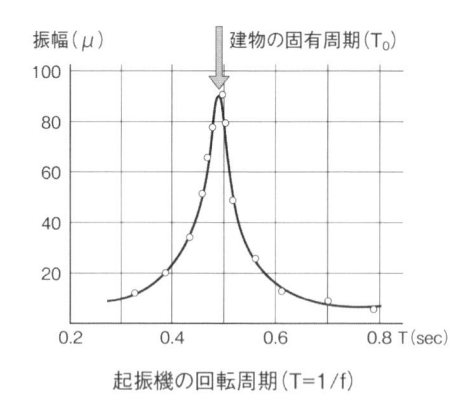

図 4-21　共振曲線による固有周期の同定

4.7.2　原子力発電所の地震観測記録を用いた検証

　原子炉建屋や主要な機器には地震計が設置され、地震観測が実施されている。地震観測により得られた記録を用いて、設計の妥当性の検証および健全性評価が行われる。以下では、主に地震観測記録を用いた健全性評価について説明する。

　建物や周辺の地盤の地震観測記録を分析することによって、建物の応答性状、減衰特性および建物と地盤との動的相互作用特性を明らかにすることができる。また、原子力発電所が大きな揺れに襲われた場合、建物や機器の健全性が確保されていることを確認するため、地震観測記録を用いた分析が行われる。図 4-22 に地震観測記録を用いた原子炉建屋の健全性評価フローの一例を示す。

　地震観測記録を用いた耐震性評価の実施例として、2011 年東北地方太平洋沖地震の観測

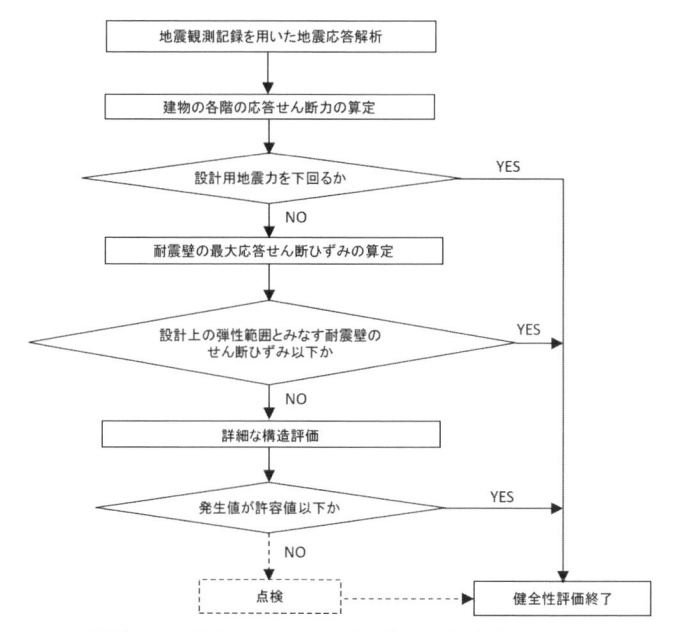

図 4-22　地震観測記録を用いた原子炉建屋の健全性評価フローの一例

記録による、女川原子力発電所 3 号機原子炉建屋のシミュレーション解析を紹介する。

図 4-23 に敷地地盤および女川 3 号機原子炉建屋における地震計の配置例、**図 4-24** に基準地震動 Ss と観測記録の比較、**図 4-25** に地震応答解析モデルを示す。東北地方太平洋沖地震による原子炉建屋の観測記録は、概ね基準地震動 Ss による応答と同程度であったことがわかる。

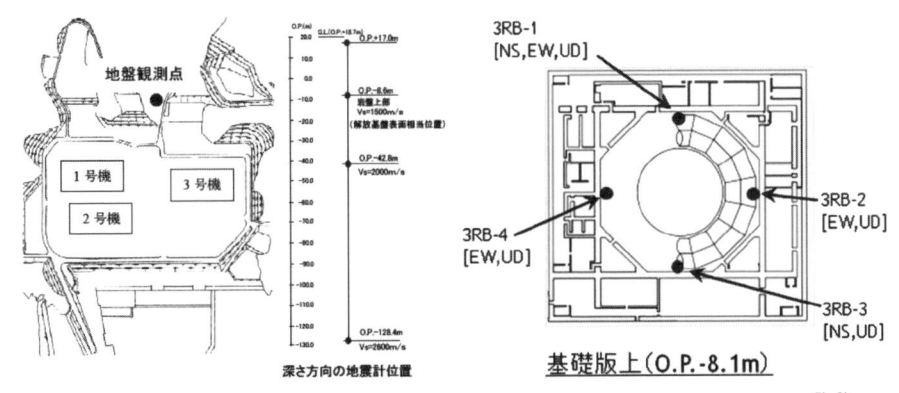

図 4-23　敷地地盤および女川 3 号機原子炉建屋における地震計の配置例 [5), 6)]

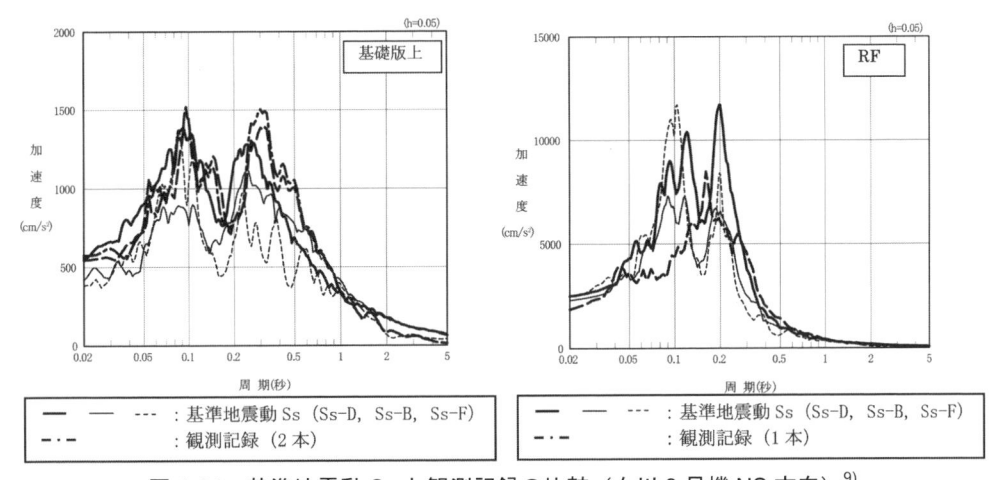

図 4-24　基準地震動 Ss と観測記録の比較（女川 3 号機 NS 方向）[9)]

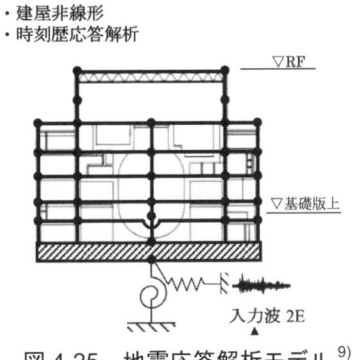

図 4-25　地震応答解析モデル [9)]

図 4-26 に女川 3 号機原子炉建屋の各階の最大応答せん断ひずみの分布を示す。観測記録を用いた地震応答解析による建屋各階の最大応答せん断ひずみが、耐震安全性評価の評価基準値 2.0×10^{-3} を下回っていることが確認できる。

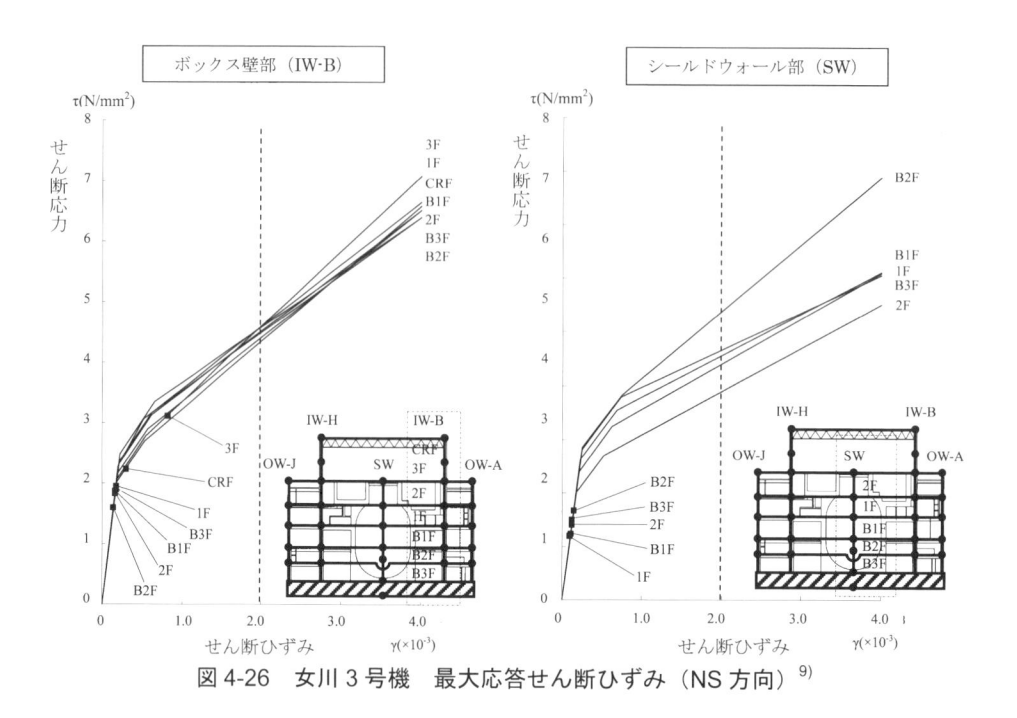

図 4-26　女川 3 号機　最大応答せん断ひずみ（NS 方向）[9]

図 4-27 に女川 3 号機原子炉建屋の耐震壁の層せん断力の比較を示す。耐震壁の最大せん断力は、鉄筋のみで負担できる短期せん断応力度による弾性限耐力を下回っており、耐震壁は概ね弾性範囲内であったことがわかる。

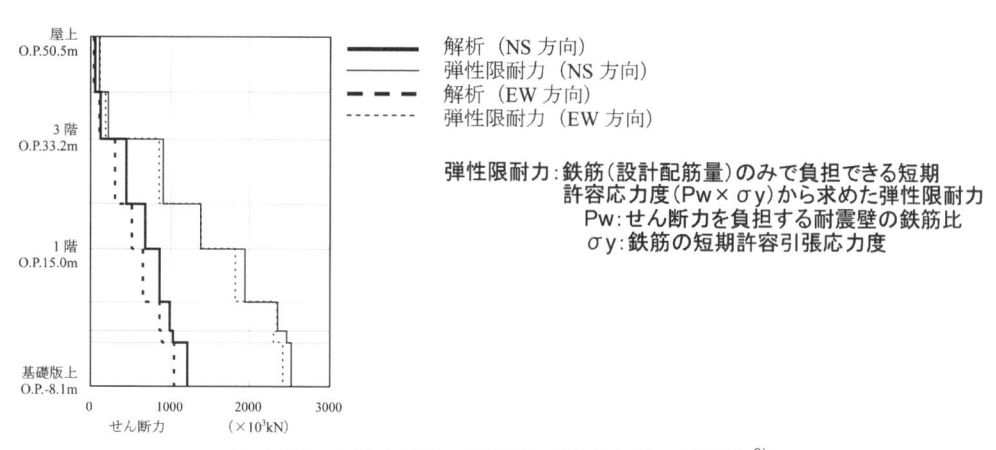

弾性限耐力：鉄筋（設計配筋量）のみで負担できる短期許容応力度（Pw×σy）から求めた弾性限耐力
Pw：せん断力を負担する耐震壁の鉄筋比
σy：鉄筋の短期許容引張応力度

図 4-27　女川 3 号機　耐震壁の層せん断力の比較[9]

参考文献

1) 「原子力発電所耐震設計技術規程（JEAC4601-2008)」日本電気協会、2008 年
2) 「建築工事標準仕様書・同解説　JASS5N　原子力発電所施設における鉄筋コンクリート工事」日本建築学会、2013 年
3) 「原子力施設鉄筋コンクリート構造計算規準・同解説」日本建築学会、2013 年
4) 「建築の耐震・耐風入門」彰国社、1995 年
5) 「東北地方太平洋沖地震に伴う女川原子力発電所における地震観測記録の分析および津波の調査結果について」東北電力株式会社、2011 年 4 月 7 日
6) 「平成23年東北地方太平洋沖地震による女川原子力発電所及び東海第二発電所の原子炉建屋等への影響・評価について～中間とりまとめ～」原子力安全・保安院、2012 年 9 月 3 日
7) 「原子力施設における建築物の維持管理指針・同解説」日本建築学会、2008 年
8) 「建築物の減衰」日本建築学会、2000 年
9) 「原子力発電所建屋の耐震設計　－過去・現在・未来－」2012 年度日本建築学会大会（東海）構造部門（原子力建築）パネルディスカッション資料、2012 年
10) 「建築用語ポケットブック構造編」丸善出版、1986 年

第5章　機器・配管系の耐震設計

　発電はもとより「止める」「冷やす」「閉じ込める」機能に直接的に関係するのが機器・配管系である。

　本章では、安全上重要な機器・配管系の耐震設計の全体像、設計用地震力の算定方法および設計用地震力による機器・配管系の設計手順を述べる。また、地震時および地震後に作動性が要求される弁やポンプなどの動的機能維持評価、大型振動台による設計の実証試験について説明する。

5.1　対象となる機器・配管系の設備

　原子力発電所は、安全に発電を行うために多くの機器・配管系が設置されている。図 5-1 に、沸騰水型原子炉（BWR）の機器・配管系の例を示す。例えば、燃料装荷されている原子炉圧力容器、原子炉圧力容器内に設置されている炉内構造物、原子炉圧力容器の周りを囲っている原子炉格納容器などの大型機器、ポンプ、タンク、熱交換器、電源盤などの床置き機器およびこれらの機器を接続し液体や気体を送る配管などがある。

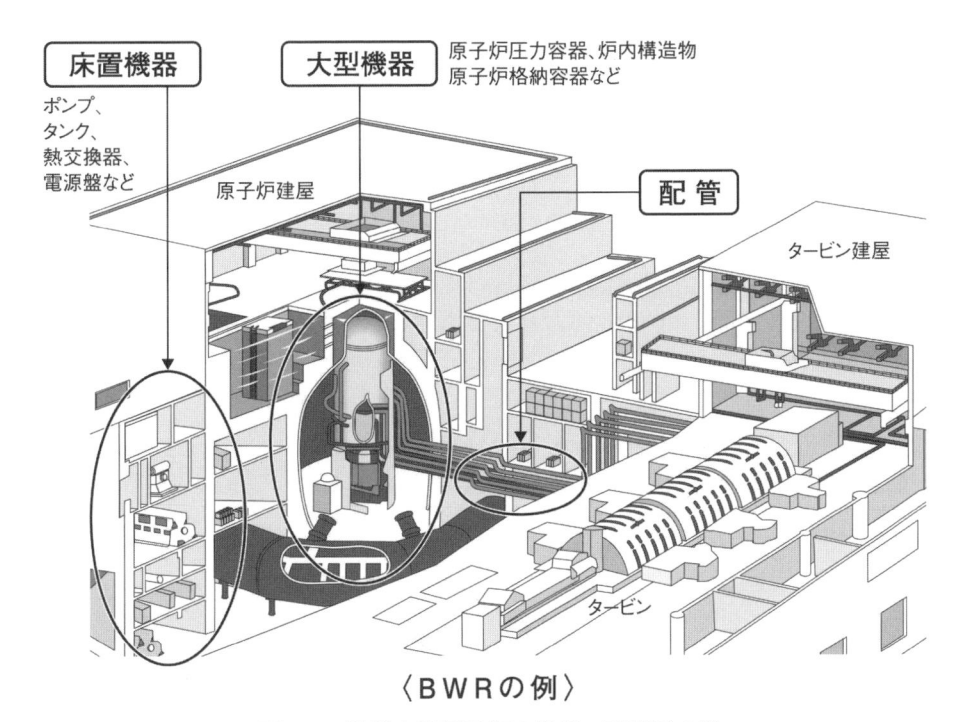

図 5-1　沸騰水型原子炉の機器・配管系の例

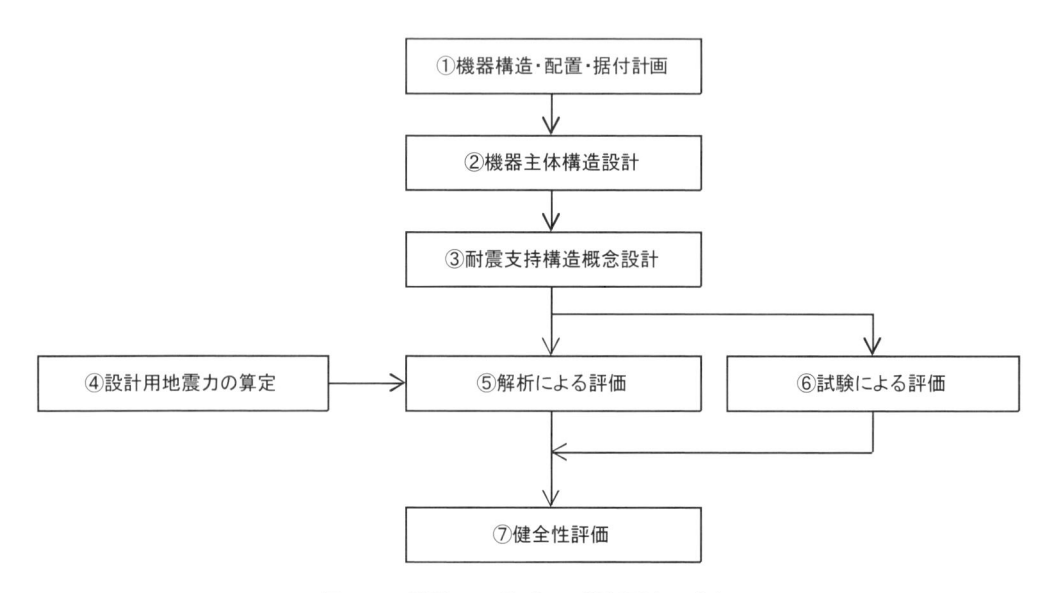

5.2 機器・配管系の耐震設計の流れ

　機器・配管系の耐震設計では、対象となる機器や配管系を重要度に応じて耐震クラスS、B、Cに分類し、各耐震クラスに応じた考慮すべき地震力に対して設計を行う。はじめに機器・配管系の耐震設計の流れを述べる。

　図5-2に、原子力発電所における機器・配管系の耐震設計の流れを示す。機器・配管系の耐震設計では、耐震重要度や設計条件等をもとに構造を決定し、解析により健全性を確認する。解析による評価が難しい地震時の動的な機能については、試験により健全性を確認する。要求される動的な機能として、回転機器であるポンプの運転維持機能や地震時に開閉操作が必要な弁の動作機能などがある。

図5-2　機器・配管系の耐震設計の流れ

① 機器構造・配置・据付計画

　　機器の耐震重要度や設計条件をもとに、基本構造、配置および据付け方法を計画する。機器・配管系の使用状況や事故などを想定して設計条件を設定し、この条件に対して必要な容量などを決定する。

② 機器主体構造設計

　　機器の具体的な形状や寸法、使用する材料、板厚の設計を行う。日本機械学会の「発電用原子力設備規格　設計・建設規格（JSME S NC1-2010）」などの技術基準に適合することを確認する。

③ 耐震支持構造概念設計

　　機器・配管系の耐震性を高める耐震支持構造（耐震サポート）の設計を行う。機器・配管系の耐震性は耐震サポートに強く依存するため、耐震サポートの計画は耐震設計上重要である。原子炉から発生する蒸気などから伝わる熱による膨張をできる限り拘

束せず、かつ地震による応答が過大とならないように適切にサポートの位置や方向および種類を計画する必要がある。

④ 設計用地震力の算定

解析に用いる設計用地震力を算定する。設計用地震力は、耐震重要度にもとづき動的地震力と静的地震力を設定する。基準地震動などを建屋の解析モデルに入力し、対象の機器・配管系が設置されている位置の地震動を求め、これを対象の機器・配管系の解析モデルに入力して、動的地震力を算定する。静的地震力は、水平方向および鉛直方向の震度をもとに、建物の高さや地盤の特性、設備の重要度を考慮して設定する（5.3節）。

⑤ 解析による評価

設計用地震力と機器に想定される自重や内圧等による荷重の組合せを考慮して解析を行い、発生応力などを算出する（5.4節）。

⑥ 試験による評価

地震時に機器に発生する加速度や変位が、既往の加振試験で機能維持が確認された加速度や変位以下であることを確認する。機器に生じる圧力や電気信号などの運転条件を考慮し、設計用地震動による加振試験が行われる。加振試験の入力として設計用地震動を用いることを基本とするが、設計用地震動を包絡した正弦波などを用いる場合もある。試験によるこの評価は、地震時および地震後に回転や開閉などの作動が必要なSクラス機器を対象としており、ポンプや弁、電気器具が該当する。この評価を動的機能維持評価という（5.5節）。

⑦ 健全性評価

解析および試験の結果、発生応力などが許容値を満たすことを確認する。許容値を満たさない場合は、構造変更や耐震サポートの位置などを見直して、再度解析などを実施し、許容値を満たすまでこの手順を繰り返す。

5.3 設計用地震力の算定

基準地震動などを用いた地震応答解析によって算定される動的地震力および耐震クラスや機器などの設置高さにより定まる静的地震力の算定方法について説明する。

5.3.1 設計用地震力の算定方法

動的地震力は地震応答解析により算定される。地震応答解析には、時刻歴応答解析法とモード解析法の2つの方法が用いられる。時刻歴応答解析では機器・配管系をモデル化し、設計用地震動を入力して時々刻々の応答を計算する。大型機器は、建屋から複数点で支持されており振動性状が複雑なため、原則として時刻歴応答解析法が用いられる。その他の機器についても、必要に応じて時刻歴応答解析法を行う。**図 5-3(a)**に大型機器の連成解析（原子炉建屋と大型機器の連成）モデル、**図 5-3(b)**に ABWR 型原子炉圧力容器の解析モデルの例を示す。

(a) 大型機器の連成解析モデル　　(b) ABWR型原子炉圧力容器の解析モデル

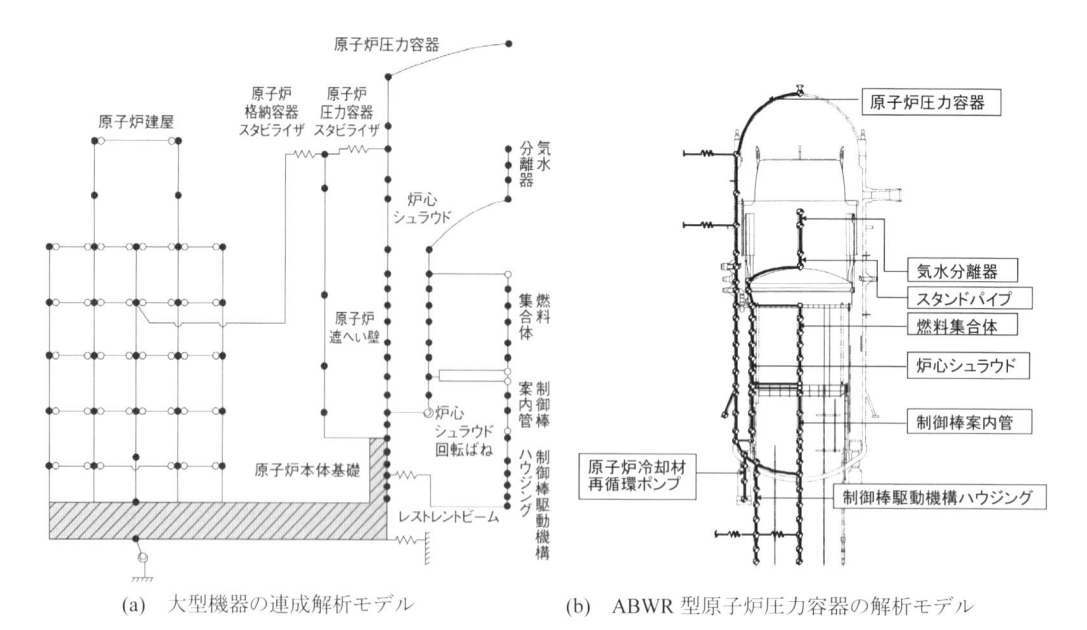

図 5-3　解析モデルの例

　モード解析法は、応答スペクトルにより構造物の各固有モードの最大応答を算出し、それらを重ね合わせることにより、最大応答を計算する方法である。この解析法は、主にポンプや容器などの床置き機器と配管系の設計で用いられる（時刻歴応答解析法とモード解析法の詳細は、第II編第2章2.3節を参照）。

　静的地震力は水平方向および鉛直方向の震度をもとに算定する（第II編第3章3.1.1項及び3.3.1項参照）。震度は水平方向および鉛直方向の最大加速度の重力加速度に対する比である。水平方向の地震力は、層せん断力係数 C_i を水平震度として、これに耐震クラスに応じた係数（Sクラス：3.6、Bクラス：1.8、Cクラス：1.2）と機器や配管の重量を乗じて求める。なお、機器・配管系の設計では、地震による機器の応答増幅を考慮し、建物・構築物の設計で算定した層せん断力係数を20%増しした値を用いている。また、鉛直方向も同様に、鉛直震度 Cv を20%増しした値を用いる。

　Bクラスの施設のうち共振のおそれがある施設については、弾性設計用地震動 Sd に 1/2 を乗じた地震動によって影響を検討する。

5.3.2　設計用減衰定数

　機器や配管に外力が加わり振動する場合、摩擦により発生する熱や空気抵抗などにより振動系のエネルギーが減少し、振動が減衰する。機器・配管系の地震応答解析では、設計用減衰定数を設定することにより減衰の効果を考慮する。振動実験などにもとづいて設定されている設計用減衰定数を**表 5-1** に示す。

　配管系の減衰はサポートの数や種類、保温材の有無などで異なるため、0.5～3.0%の値が用いられる。これらの値とは別に、個別に振動実験結果や地震観測結果などで確認した値も用いられる。

表 5-1 設計用減衰定数 [1]

機　　器	設計用減衰定数（％）	
	水平方向	鉛直方向
溶接構造物	1.0	1.0
ボルトおよびリベット構造物	2.0	2.0
ポンプ・ファン等の機械装置	1.0	1.0
燃料集合体（BWR）	7.0	1.0
制御棒駆動装置（BWR）	3.5	1.0
配管系	0.5〜3.0	0.5〜3.0
クレーン（天井クレーン、燃料取替機）	2.0	2.0

5.4 強度評価

設計用地震力と地震以外による荷重を入力して各機器・配管系の発生応力を算定し、発生応力が各機器・配管系の耐震クラスや機器の部位や材料などにより決められた許容応力以下であることを確認する。

5.4.1 強度評価の概要

機器や配管系の耐震性は、地震力と機器や配管特有の荷重の組合せにより評価する。特有の荷重とは、内包する流体の圧力や熱膨張による荷重などをいう。

原子炉圧力容器内の**シュラウドサポート**の強度評価の例を**図 5-4** に示す。FEM などによりモデル化されたシュラウドサポートに、動的地震力または静的地震力と自重、内圧、熱などの荷重を組み合せて、各部の応力を算出し、その発生応力が許容応力以下であることを確認する。

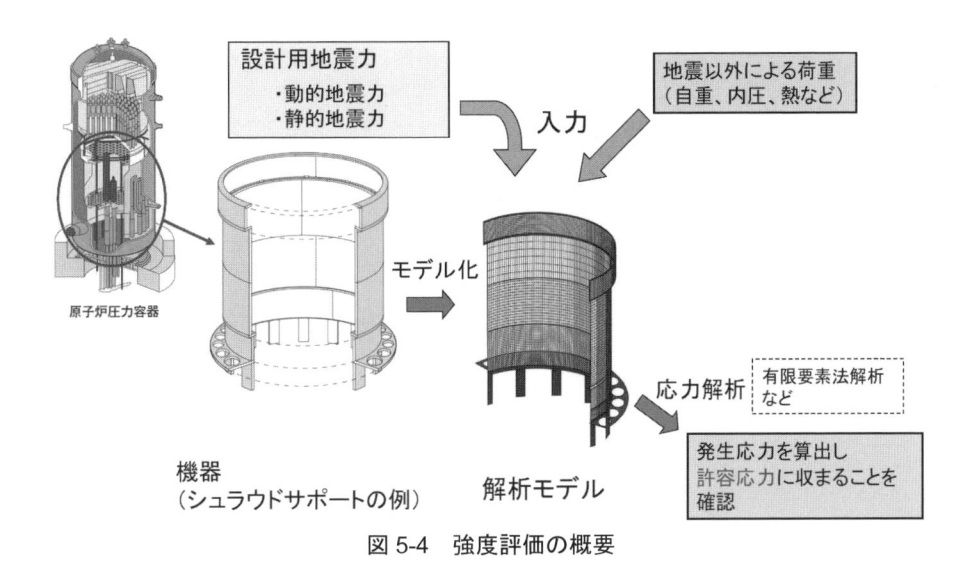

図 5-4 強度評価の概要

5.4.2 応力分類

Sクラスの設備の設計では、基準地震動 Ss による地震荷重に、運転時に加わる自重および内圧などによる荷重を加算して強度評価を行う。この場合の許容値は塑性変形などが機能に影響しないような値とする。弾性設計用地震動 Sd から求まる動的地震力または $3.6C_i$ から求まる静的地震力についても、Ss と同様に内圧、自重などを足し合わせて強度評価を行う。この場合の許容応力は、概ね弾性範囲に留まることが求められていることから、降伏応力またはこれと同等の値とする。

強度評価のための解析では、機器の損傷を防止するために破損様式を踏まえて発生応力の分類が行われる。破損様式には、金属材料の引張強さに達すると引き起こされる延性破壊や引張強さに満たない場合でも繰り返し発生することにより引き起こされる疲労損傷などがある。発生応力は、一次応力、二次応力、ピーク応力に分類され、分類された応力ごとに許容値以下であることを確認する。**図 5-5** に、材料断面に発生する応力の分類例を示す。

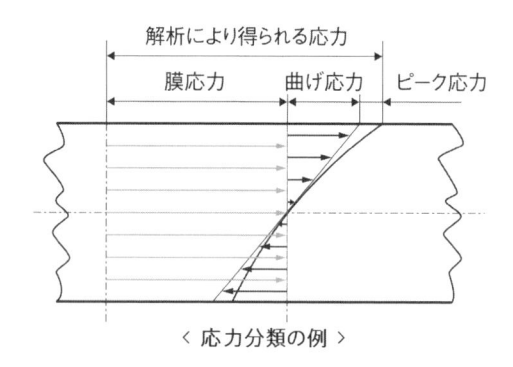

図 5-5　材料断面に発生する応力の分類例

一次応力は、内圧や地震力などの外荷重により機器内部に発生する応力である。一次応力は、機器の変形やひずみにかかわらず一定の力でかかり続けることから、降伏点を超えた過大な一次応力が発生すると延性破壊を引き起こすおそれがある。一次応力はさらに膜応力と曲げ応力に分けられ、それぞれの応力に対して許容限界が設定されている。膜応力は、外力によって断面に発生する平均応力であり、曲げ応力は、モーメントによって断面内で引張から圧縮に変化する応力である。

二次応力は、例えば材料が熱により膨張しようとする際に支持金具で拘束されることによって生じる応力である。一次応力に加え二次応力が繰り返して発生する場合には、生じるひずみが小さくても疲労損傷を引き起こすおそれがある。

ピーク応力は、材料の断面などが変化する部分に発生する応力集中により、一次応力または二次応力に付加される応力である。ピーク応力よって大きな変形は起こらないが、二次応力と同様に、繰り返されると疲労損傷を引き起こすおそれがある。ピーク応力の計算では**応力集中係数**を考慮する必要がある。

5.4.3 許容応力

許容応力は耐震クラスや機器の種類、応力の種類に応じて設定される。例として、原子炉圧力容器の許容応力を**表** 5-2 に示す。

表 5-2　原子炉圧力容器の許容応力

供用状態	一次膜応力	一次膜＋一次曲げ応力	一次＋二次応力	一次＋二次＋ピーク応力
Cs	min[Sy, (2/3)Su] ただし, オーステナイト系ステンレス鋼及び高ニッケル合金については 1.2Sm とする。	左欄の 1.5 倍	3Sm	疲労累積係数 ≦1.0
Ds	(2/3)Su ただし, オーステナイト系ステンレス鋼及び高ニッケル合金については min[2.4Sm, (2/3)Su]	左欄の 1.5 倍		

供用状態 Cs ： 通常運転時、運転時の異常な過渡変化時、および事故時に生じるそれぞれの荷重と、弾性設計用地震動 Sd による地震力または静的地震力を組み合せた状態
供用状態 Ds ： 通常運転時、運転時の異常な過渡変化時、および事故時に生じるそれぞれの荷重と、基準地震動 Ss による地震力または静的地震力を組み合せた状態
Sy ： 設計降伏点
Su ： 設計引張強さ
Sm ： 設計応力強さ min[(1/3)Su, (2/3)Sy]

表中の Cs は弾性設計用地震動 Sd による荷重と地震以外の荷重を組み合せた場合の供用状態、Ds は基準地震動 Ss による荷重と地震以外の荷重を組み合わせた場合の供用状態を示す。一次膜応力、一次膜応力＋一次曲げ応力、一次応力＋二次応力、一次応力＋二次応力＋ピーク応力の組合せによって、それぞれ許容応力が設定される。原子炉圧力容器の一次膜応力とひずみの関係を例に、許容応力の考え方を**図** 5-6 に示す。

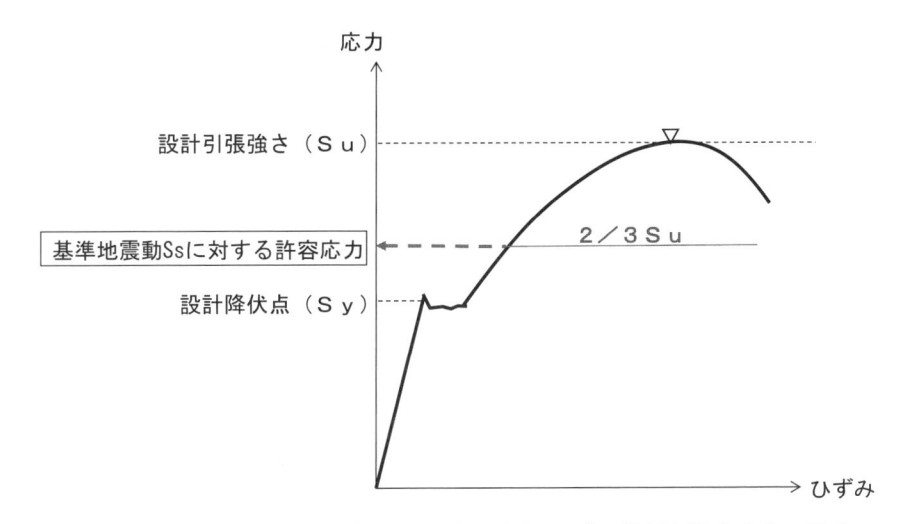

図 5-6　原子炉圧力容器の鋼材に対する応力−ひずみ関係と許容応力の設定

基準地震動 Ss による発生応力に対して、許容応力を設計引張強さ（Su）の 2/3 としており、機器や配管の破損限界である引張強さ（Su）に対して余裕がある。

5.5 動的機能維持評価

S クラス機器のうち、地震時または地震後に動作を必要とする弁やポンプなどの設備は、加振試験や解析により動的機能維持評価を実施し、確実に動作することを確認する。地震時に機器に発生する水平および鉛直方向の加速度や変位が、試験などにより機能維持が実証されている加速度や変位以下であることを確認することで機器の動的機能維持評価を行う。

BWR プラントの設備の例を図 5-7 に示す。原子炉を緊急停止するための制御棒の挿入性、配管破断事故時などにおける主蒸気隔離弁や非常時に原子炉を冷やすためのポンプなどの作動性などが評価される。

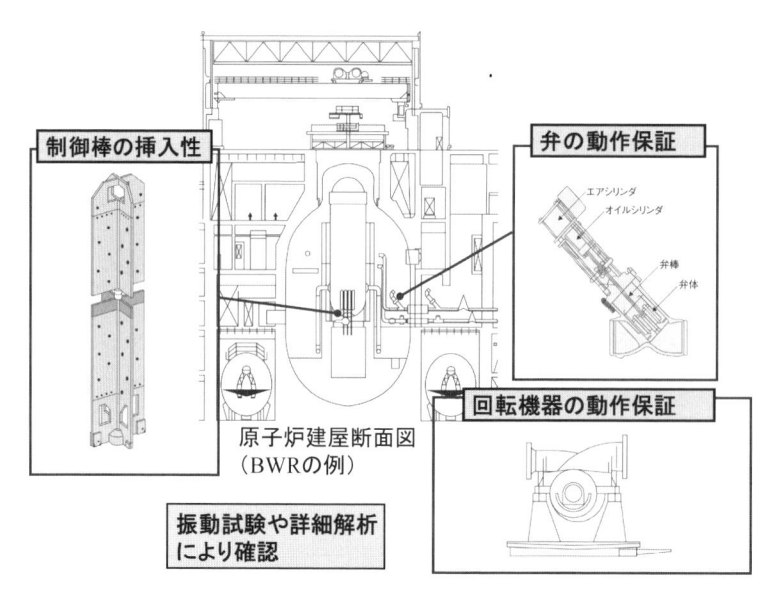

図 5-7　動的機能維持評価の対象設備の例[2]

5.5.1　地震時の制御棒の挿入性

BWR プラントの制御棒の挿入性の評価法を以下に示す。BWR プラントの燃料集合体は全長約 4.5m、4 体 1 セットで原子炉内の燃料支持金具上に装着され、上端を上部格子板により水平方向に支持されている。また、制御棒は燃料集合体の間隙に挿入される仕組みになっており、燃料集合体 4 体につき 1 本ずつ設置されている。運転時には核反応を起こすために制御棒を引き抜き、停止時には核反応を停止するために制御棒を挿入する。110 万 kW 級 BWR プラントの例では、燃料集合体は 764 体、制御棒は 185 本設置されている。燃料集合体の模式図を図 5-8 に示す。

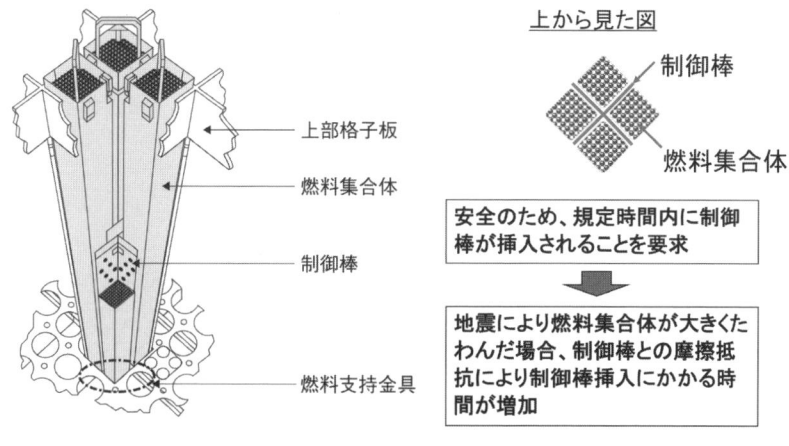

図 5-8　燃料集合体

　設定値以上の揺れを検知した場合、下部から制御棒駆動機構に水圧をかけ燃料集合体の隙間に制御棒を急速に挿入する。この動作をスクラムという。スクラムでは規定時間内に制御棒が挿入されることが要求されるが、地震により燃料集合体が大きくたわんだ場合、制御棒との間の摩擦抵抗力により挿入時間が遅くなりスクラム機能に影響を与える可能性がある。このため、加振試験により実証を行い、地震時のスクラム機能の健全性を評価する。

　BWRの制御棒挿入性確認試験の試験装置の例を図 5-9 に示す。燃料などを模擬した実機大の試験体を製作し、振動台で加振しながら制御棒を挿入する試験により挿入性を確認する。試験体に与える揺れを順に大きくして燃料集合体の水平変位を変化させた場合の制御棒の挿入時間を計測し、規定時間内に挿入できる最大水平変位を求める。基準地震動を入力した地震応答解析で得られた燃料集合体の水平変位が、試験で得られた最大水平変位以内であることにより、地震時の制御棒の挿入性を確認する。

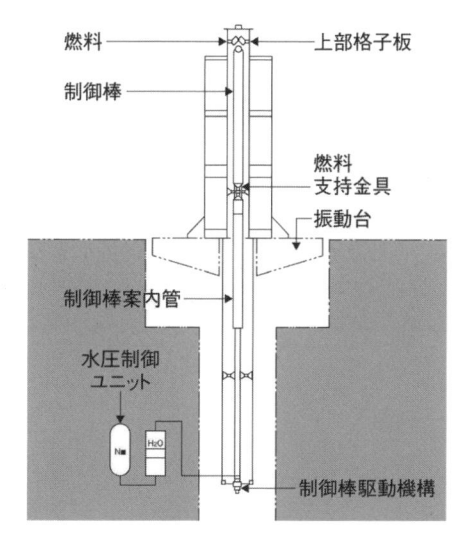

図 5-9　地震時の制御棒挿入性確認試験

PWR プラントにおけるスクラムでは、制御棒が上から自重により挿入される。地震時の制御棒の挿入性は、BWR と同様に地震時に発生する燃料集合体の最大水平変位が試験で得られた最大水平変位以下であること、または制御棒挿入解析により地震時の挿入時間が規定時間内であることにより確認する。

5.5.2 回転機器・弁の動作保証

ポンプ、ファンなどの回転機器や電動弁などの動的機能維持評価は、制御棒の挿入性と同様に加振試験にもとづいて行う。横型ポンプを図 5-10 に、電動グローブ弁を図 5-11 に示す。実物の機器を振動台に載せて加振試験を行い、機能が維持できる最大加速度を確認する。機能の維持とは、ポンプの規定出力の維持や弁の開閉が可能であることより確認される。これらの試験により機能維持が確認された加速度を、「機能維持確認済加速度」と呼ぶ。機能維持評価では、動的解析で得られた機器の評価部位に発生する加速度が、加振試験で得られた機能維持確認済加速度以下であることを確認する。

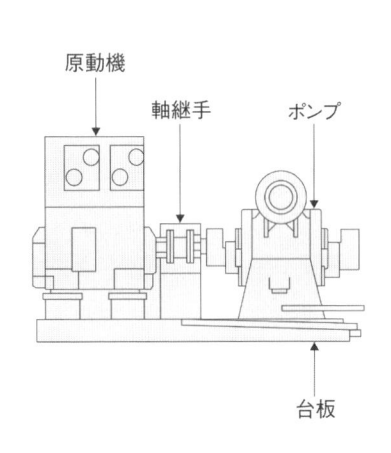

図 5-10　横型ポンプ概略図 [2] 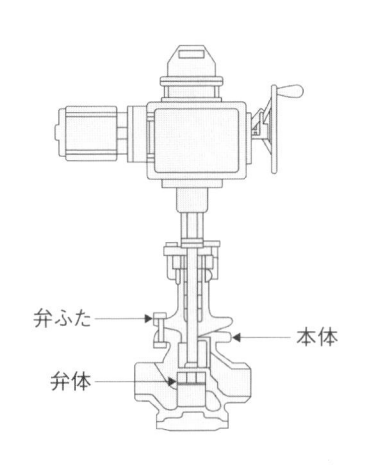　　　図 5-11　電動グローブ弁概略図 [2]

5.6　大型振動台による耐震信頼性実証試験

原子力発電所の耐震設計は、一般構造物よりも厳しい条件により実施される。さらに、地震力および地震力以外による荷重に対する機器・配管系の応答が複雑な特性を持つことから、解析に加え、実験による検証が行われる。安全上重要な機器について実物大モデルの試験体などを用いて大型振動台により加振試験を実施し、健全性を評価する。

5.6.1　多度津工学試験所大型高性能振動台設備

原子力施設の信頼性向上を目標として、通商産業省（現経済産業省）と原子力工学試験センターの共同プロジェクトが 1975 年に発足した。香川県多度津に工学試験センターを建設し、大型振動台が設置され、1982 年以降、23 年間にわたって多種の大型機器の加振試験

が実施された（2005年に計画していたすべての加振試験が終了し、廃止された）。

この加振試験の目的は以下のとおりである。

① 原子力発電所の安全上重要な設備の、地震に対する構造健全性および余裕度の確認。
② 地震時に機能維持を必要とする安全上重要な設備が、所要の機能を発揮できることの確認。
③ 加振試験結果と解析モデルによる解析結果の照合による、耐震設計手法の妥当性の確認。

図 5-12 に大型振動台の概要を示す。大型振動台の大きさは 15m×15m、積載重量は最大 1,000 トン、最大加速度は 5G で建設当時では世界最大の加振台であり、水平 1 方向と鉛直方向の同時加振が可能であった。

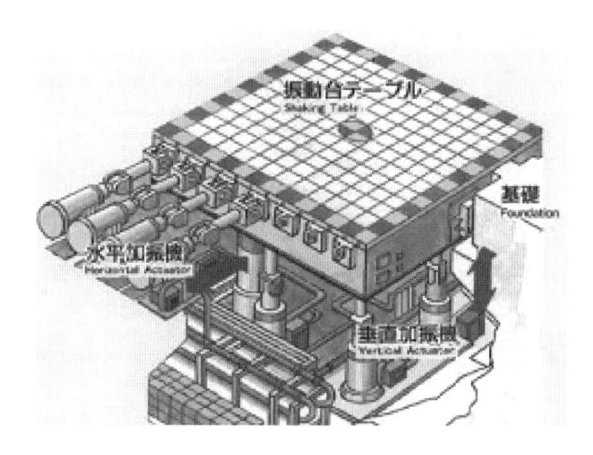

図 5-12　大型振動台概要 [3]

この振動台を使用して実物大もしくは精密な類似模型を製作し、設計上想定している地震動を上回る地震動を入力として加振試験が行われた。**図 5-13** に示すように、コンクリート製格納容器、原子炉圧力容器および炉内構造物などの安全上重要な大型機器の加振試験や、非常用ディーゼル発電機システム、原子炉停止時冷却系などの系統設備を含めた加振試験を行い、原子力発電所の主要な設備の耐震性が検証された。

実証試験では振動台能力の限界まで加振試験を行い、各機器の限界的な耐力の把握を行った。各試験結果の評価状況のまとめを**表 5-3** に示す。

配管系の加振試験の例を**図 5-14** に示す。振動台に固定された実際の配管系を設計許容限界の 8.5 倍の応答レベルで加振を繰り返し、5 回目の地震波加振中に配管が疲労損傷した。本試験より、設計の許容応力は破損レベルに対して十分な余裕があることが確認された。

(a) コンクリート製格納容器　　　　　　(b) 安全上重要な大型機器

図 5-13　大型振動台による耐震信頼性実証試験の例 [3]

表 5-3　試験結果の評価 [4]

試験名称	試験結果の評価の要点 *
コンクリート製格納容器の耐震試験	コンクリート部が破壊するまで漏洩防止機能が保たれる。破壊レベルはPCCVで約6S_2、RCCVで約7S_2。
配管系終局強度試験	破損レベルは最大応答で許容限界（IV_{AS}）の8.5倍以上。
電気盤の耐力試験	耐力（機能喪失）は中央制御盤、原子炉補助盤、論理回路制御盤で約5Gあるいはそれ以上（盤基礎上加速度）。
	保護計器ラック、計装ラック、コントロールセンタ、パワーセンタ、メタクラでは約4G（部品の誤動作に対する補強対策を反映して再評価した結果を含む）。
横型単段ポンプの耐力試験	耐力（軸受機能限界）はで8.4G（ポンプ基礎上加速度）。
大型立型ポンプの耐力試験	耐力（部材降伏）は12G（モーター頂部応答加速度）、31G（バレル先端応答加速度）。
制御棒挿入性試験	PWR：燃料集合体応答で40mm強まで挿入性を確認。BWR：燃料集合体応答で80mm強まで挿入性を確認。

*：個別プラントの裕度評価を行う場合は、入力した模擬地震波のスペクトル（設計波の包絡等）との差異を考慮要。

S_2 とは、「原子力発電所耐震設計技術指針　JEAG4601-1987」における基準地震動 S_2（設計用限界地震による）であり、IV_{AS} とは、基準地震動 S_2 に対する設計許容限界をいう。

図 5-14　耐震信頼性実証試験の例（配管系の終局強度試験）[3]

5.6.2　実大三次元震動破壊実験施設（E-ディフェンス）

多度津試験台を閉鎖した 2005 年に、阪神大震災を契機として兵庫県三木市に世界最大の実大三次元震動破壊実験施設（E-ディフェンス）が設置された。E-ディフェンスでは、実大規模の建物などに兵庫県南部地震クラスの地震の揺れを前後・左右・鉛直の三次元で直接与えることで、対象物の応答と損傷の度合いおよび破壊の過程が調査されている。実大三次元震動台の概要を図 5-15 に、仕様を表 5-4 に示す。

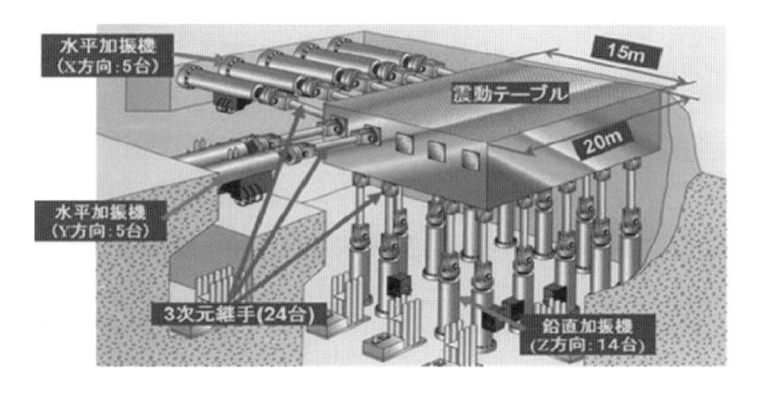

図 5-15　実大三次元震動台（E-ディフェンス）概念図 [3]

表 5-4　実大三次元震動台（E-ディフェンス）の仕様

	E-ディフェンス	多度津振動台
完成年	2005 年	1982 年
振動台の大きさ	20 m×15m	15m×15m
最大積載（トン）	1200	1000
最大加速度（Gal）	900	1900
最大速度（cm／s）	200	75
最大変位（cm）	±100	±20
加振方向	水平2方向＋鉛直	水平＋鉛直

多度津工学試験所の大型振動台は原子力発電所の設備の特性を踏まえ、固有周期が比較的短い領域で大加速度を入力できる仕様となっていたのに対し、E-ディフェンスは、固有周期が比較的長い建物や構造物を主な対象として設計され、大変位を入力できる仕様としている。E-ディフェンスを用いて、使用済燃料貯蔵容器耐震性能実験、原子力発電所の大型タンクのスロッシング試験や減肉した配管の耐震性を確認する試験などが実施されている。

参考文献

1) 「原子力発電所耐震設計技術規程（JEAC4601-2008）」日本電気協会、2008 年
2) 「原子力発電所耐震設計技術指針（JEAG4601-1991 追補版）」日本電気協会、1991 年
3) エネルギー総合工学研究所ホームページ
4) 原子力安全基盤機構資料（旧原子力安全・保安院審議会資料）、2008 年 8 月 27 日

第 6 章　屋外重要土木構造物の耐震設計

　原子力発電所には取水・放水構造物、各種タンク基礎および港湾施設などの多くの土木構造物が存在する。これらの土木構造物のうち、安全上重要な機器・配管を間接支持する機能、および非常時における原子炉機器と使用済燃料の冷却水の通水機能を求められる土木構造物を特に「屋外重要土木構造物」と呼んでいる。本章では、これら屋外重要土木構造物の耐震設計法について述べる。

　はじめに、地震応答解析を用いた耐震設計の流れを説明する。設計で考慮する荷重の種類と組合せについて、取水ピットを例に述べる。次に、地震応答解析のための構造物と周辺地盤のモデル化の方法および入力地震の設定方法について説明する。さらに、「応答変位法」による地中構造物の設計例を紹介する。

　耐震性能の照査方法として、応力による照査、部材耐力による照査および構造物の変形による照査の方法を示す。構造物の変形による照査では、要求性能に対する屋外重要土木構造物としての限界状態の考え方を示し、鉄筋コンクリート部材の破壊過程に着目した限界値の設定方法について述べる。

6.1 原子力発電所の土木構造物

　原子力発電所の土木構造物には、取水・放水構造物、電気・機器・配管などの基礎、タンク基礎、港湾施設などがある。表 6-1 に原子力発電所の土木構造物の種類、図 6-1 に発電所敷地におけるそれらの配置例を示す。

表 6-1　原子力発電所の土木構造物

土木構造物の種類	概要（具体例）
取水・放水構造物	タービンを駆動させた後の蒸気を冷却し水に戻すために使う冷却水について、海から取り入れ、また、海に戻すための構造物。 （例）取水口、取水路、取水ピット、放水路、放水口
電気・機器・配管基礎	取水口から取り入れた海水を発電所内に循環させる配管や燃料油・用水等の移送用配管を支持したり、電気・計測関係のケーブル類を収納する基礎構造物。 （例）海水管ダクト、電気ケーブルダクト
タンク基礎	非常用ディーゼル発電機の燃料油や発電所内で使用する用水等のタンクを支持する基礎構造物。 （例）燃料タンク基礎
港湾施設	海路で輸送される原子燃料や資機材を荷揚げするための専用施設や桟橋、港湾施設を波浪から守る防波堤等。 （例）防波堤、桟橋
その他施設	その他発電所の管理に必要な諸設備。 （例）道路、橋梁、排水路

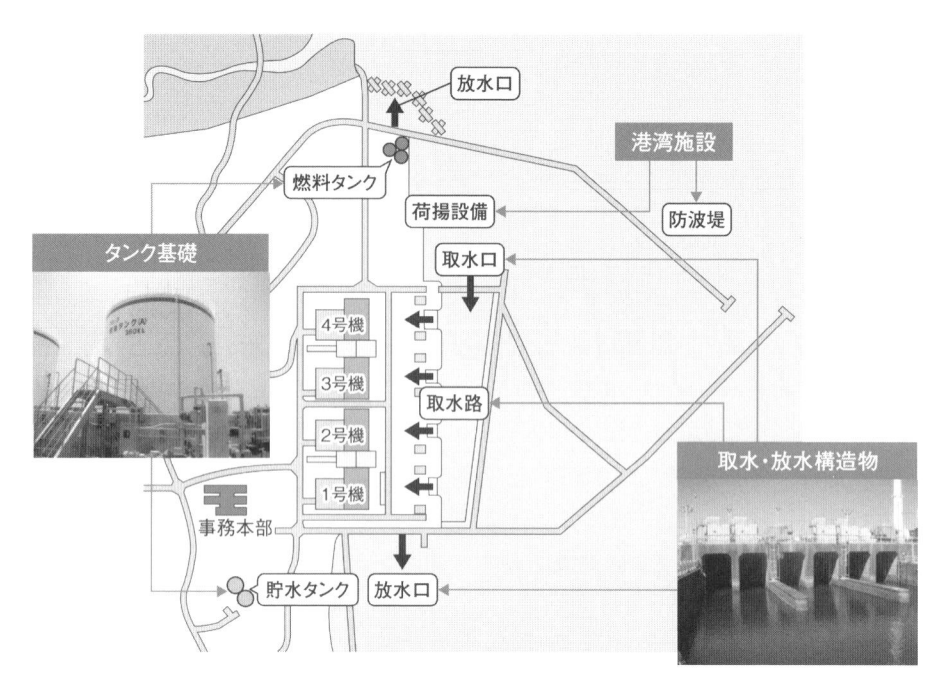

図 6-1　発電所敷地における土木構造物の配置例[1]に加筆

　取水・放水構造物は、タービンを駆動させた蒸気を冷却し水に戻すための海水および原子炉機器や使用済燃料を冷却するための海水を海から取り入れ（取水）、海に戻す（放水）ための構造物であり、取水口、取水路、取水ピット（取水槽）、放水路、放水口などより構成されている。取水口から取り入れた海水を冷却系の設備へ循環させる配管、燃料油・用水などの移送用配管の基礎および電気・計測関係のケーブル類を支持するための基礎とそれらを収納するダクトも土木構造物である。また、非常用ディーゼル発電機の燃料油や発電所内で使用する用水などを貯蔵するタンクを支持する基礎も土木構造物である。海上輸送される原子燃料や資機材を荷揚げするための施設として、桟橋、防波堤などがある。その他、発電所内の道路や橋梁、排水路なども土木構造物である。

6.2　屋外重要土木構造物

　屋外重要土木構造物には、非常用海水取水設備である海水ポンプと海水管を間接支持する取水ピットおよび海水管ダクト、非常用の海水を海から取水ピットまで導く取水口と取水路などがある。図 6-2 に屋外重要土木構造物の例を示す。
　原子炉施設の安全性は、その機能に直接関連する施設、補助的な役割をもつ施設、および支持構造物などを含めた全体としての健全性が保たれることにより維持される。原子力発電所の土木構造物は主要設備と補助設備を直接支持する構造物、間接的に支持する構造物および施設相互間の影響に関連する構造物に分類され、それぞれの機能が維持されるように設計される。

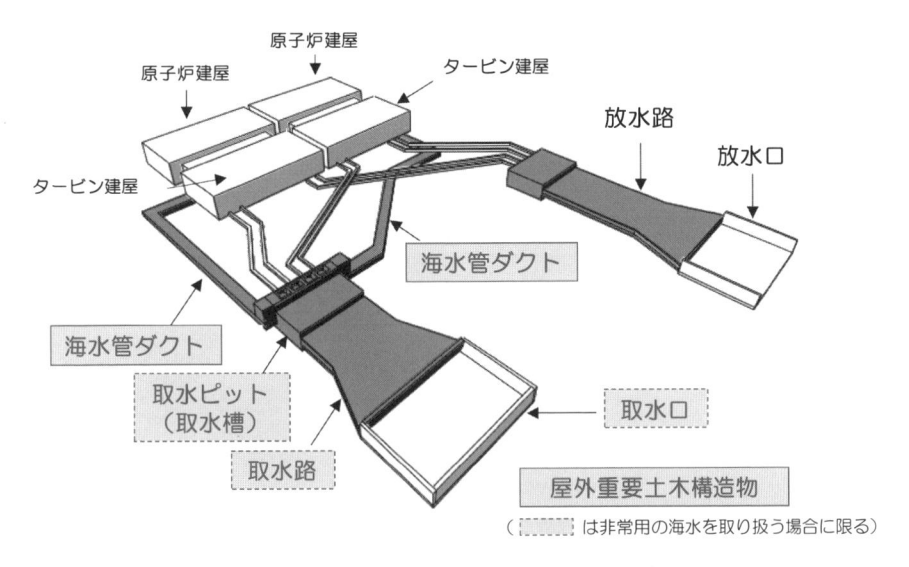

図 6-2　屋外重要土木構造物の例 [2] に加筆

6.3　耐震設計の流れ

図 6-3 に、原子力発電所における屋外重要土木構造物の耐震設計の流れを示す。耐震設計は、基準地震動 Ss を入力とした動的な設計手法を用いることを基本とし、その手順は以下のとおりである。

① 構造計画

　　対象とする原子炉施設の要求機能や耐震重要度などにより構造計画を定め、それにもとづき設計の基本条件を設定し、使用材料および地盤の物性値などを決定する。

② 構造物のモデル化

　　構造計算のための構造物のモデル化を行う。構造物の部材寸法や使用するコンクリートや鉄筋の強度、鉄筋の直径や配置間隔などの構造細目は、構造計画をもとに既往の設計事例や静的地震力を考慮した概略検討などにもとづき仮定する。

③ 荷重の算定

　　構造物の自重、支持する機器・配管による荷重、周辺地盤からの土圧や水圧などの通常時に作用する荷重の算定を行う（6.4 節）。

④ 常時応力解析

　　構造解析モデルに上記荷重を作用させ「常時応力解析」を行い、各部材の変形、応力およびひずみを算定する。

⑤ 地震応答解析

　　基準地震動 Ss を入力して地震応答解析を行い、構造物に作用する地震時荷重（慣性力、動水圧、動土圧など）を算定する。なお、地震応答解析から得られる機器・配管の支持部の応答値（加速度、変位）を用いて、機器・配管系の耐震設計が行われる（6.5 節）。

```
         ┌─────────────┐
         │ ①構造計画    │
         └──────┬──────┘
                │
         ┌──────▼──────┐
         │ ②構造物のモデル化 │
         └──┬───────┬──┘
            │       │
   ┌────────▼──┐ ┌──▼──────────┐
   │ ③荷重の算定 │ │ ⑤地震応答解析 │
   │ （常時荷重） │ │ （地震時荷重） │
   └──────┬────┘ └──────┬──────┘
          │             │
   ┌──────▼──────┐      │
   │ ④常時応力解析 │      │
   └──────┬──────┘      │
          │             │
          └──────┬──────┘
                 │
         ┌───────▼────────┐
         │ ⑥機能維持の確認 │
         └────────────────┘
```

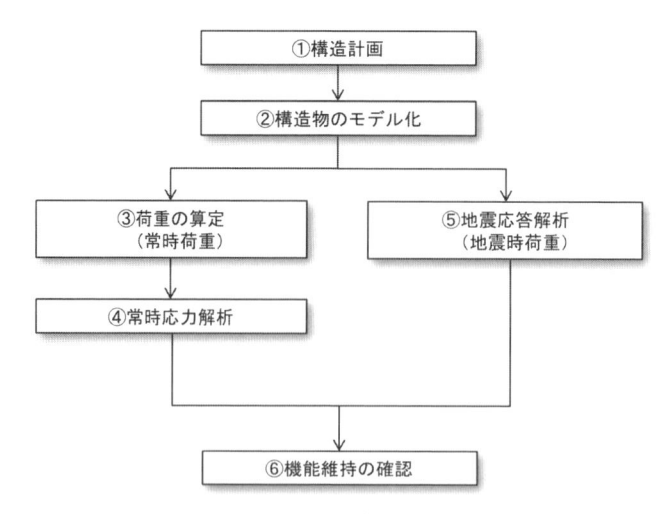

図 6-3　屋外重要土木構造物の耐震設計の流れ

⑥　機能維持の確認

　常時荷重による応答と地震時荷重による応答を加算した応答値を算定し、それらが基準値以下であることによって、屋外重要土木構造物に要求される間接支持機能および通水機能が維持されることを確認する。要求機能が維持されない場合は、手順②に戻り、部材寸法や配筋などの構造細目を見直し、再度設計を行う（6.6 節）。

6.4　設計に考慮する荷重

屋外重要土木構造物の設計では、常時荷重、地震時荷重およびその他の荷重を以下のように考慮している。

・常時荷重

　図 6-4(a)に示すように、通常時（運転時および停止時）に構造物に作用している荷重で、構造物の自重、上載荷重、土圧および水圧、地盤反力などである。上載荷重は、支持する機器・配管などの重さによる荷重である。土圧は、構造物が設置された周辺の地盤から作用する荷重（静止土圧）であり、水圧は、構造物周辺の地下水や海水、構造物内部の海水から構造物に作用する荷重である。

・地震時荷重

　図 6-4(b)に示すように、地震時に構造物に作用する荷重で、構造物の慣性力、地震時の機器・配管の慣性力、地震時土圧、動水圧、地震時の地盤反力などである。屋外重要土木構造物自体は、基本的には C クラス施設であるが、間接支持する機器・配管系の重要度を考慮して S クラス施設に準じた耐震性が要求されるため、基準地震動 Ss による地震力を考慮する。

・その他の荷重

　波浪や津波の波力および台風などによる風荷重、また地中構造物では地上を走行する車両の重量など、構造物の設置環境に応じて必要な荷重を考慮する。

(a) 常時荷重

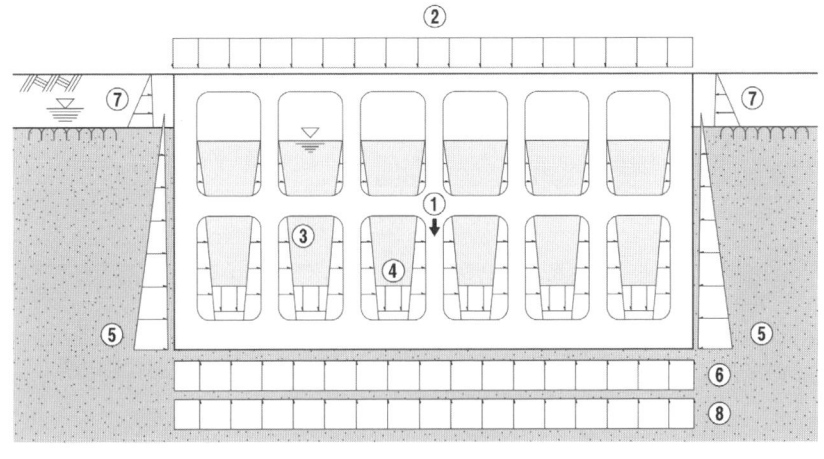

①構造物の自重　③内部静水圧　⑤外部静水圧　⑦常時主働土圧
②上載荷重　　　④内部水重　　⑥揚圧力　　　⑧地盤反力

(b) 地震時荷重

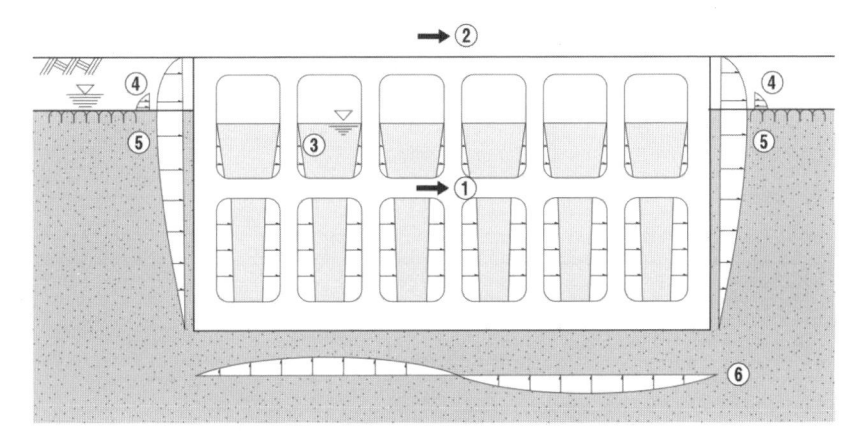

①構造物の慣性力　③内部動水圧　⑤地震時土圧
②上載荷重慣性力　④外部動水圧　⑥地盤反力

図 6-4　考慮する荷重の組合せ例

6.5　耐震設計

　屋外重要土木構造物の耐震設計は、一般に地震応答解析により行われるが、周辺地盤の変位による構造物の変形と応力が支配的になる場合には、応答変位法による設計が行われている。

6.5.1　地震応答解析による設計

　基準地震動 Ss を用いた地震応答解析による屋外重要土木構造物の設計手順を**図 6-5** に示す。地中に埋設された**ボックスカルバート**の FEM による地震応答解析モデルの例を**図 6-6** に示す。

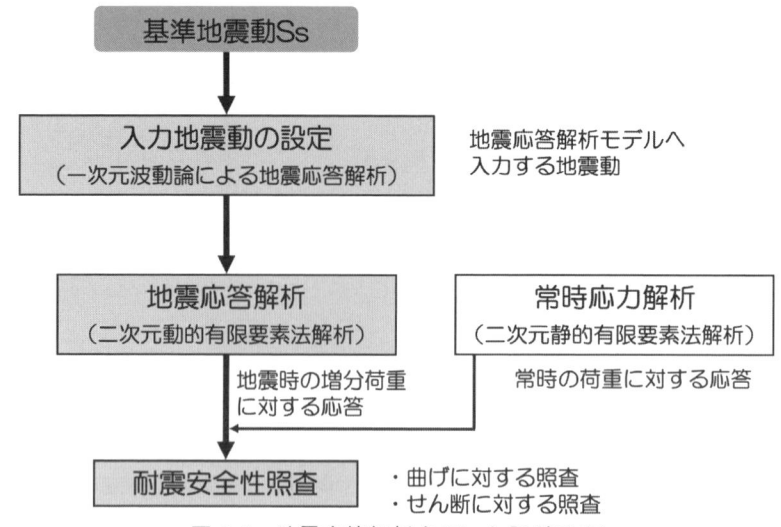

図 6-5　地震応答解析を用いた設計手順

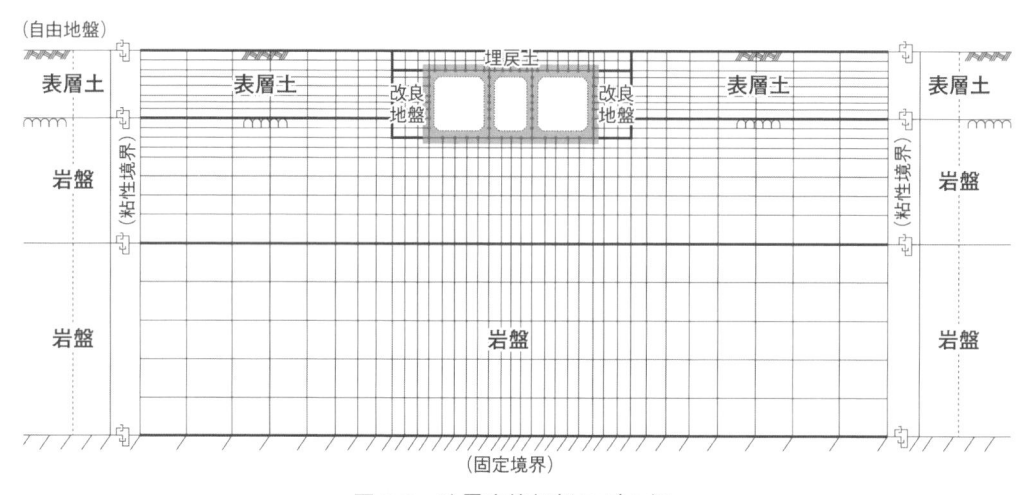

図 6-6　地震応答解析モデル例

　構造物と周辺の地盤を有限要素でモデル化し、地震時の地盤と構造物の応力と変形を求める。解放基盤表面で設定された基準地震動 Ss を、第Ⅰ編第 3 章の図 3-9 に示したように一次元波動論により解析モデルの底部まで引き戻し、解析モデルへの入力地震動を算定する。この入力地震動を用いて構造物と地盤を含めた地震応答解析を行い、算定された各部位の応答値に構造物の自重など常時荷重による応答値を加算し、構造物の耐震性を照査する。

　地震応答解析の手法は、構造物の限界状態に対する要求性能や構造の複雑さ、地震時応答の非線形性を考慮して、図 6-7 に示すように選択される。このうち、線形解析は構造物や地盤を線形弾性体とみなして解析する方法であり、構造物の変形が弾性範囲で、かつ地盤のひずみが小さく、応力とひずみが線形関係にある場合に用いられる。

　等価線形解析は、地盤のひずみの大きさに応じた地盤の物性値（せん断弾性係数と減衰定数）を用いて地震応答解析を行うことにより、地盤の非線形性を考慮する解析手法であ

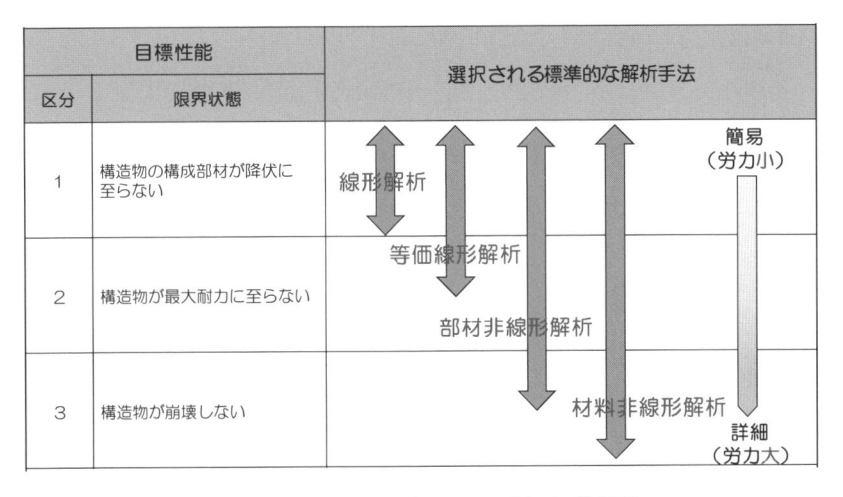

目標性能		選択される標準的な解析手法
区分	限界状態	
1	構造物の構成部材が降伏に至らない	線形解析
2	構造物が最大耐力に至らない	等価線形解析 / 部材非線形解析
3	構造物が崩壊しない	材料非線形解析

図 6-7 地震応答解析手法の選択例[2]に加筆

る。屋外重要土木構造物の耐震設計では、多く用いられている手法であり、構造物の応答が最大耐力以下であれば、簡便で比較的精度の高い解析が可能である。

部材非線形解析と材料非線形解析は、構造物の非線形特性の変化を時刻歴で考慮する解析である。部材非線形解析は非線形性を部材単位で考慮した比較的簡便な手法であり、材料非線形解析は部材内部の応力分布も算出し、より詳細に非線形性を考慮できる手法である。非線形解析は構造物の応答が最大耐力を超えて一部の部材が損傷した状態までも考慮できるため、等価線形解析に比べより詳細な検討が可能である。ただし、計算過程が複雑で解析時間が増大する。

6.5.2 応答変位法による設計

地中構造物の地震時の変形挙動は周辺地盤の変位により支配される（第Ⅱ編第3章3.4節参照）。地震応答解析などから求められる構造物位置の地盤変位を地盤ばねを介して構造物に作用させて変形などの応答を求める「応答変位法」が、屋外重要土木構造物の設計でも用いられている。図 6-8 に、地中に埋設されたボックスカルバートの設計で応答変位法を用いた例を示す。構造物位置の地盤変位を入力変位として構造物周辺に作用させ、さらに構造物に作

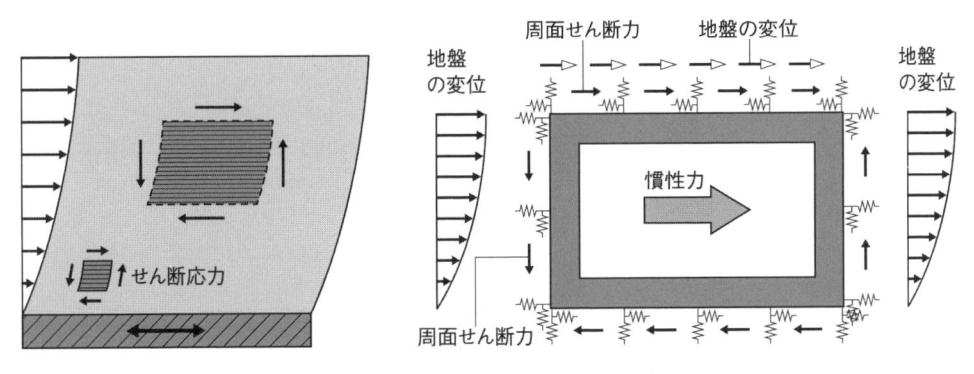

図 6-8 応答変位法による設計例

用する地震慣性力などの荷重を作用させて構造解析を行う。

6.6 耐震性能の照査・機能維持検討

屋外重要土木構造物に要求される性能と耐震性の評価法について述べる。なお、土木構造物を対象として耐震性を評価する場合、その耐震性を基準等に照らして確認することを「照査する」と呼んでいる。

6.6.1 耐震性能の照査法

屋外重要土木構造物の耐震性能の照査方法は、許容応力度法、限界状態設計法および性能照査型設計法へと変遷してきた。1980年代まで広く一般的に用いられていた許容応力度法は構造物の非線形的挙動を考慮しないため簡便であるという利点がある。許容応力度法は「仕様規定型設計」とも呼ばれ、使用する材料により許容値が一律に定められている。構造物を弾性体と仮定しているため、線形領域の設計には適しているが、構造物の限界状態に対する安全度を定量的に示すことはできない。

1990年代に限界状態設計法の考え方が取り入れられるようになり、構造物の限界状態に対する安全度を定量的に示す手法が開発された。限界状態設計法は、構造物に最大限許される限界状態を設定し、それに対する安全性を外力や材料などに起因する様々な不確実さを考慮した複数の安全係数により評価する方法であり、最大耐力までの非線形領域の設計に適している。

さらに1995年に発生した兵庫県南部地震を契機に、神戸市とその周辺地域で観測された極めて大きな地震動に対して、構造物の破壊域近傍までの変形性能にもとづく性能照査型設計法が提唱された。主として構造物や施設などの機能維持の照査に用いられている。

6.6.2 要求される性能と限界状態

基準地震動 Ss による地震力に対して、原子力発電所の屋外重要土木構造物に要求される性能は、構造物が間接支持する機器・配管の安全機能が維持されること、また非常用冷却水の通水機能が維持されることである。このため、土木構造物には間接支持機能を確保し、かつ構造物の内空間の保持により機器・配管系の正常作動を確保することが要求される。

基準地震動 Ss に対し、屋外重要土木構造物の「構造物としての耐震性」と「基礎地盤の支持力」を照査する。このうち、構造物の耐震性については、「耐力や変形による設計方法」あるいは「応力度による設計方法」にもとづき、照査項目が設定されている。耐力や変形による設計では、表6-2 に示す項目について、基準地震動 Ss による応答値が限界値以下であることを確認する。

応力度による設計（許容応力度設計）をもとに評価する場合は、基準地震動 Ss を用いて算定した部材応力が、許容応力度以下であることを確認する。また、基準地震動 Ss により生じる土木構造物の基礎地盤の接地圧が現地の調査・試験などをもとに設定した地盤の極限支持力度以下であることを確認する。

表 6-2 屋外重要土木構造物の要求される性能と限界状態

要求性能	構造物の限界状態（仕様）
機器・配管の機能維持	・機器の機能を維持 ・配管を潰さない ・構造物の内空間を確保
取水路の通水機能維持	・構造物の内空間を確保 （必要量の海水が取水可能であること）

6.6.3 鉄筋コンクリート造構造物の限界状態

図 6-9 に示すように、鉄筋コンクリート構造の破壊は、曲げ破壊とせん断破壊に大別される。載荷実験による破壊の例を図 6-10 に示す。図 6-10(a)は曲げ破壊の例であり、構造物の壁部材の内側が圧縮破壊を生じている。図 6-10(b)はせん断破壊の例であり、壁部材の左から右斜め下に向けてせん断ひび割れが発生している。

(1) 曲げ破壊に対する照査

鉄筋コンクリート部材の荷重（曲げモーメント）と部材の変形の関係は、一般に図 6-11 のように示される。荷重の増大に応じてコンクリートのひび割れが発生し、さらに荷重が増大すると鉄筋が降伏する。鉄筋コンクリート部材が受け持つことができる最大荷重（最大耐力）を超えると部材の軟化が始まり、**かぶりコンクリート**の剥落が生じ、次に鉄筋の座屈が発生して、やがて構造物の崩壊に至る。

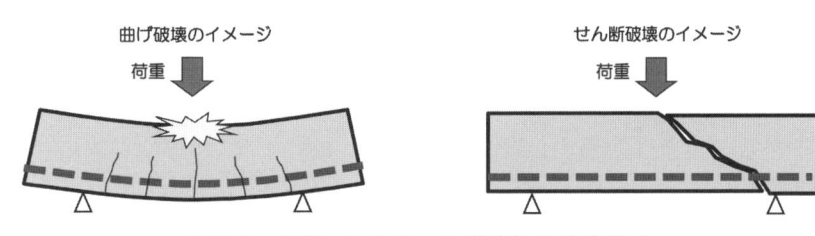

図 6-9 鉄筋コンクリート構造物の破壊様式

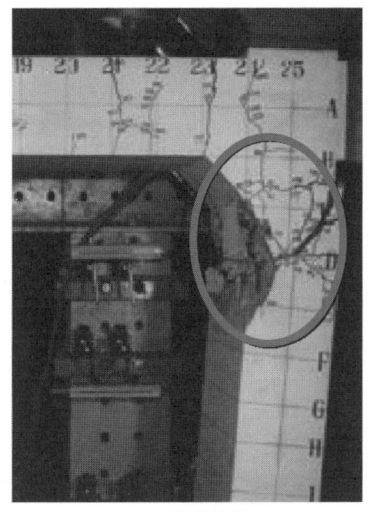

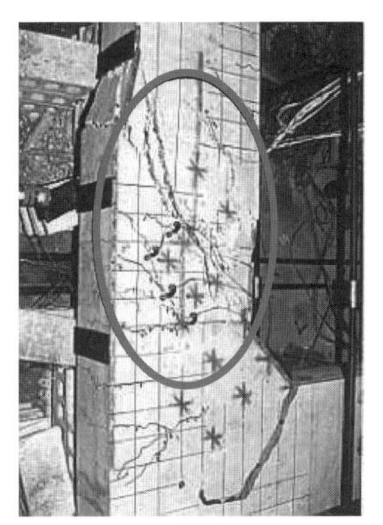

(a) 曲げ破壊　　　　(b) せん断破壊
図 6-10 鉄筋コンクリート構造物の載荷実験による破壊 [2)]

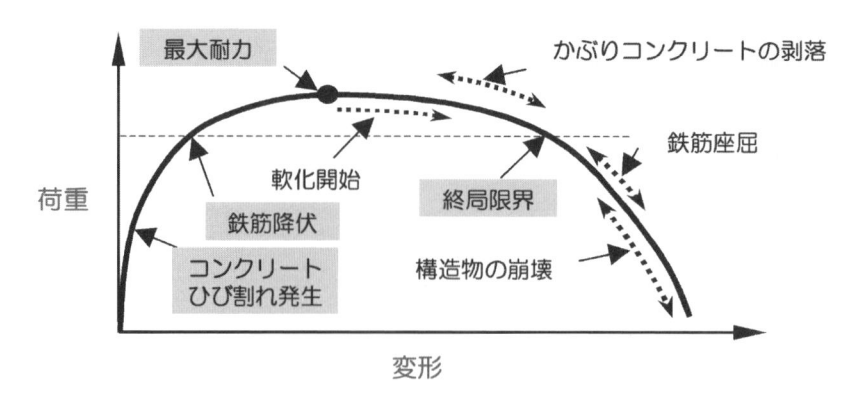

図 6-11　鉄筋コンクリート構造物の破壊過程（曲げ破壊の場合）[2) に加筆]

　曲げに対する限界値として部材断面から算定される最大耐力（曲げ耐力）が用いられるのが一般的である。一方、機能維持検討には、部材の変形に着目した以下の 4 つの指標がある。
① 圧縮縁のコンクリートひずみが 1%以下
② ①の状態に対応する曲率以下
③ ①の状態に対応する層間変形角（限界層間変形角）以下
④ 層間変形角が 1/100 以下

　かぶりコンクリート剥落の条件は「コンクリートの応力がゼロに近い」ことである。コンクリートの圧縮縁ひずみ 1%以下であれば圧縮応力がある程度残留していることが実験結果から知られている。圧縮縁ひずみが 1%より大きくなると残留圧縮応力は徐々に小さくなり、かぶりコンクリート剥落の可能性が増加する。このため圧縮縁ひずみ 1%以下という限界値が設定されている。

　層間変形角は図 6-12 に示すように構造物の水平変位と構造物の高さの比で、構造物の変形に着目した指標である。1/100 未満であれば、かぶりコンクリートの剥落に対して十分安全側であることが実験結果から示されている。

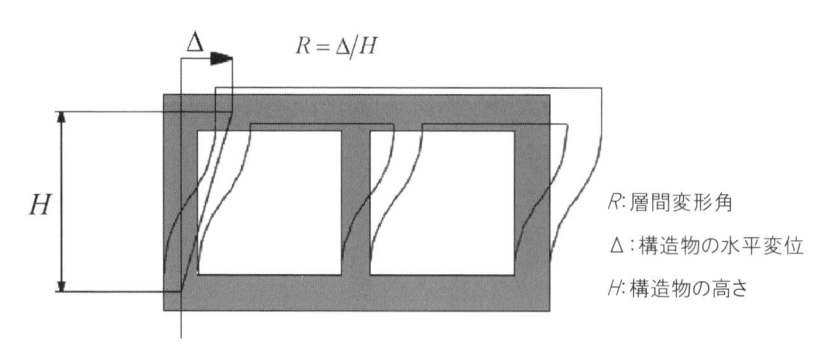

図 6-12　層間変形角 [2)]

(2) せん断破壊に対する照査

せん断破壊に対する照査用限界値の設定方法には、以下の2つの方法がある。
① 設計せん断耐力による方法（断面力による照査）
② 材料非線形解析による方法（材料の損傷による評価）

方法①は部材レベルの載荷実験にもとづき設定された評価式であり、評価が簡便である。構造設計においては、荷重の作用に対して部材が限界状態に至らないようにするため、通常、方法①が用いられる。

しかし、**不静定次数**が高い複雑な形状の構造物などでは、一部の部材が限界状態に至っても構造全体の安定性がすぐには失われないことから、損傷過程を考慮したより高精度な評価手法である方法②を用いた検討が行われる場合がある。図 6-13 に材料非線形解析を用いた照査の概要を示す。評価する部材の解析用モデルを作成し、地震応答解析などで求めた土圧などの荷重を部材に作用させる。荷重を漸増させていき、部材にせん断破壊が生じる限界点を数値実験的に求める手法である。

機能維持検討では、方法②によれば精度の高い結果が得られるが、計算量が増大する。したがって、すべての部材を方法①で評価し、より詳細な検討が必要な部材について、方法②で評価する方法が採られるのが一般的である。

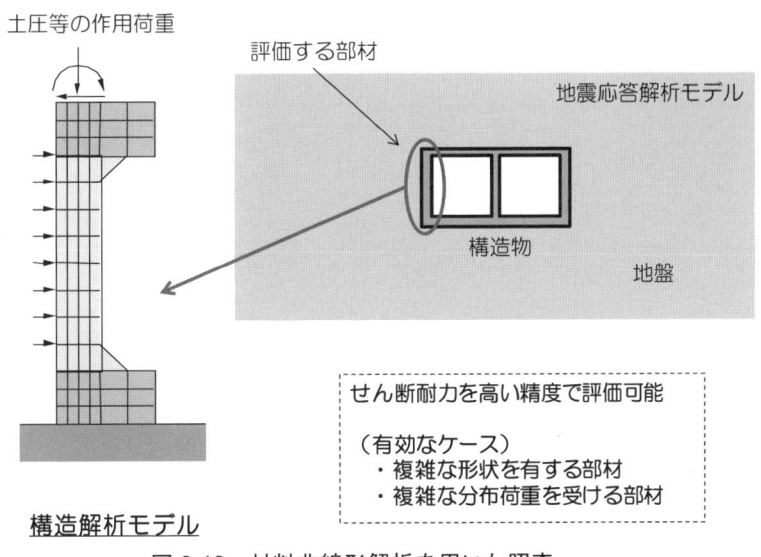

図 6-13 材料非線形解析を用いた照査

参考文献

1) 原子力安全基盤機構ホームページ
2) 「原子力発電所屋外重要土木構造物の耐震設計照査指針」土木学会

第7章　津波に対する設計

　原子力発電所では、タービンを回し終えた蒸気を冷やすために大量の冷却用海水が必要であり、日本ではすべて海岸沿いに設置されている。そのため、敷地に大きな影響を与えるおそれがある津波に対して重要な安全機能が損なわれることがないように設計される。

　津波に対する設計では、まず原子力発電所に大きな影響を与えると予想される津波について、文献調査や地質調査などにより適切な津波波源を設定する。次に、津波波源から発生した津波が沖合から伝播して敷地付近の海岸に到来し、陸地へ遡上する現象について数値シミュレーションを行い、津波の水位、流速、浸水範囲を推定する。この結果をもとに、津波による設計用の浸水高、波力などを設定し、防潮堤などの構造物および設備の設計と機能維持の評価を行う。

　本章では、津波の評価方法、津波に対する構造物および設備の設計方法について説明する。

7.1　津波に対する設計の流れ

　津波に対する設計の流れを**図 7-1** に示す。

① 津波評価のための各種調査
　　敷地に影響を与えるおそれのある津波の発生要因などを調査する（7.2 節）。
② 津波波源の設定
　　敷地に大きな影響を与えると予想される津波発生要因を選定して、津波波源を設定する（7.3 節）。
③ 津波評価
　　設定した津波波源モデルによって初期海面変動量などを算定し、初期海面変動から津波伝播および陸上への遡上の解析を行って敷地内の津波の水位などを評価する（7.4 節）。
④ 津波に対する構造物および設備の設計
　　津波高、浸水深、波力などの津波評価結果にもとづき、津波対策の検討と津波に対する構造物および設備の設計を行う（7.5 節）。

```
①津波評価のための各種調査
          ↓
②津波波源の設定
          ↓
③津波評価
  初期海面変動量等の算定
  津波伝播・遡上計算
  敷地における
  津波の水位、流速、浸水範囲の評価
          ↓
④津波に対する構造物および設備の設計
  津波対策の検討
  津波による浸水、波力等の評価
  構造物および設備の設計
```

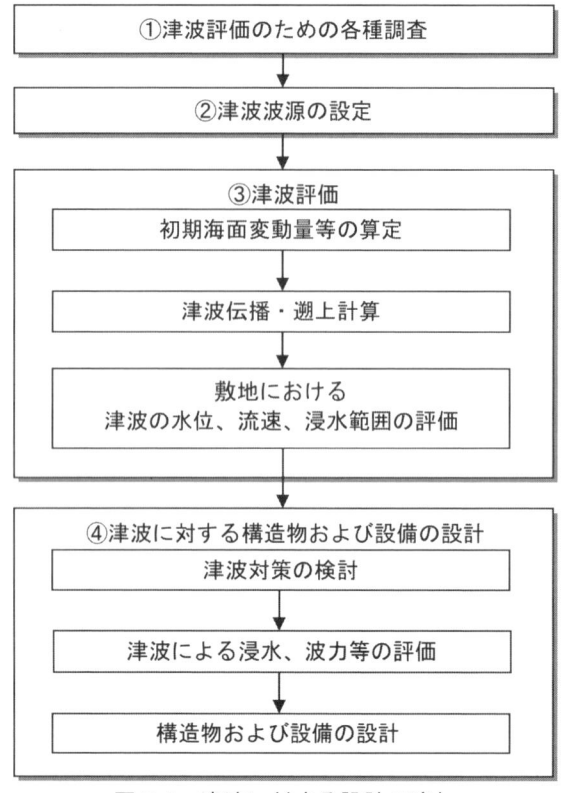

図 7-1　津波に対する設計の流れ

7.2　津波評価に必要な各種調査

　津波の発生要因には、地震のほか、火山噴火、海底の地すべりなどがある。このうち地震による津波が 90%以上を占めるとされている。津波発生要因の選定と津波波源を設定するため、各種の調査が実施される。津波波源となる可能性のある要因（断層、地すべり、山体崩壊など）の調査として第Ⅰ編 第 2 章 2.2 節で述べた調査に加え、**津波堆積物**調査などを行う。

7.2.1　津波の痕跡調査
(1)　既存文献による調査

　古文書などの歴史記録、津波観測記録、考古学的調査資料などの既存文献を調査・分析し、調査地域周辺において過去に襲来した可能性のある津波の発生時期、規模、要因などを過去に遡って調査する。**図 7-2** に日本書紀の津波記述の例を示す。

(2)　津波堆積物調査

　調査地域周辺において過去に襲来した津波を把握するため、地層に残された津波の痕跡を調査する。津波堆積物調査は、2011 年東北地方太平洋沖地震を契機に、過去の津波に関する情報を提供するものとしてその重要性が注目されるようになった。ただし、過去に津波が到達した地点であっても、津波堆積物が残される地形は限られることや、その後の地層の浸食や人工的な改変によっても津波堆積物が失われる場合があり、調査には限界もある。

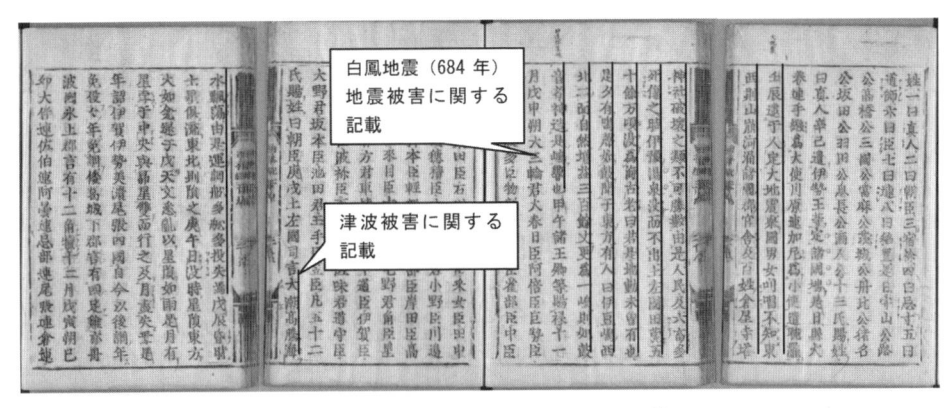

図7-2 「日本書紀」の津波記述[1]

具体的には、ボーリング調査やトレンチ調査などにより、地層の観察や試料分析を行い、津波により形成された地層の有無や分布を把握する。調査対象は、一般的には海水準が高かった**縄文海進**（約6,000年前）以降である。津波により形成された地層か否かは、観察結果や試料の分析結果、調査地点の地質や地形条件などを考慮し、総合的に評価される。**図7-3**に、ボーリング調査による津波堆積物調査の例を示す。

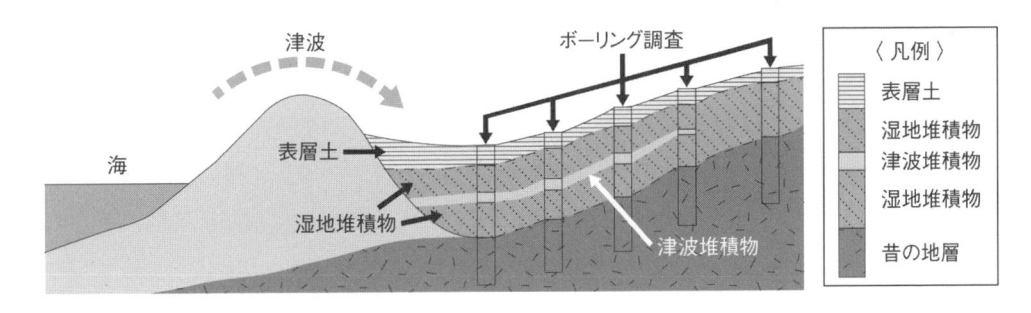

図7-3 津波堆積物調査の例[2]

7.2.2 津波発生要因などに関する調査

津波は、地震により発生するものが大半であるが、前述したように地震以外の要因によっても生じる。地震による津波は他要因による津波と区別するために、地震津波とも呼ばれている。

地震を含め、津波を発生させる要因を以下に示す。
- プレート間地震
- 海洋プレート内地震
- 海域の活断層による地殻内地震
- 陸上および海底での地すべり、斜面崩壊
- 火山噴火などの火山現象

津波発生要因に関する調査では、津波が地震動よりも広域に影響を及ぼすことを考慮して、地震動の評価のための調査よりも広域の調査範囲を設定し、調査地域の地形や地質条

件に応じて各種の調査手法が適切に組み合わせられる。

地震の調査では、プレート間地震の他、海洋プレート内地震のうち海溝軸付近ないしその沖合で発生する沈み込む海洋プレート内地震を考慮する。沈み込む海洋プレート内地震の代表的な例として、1933年の昭和三陸地震が挙げられる。この地震では地震による揺れは小さかったが、津波により大きな被害が生じた。

陸上の斜面崩壊および海底地すべりについては、過去の斜面崩壊、地すべりの発生状況を調査するとともに、敷地周辺広域の地形・地質調査などをもとに津波発生の可能性を調査する。地すべりによって生じた津波の例として1958年リツヤ湾（アメリカ合衆国アラスカ州）の津波がある。

噴火などの火山現象については、敷地周辺広域の火山活動、津波を発生させる可能性のある火山を調査し、火山噴火あるいは火山性地震による山体崩壊後の土砂崩れなどについて検討を行う。

以上の津波調査のほか、津波の伝播経路に関わる調査および海底の砂移動の調査が必要である。

津波の伝播経路の調査では、津波の発生源から敷地に至るまでの陸域および海域の地形など津波の伝播に影響を及ぼす要因を調査する。また、津波による砂移動の海水取水設備への影響を考慮し、取水口付近の砂移動の評価を行うための調査を行う。

7.3 津波波源の設定

津波調査の結果をもとに、敷地に大きな影響を与えると予想される津波発生要因を選定し、その津波波源モデルを設定する。図 7-4 に内閣府が1677年延宝房総沖地震に対して設定した津波波源モデルの例（プレート間地震）を示す。

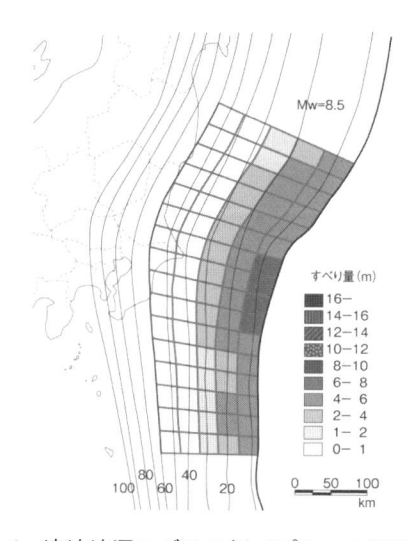

図 7-4 津波波源モデルの例（プレート間地震）[3]

7.4 津波評価

発生要因ごとにより設定した津波波源モデルを用いて、数値シミュレーションにより津波を評価する。津波の数値シミュレーションには、「初期海面変動量などの算定」と「津波伝播・遡上計算」がある。はじめに、それぞれの津波発生要因に応じた解析モデルなどを用いて海面の初期変動量などを計算する。次に、海面の変動が外洋から沿岸に伝播し陸地に遡上する津波を計算し、敷地での津波の水位、流速、浸水範囲などを評価する。

7.4.1 初期海面変動量などの算定
(1) 地震を発生要因とする津波

断層運動により海底が隆起あるいは沈降することを発生要因とする津波(地震による津波)については、海底地盤変動解析によって断層運動による海底地盤の隆起・沈降を計算し、この海底地盤の変動量をそのまま初期海面変動量とする方法が用いられる。この方法は、短い時間内に起こる地盤変動に対して、その上の海水が水平に移動する前に、海底面の地盤変動がそのまま海面に現れるとの考え方にもとづいている。図 7-5 は、断層運動を定義するための断層パラメータおよび地盤変動解析の概要を示している。地盤変動解析には、断層運動を半無限弾性体内の運動と仮定した Manshinha and Smylie（1971）[6] の方法などがある。

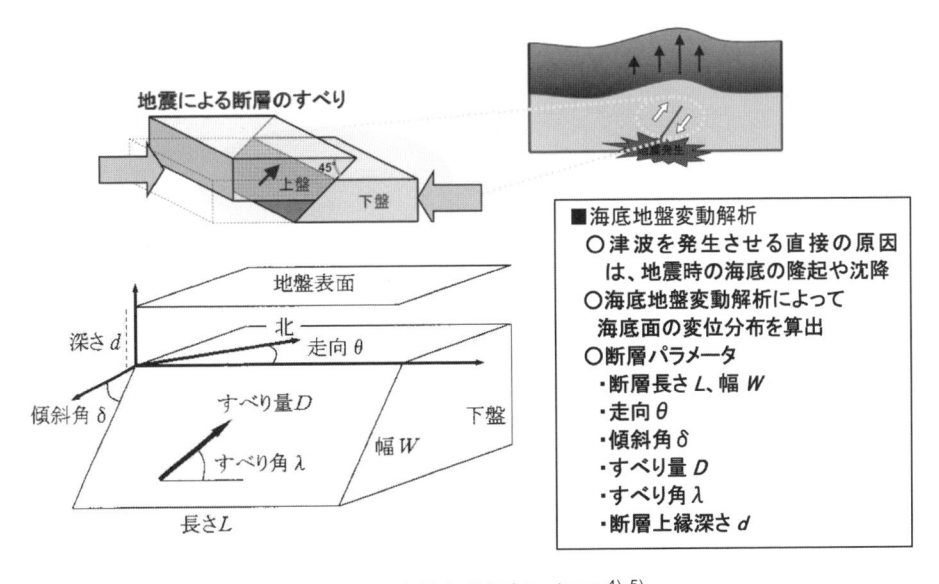

図 7-5　地盤変動解析の概要 [4], [5]

(2) 地震以外の事象を発生要因とする津波

地震以外の津波発生要因としては、7.2節で述べたように、陸上および海底での地すべり、斜面崩壊および火山現象などがあり、それぞれの事象に応じて適切な解析手法を用いて初期海面変動量などを算定する。例えば、地すべりや斜面崩壊については、流れを砂礫移動層と水流層の二層に分けて解析する二層流モデルなどが用いられる。

7.4.2 津波伝播・遡上計算

発生時の津波は波長数 10km から数 100km と、数 km の水深に比べて非常に長く（長波）、その運動の表現には**長波理論**が適用される。長波理論では、津波が伝播する過程で海底地形などの影響を受けて生じる波形の前傾化現象などが考慮される。**図 7-6** に、津波の伝播過程で生じる波形の前傾化の現象を示す。

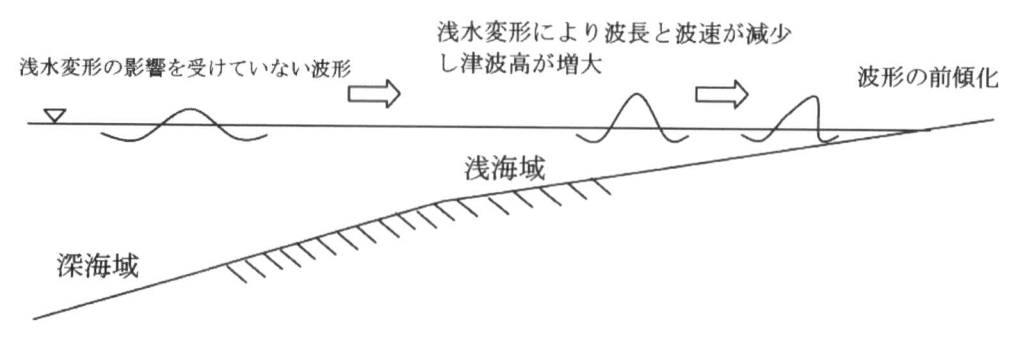

図 7-6　津波の伝播過程で生じる現象[7]

津波伝播・遡上計算では、津波が波源から伝播・遡上する挙動を適切に再現できるよう平面二次元モデルを用いた数値シミュレーションが一般に行われる。初期海面変動を与え、差分法を用いて長波理論方程式の解を求める。解析では、地殻変動による敷地の地盤高さの影響が考慮されるほか、潮汐現象（月と太陽の引力によって生じる海面の昇降）による影響が考慮される。水位の上昇に対しては満潮位を、水位の下降に対しては干潮位が考慮される。津波の数値シミュレーションの例を**図 7-7** に示す。

計算機の発達により、三次元の基礎方程式を直接解く三次元解析も行われるようになった。急激な海底地形変化など三次元的な流れを無視できない可能性がある場合には三次元解析を実施することが望ましい。また、必要に応じて水理模型実験により、数値シミュレーション手法の妥当性を検討することも有効である。

さらに、敷地周辺の歴史記録などによる痕跡調査結果や津波堆積物の調査結果から推定される過去の津波の痕跡高や浸水域と数値シミュレーション結果を比較検討することにより、シミュレーションの妥当性を確認することも重要である。

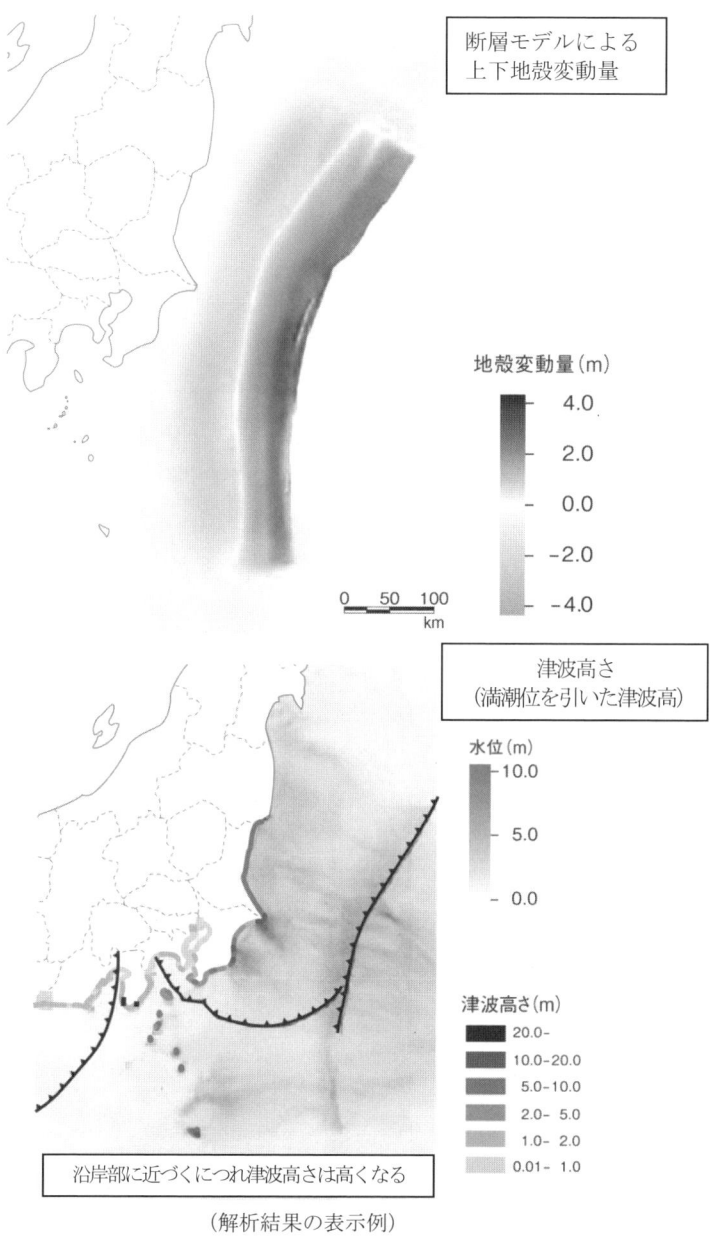

断層モデルによる
上下地殻変動量

地殻変動量(m)
- 4.0
- 2.0
- 0.0
- -2.0
- -4.0

0 50 100 km

津波高さ
(満潮位を引いた津波高)

水位(m)
- 10.0
- 5.0
- 0.0

津波高さ(m)
- 20.0-
- 10.0-20.0
- 5.0-10.0
- 2.0- 5.0
- 1.0- 2.0
- 0.01- 1.0

沿岸部に近づくにつれ津波高さは高くなる

（解析結果の表示例）

図 7-7　津波の数値シミュレーションの例 [3] に加筆

7.5　津波に対する構造物および設備の設計

　敷地に与える津波の影響評価をもとに、津波に対する対策を検討し、津波の水位、波力などを設定して防潮堤などの構造物および設備の津波に対する設計を行う。また、津波の水位変動による海水取水設備などへの影響について検討する。

7.5.1 津波対策の検討

　津波評価の結果得られた水位上昇が、原子炉および使用済燃料の冷却機能に関わる安全上重要な機器（注水、除熱、電源確保に必要な機器）に影響を及ぼさないよう、敷地内や建屋内への浸水を防止するなどの津波対策を検討する。具体的には、敷地への浸水を防止するために防潮堤の建設、安全上重要な機器が設置される建屋の扉を水密化、および、冷却機能が津波によって失われた場合のシビアアクシデントへの対処のための設備の高所移設などがある。図 7-8 に防潮堤や水密扉、敷地の高所に消防車・ポンプ車を配置する津波対策の例を示す。

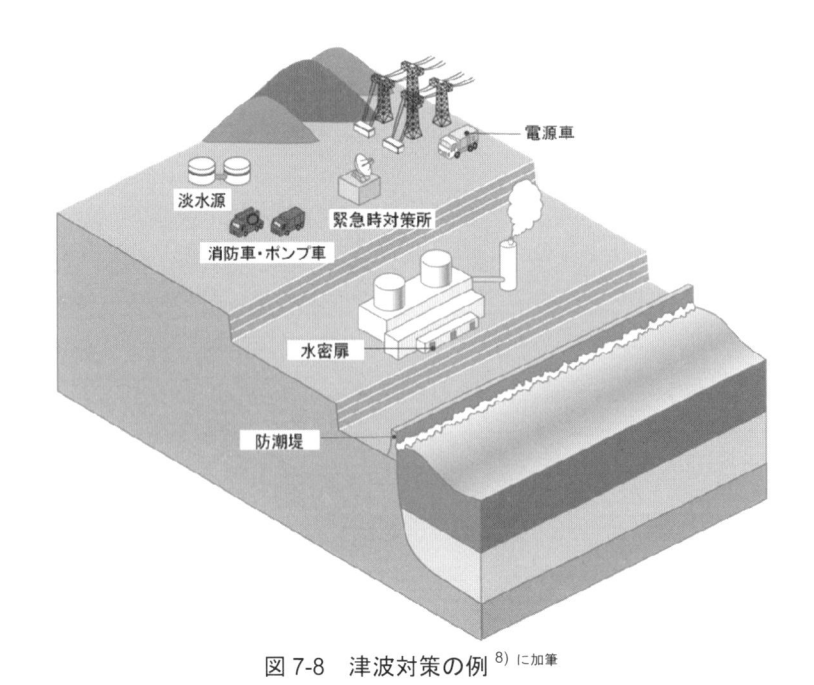

図 7-8　津波対策の例 [8] に加筆

7.5.2 津波による浸水・波力などの評価

　津波対策に関わる施設・設備は、津波による浸水や波力などに対して、安全機能を維持できることを確認する必要がある。このため、津波による浸水深、波力などを適切に設定することが重要となる。浸水深、流速、浸水範囲などは、7.4 節で述べた津波評価により得られる結果が基本的に用いられる。陸上に遡上した津波により構造物に作用する波力およびその分布の評価には以下の方法がある。

　構造物に作用する**波圧**の分布と波力の評価方法については、水理模型実験などにもとづいた評価式が提案されている。津波波力などの評価では、対象構造物の設置状況（位置、他の構造物の配置、周辺地形）や津波特性を考慮して評価式を選択する。

　周辺地形や他の構造物の影響を受け、津波が複雑な挙動を示す場合には、必要に応じて、水理模型実験や数値シミュレーションを実施して評価することが望ましい。ここでは一例として朝倉ら（2000）[9] および国土交通省の暫定指針（2011）の評価式を示す。朝倉らは、前面に障害物などがなく津波の影響を直接受ける直立護岸上の敷地内陸上構造物を対象と

した二次元水理模型実験をもとに、式(7.1)に示す最大波圧を進行波波高より求める評価式を提案している。図 7-9 に津波波圧の考え方を示す。

$$p(z) = (3h - z)\rho g \tag{7.1}$$

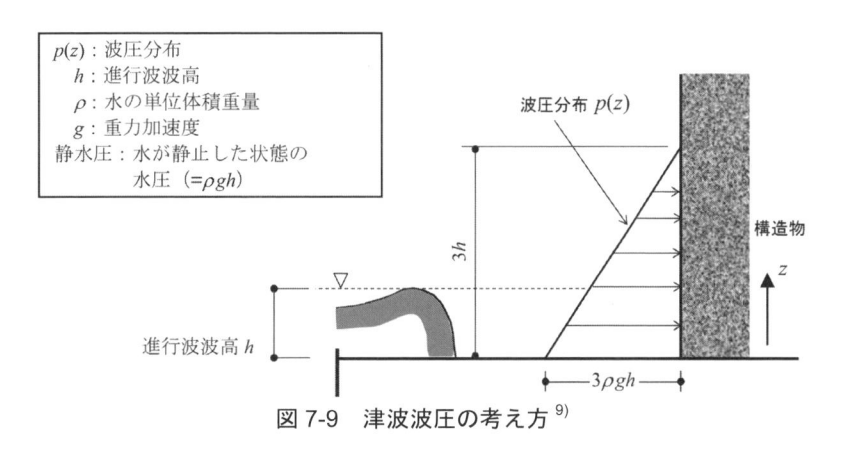

図 7-9　津波波圧の考え方[9]

国土交通省は、2011 年東北地方太平洋沖地震における津波による建築物の被害調査を踏まえ、津波荷重を算定する考え方などを暫定指針として示している（国土交通省の暫定指針(2011)：「東日本大震災における津波による建築物被害を踏まえた津波避難ビル等の構造上の要件に係る暫定指針」2011 年 11 月 17 日付国住指第 2570 号別添）。津波波圧算定式を式(7.2)に、その考え方を図 7-10 に示す。

$$q(z) = (ah - z)\rho g \tag{7.2}$$

海岸や河川等からの距離	遮蔽物あり 500m以遠	遮蔽物あり 500m未満	遮蔽物なし 距離によらず
水深係数 a の設定	1.5	2	3

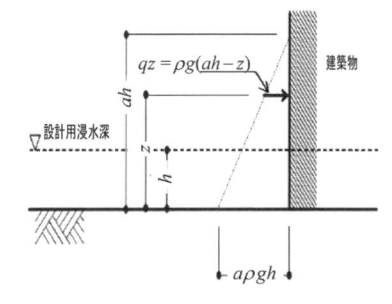

図 7-10　国土交通省の暫定指針（2011）による津波波圧算定[10] に加筆

7.5.3　構造物および設備の設計
(1)　防潮堤による敷地への浸水対策
　防潮堤は津波による水位上昇に対して発電所敷地内への浸水を防止する設備であり、津波の波力に加え、地震動に対しても健全性を保つことが必要である。基礎を地盤に十分根

入れし、壁部を鉄筋コンクリートなどで構築することで波力や地震力に耐える設計としている防潮堤もある。一方で、自然高台などに発電所あるいは重要な施設を設置することにより浸水対策とすることがある。図 7-11 に敷地への浸水対策の例（防潮堤の設置）を示す。

敷地への浸水を防止するため設置する防潮堤などの津波波力を受ける設備は、「粘り強い構造」として、越流するような津波が襲来した場合でもその健全性が保たれるよう配慮する。

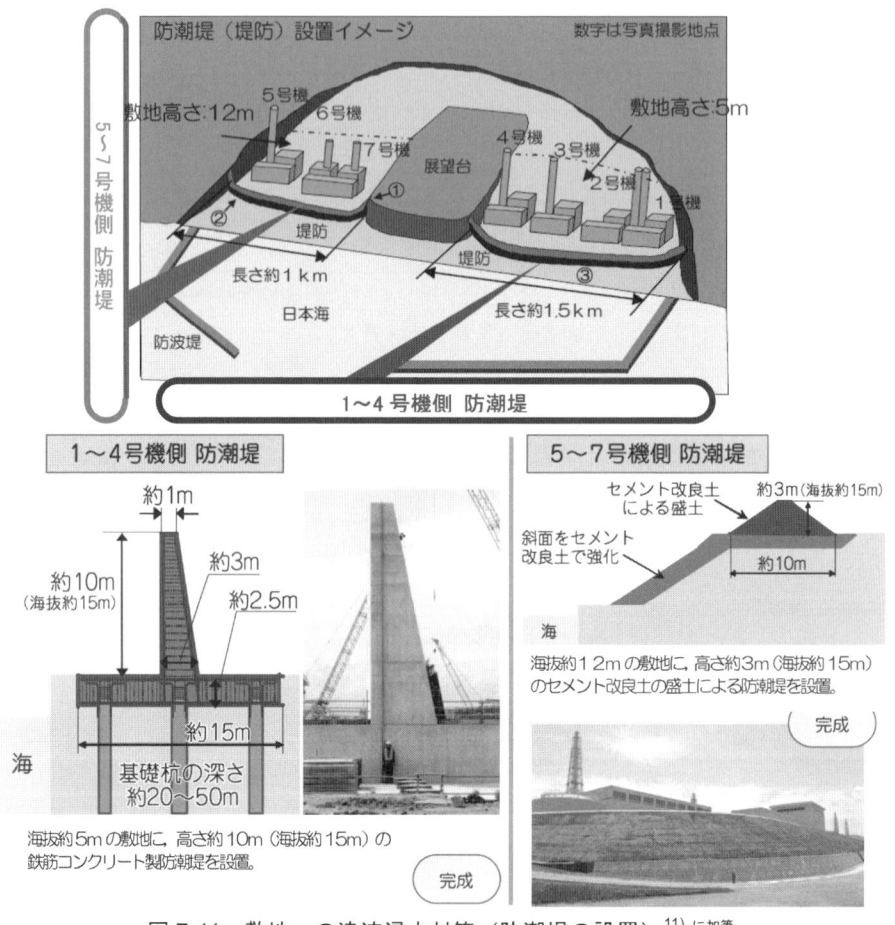

図 7-11　敷地への津波浸水対策（防潮堤の設置）[11)に加筆]

(2)　取放水設備からの溢水対策

原子力発電所の取放水設備は海と繋がっており、敷地内に取放水設備の開口部があれば、津波による水位上昇に伴って海水が敷地内に溢れるおそれがあるため、必要に応じて溢水対策を行うことが重要である。対策としては、溢水に関する評価を行い、開口部の周囲に溢水高さを上回る壁を設置する方法や、開口部を閉止する方法が考えられる。図 7-12 に、取水槽から溢れた海水が敷地へ流入しないように設置する溢水防止壁の例を、また図 7-13 に放水設備の開口部の閉止板の例を示す。

図7-12　溢水防止壁の例（イメージ図）

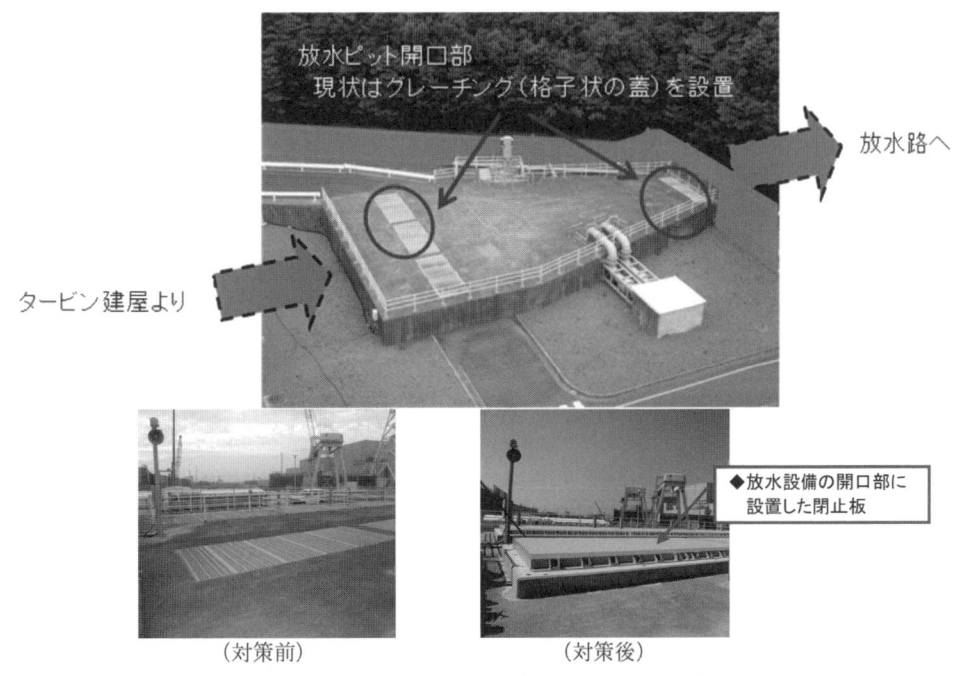

図7-13　放水設備の開口部の閉止板の例[2]

(3) 建屋内への浸水対策

　安全上重要な機器を津波から防護するため、機器が設置される建屋外壁扉の水密構造化、および配管などの壁貫通部への止水処理が重要である。さらに、万が一建屋内へ浸水した場合も考慮し、安全上重要な機器が設置された機器室内への浸水を防ぐため機器室入口の扉を水密扉とするなど、機器室を対象とした浸水防止を施すことも重要である。図7-14に建屋外壁扉の水密構造化の例を示す。

　安全上重要な機器を有する建屋外壁扉の水密化については、津波の波力を直接受けることも考慮し、想定される津波の波力に耐えられるよう、必要に応じて津波波力に耐える扉と水密扉を二重に設置する対策が考えられる。

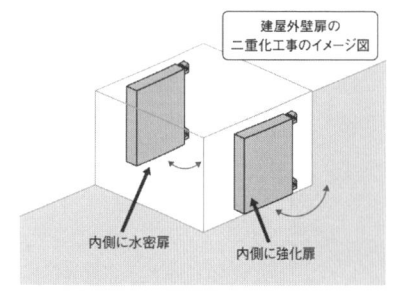

図 7-14　建屋外壁扉の水密構造化の例 [2]

(4) 海水取水ポンプの取水機能の確保

津波による水位低下による影響に対しては、炉心および使用済燃料を冷却する非常用海水冷却系の海水取水ポンプの取水機能に影響を及ぼさないよう、必要に応じて対策を検討する。

対策としては、水位低下に対しては一定の冷却水量（海水）を供給できる構造とするなど、海水取水機能を確保できる対策などが考えられる。津波による砂の移動や堆積、漂流物に対しても取水口や取水路の通水性を保ち、砂の混入に対しても海水ポンプの取水機能を確保する。図 7-15 に示すように、引き津波による水位低下に対しても図中点線で示した構造部により冷却水量の確保を図る対策も考えられる。

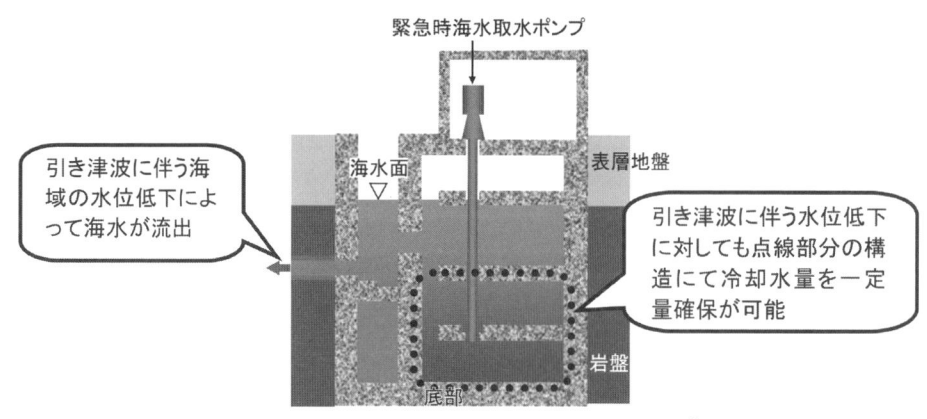

図 7-15　海水取水ポンプの取水機能の確保 [2]

(5) その他の津波対策

津波の到来を早期に検知することができれば、いち早く原子力発電所の津波対応体制を整えることが可能となる。津波早期検知のための対策事例としては、GPS 波浪計による津波検知がある。沖合に浮かべたブイの上下変動を GPS 衛星を用いて計測し、津波観測を実施する。図 7-16 に GPS 波浪計による津波検知の概要を示す。

また、原子力発電所における津波検知の方法として、潮位計の設置や屋外監視カメラによる津波監視がある。屋外監視カメラによる方法では、上述の GPS 波浪計を発電所から直接監視することにより、津波の襲来を検知しようとする試みも行われている。

潮位計や屋外監視カメラなどの津波監視のための設備は、津波の波力や漂流物の影響を受けにくい場所に配置し、津波監視機能が十分発揮できるようにすることも重要である。図 7-17 に津波監視設備の例（高感度カメラによる津波監視方法）を示す。

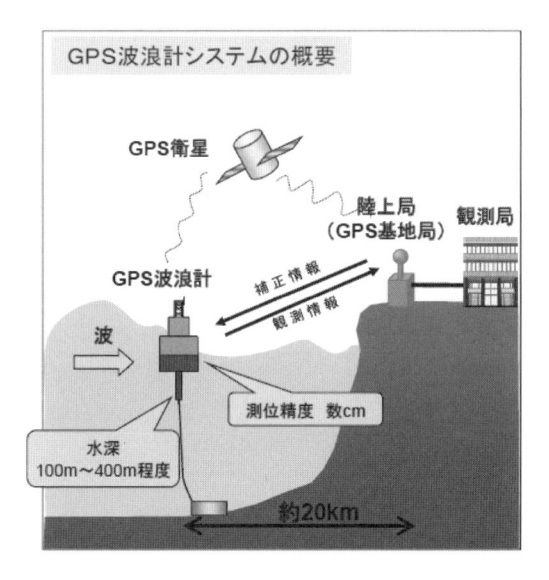

図 7-16　GPS 波浪計による津波検知の概要[12]

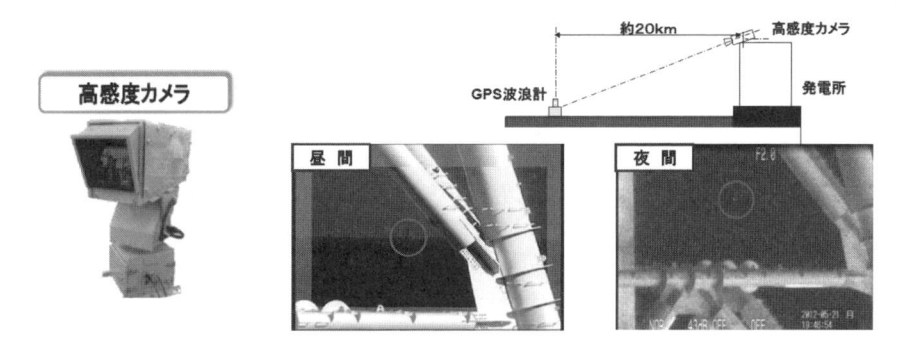

図 7-17　津波監視のための設備の例（高感度カメラによる津波監視方法）[13]

参考文献

1) 「日本書紀 第29巻」国会図書館デジタル資料
2) 中部電力ホームページ
3) 「首都直下のM7クラスの地震及び相模トラフ沿いのM8クラスの地震等の電源断層モデルと震度分布・津波高等に関する報告書」内閣府、2013年の12月
4) 気象庁ホームページ
5) 電気評論、2005年6月
6) Manshinha, L., and Smylie, D.E. : The displacement fields of inclined fault. Bull. Seism. Soc. Amer., 61, 1971
7) 「津波の河川遡上解析の手引き（案）」国土技術研究センター、2007年5月
8) 電気事業連合会 Web Magazine"Enelog" vol.3、2013年6月
9) 「護岸を越流した津波による波力に関する実験的研究」朝倉良介・岩瀬浩二・池谷毅・高尾誠・金戸俊道・藤井直樹・大森政則、海岸工学論文集第47巻、土木学会、2000年
10) 「津波避難ビル等の構造上の要件の解説」国土技術政策総合研究所 建築性能基準推進協会 協力 建築研究所、2012年2月
11) 東京電力ホームページ
12) 国土交通省ホームページ
13) 「浜岡原子力発電所の津波監視について」静岡県防災・原子力学術会議 平成24年度第1回津波対策分科会資料2-1、2012年8月9日
14) 「地質から東北地方太平洋沖地震を考える」岡村行信、地震ジャーナル54号、2012年12月
15) 「日本被害津波総覧 第2版」渡辺偉夫、1998年
16) 「津波はどこまで解明されているか」首藤伸夫、日本流体力学会、学会誌ながれ（21）、2002年
17) 「津波の基礎知識」日本気象協会、2011年4月1日
18) 「原子力発電所の津波評価技術」土木学会原子力土木委員会津波評価部会、2002年2月
19) 「津波浸水想定の手引き Ver.2.00」国土交通省水管理・国土保全局海岸室 国土交通省国土技術政策総合研究所河川研究部海岸研究室、2012年10月
20) 「津波推計・減災検討委員会報告書」土木学会、2012年6月
21) 「実用発電用原子炉及びその附属施設の位置、構造及び設備の基準に関する規則」原子力規制委員会規則第五号、2013年6月28日
22) 「実用発電用原子炉及びその附属施設の位置、構造及び設備の基準に関する規則の解釈」制定 2013年6月19日 原規技発第1306193号 原子力規制委員会決定
23) 「敷地内及び敷地周辺の地質・地質構造調査に係る審査ガイド」制定 2013年6月19日 原管地発第1306191号 原子力規制委員会決定
24) 「基準津波及び耐津波設計方針に係る審査ガイド」制定 2013年6月19日 原管地発第1306193号 原子力規制委員会決定
25) 「耐津波設計に係る工認審査ガイド」制定 2013年6月19日 原管地発第1306196号 原子力規制委員会決定
26) 「実用発電用原子炉に係る新規制基準について－概要－」第13回原子力規制委員会 参考資料、2013年7月3日
27) 「新規制基準（地震・津波）骨子」原子力規制委員会 発電用軽水型原子炉施設の地震・津波に関わる規制基準に関する検討チーム 第12回会合 参考資料12-5、2013年4月5日
28) 「愛知県東海地震・東南海地震等被害予測調査報告書」愛知県防災会議地震部会、2013年3月

第8章　原子力発電所の計画、建設、運転、廃止措置

　原子力発電所は、想定される地震や津波に対して安全上重要な機能が損なわれてはならない。このため、計画、建設、運転、運転終了後の廃止措置に至るまで、設計上の要求性能を確実に満足すべく、徹底した品質管理が重要となる。本章では、原子力発電所の計画、建設、運転中の維持管理、および運転を終了した原子力発電所の廃止措置について説明する。

8.1　原子力発電所に対する規制の流れ

　原子力発電所に対する規制の流れを、計画段階、建設段階、運転段階および廃止措置段階のそれぞれについて述べる。図 8-1 に、計画段階の原子炉設置許可申請から廃止措置段階に至るまでの、原子力発電所に対する規制の流れを示す。

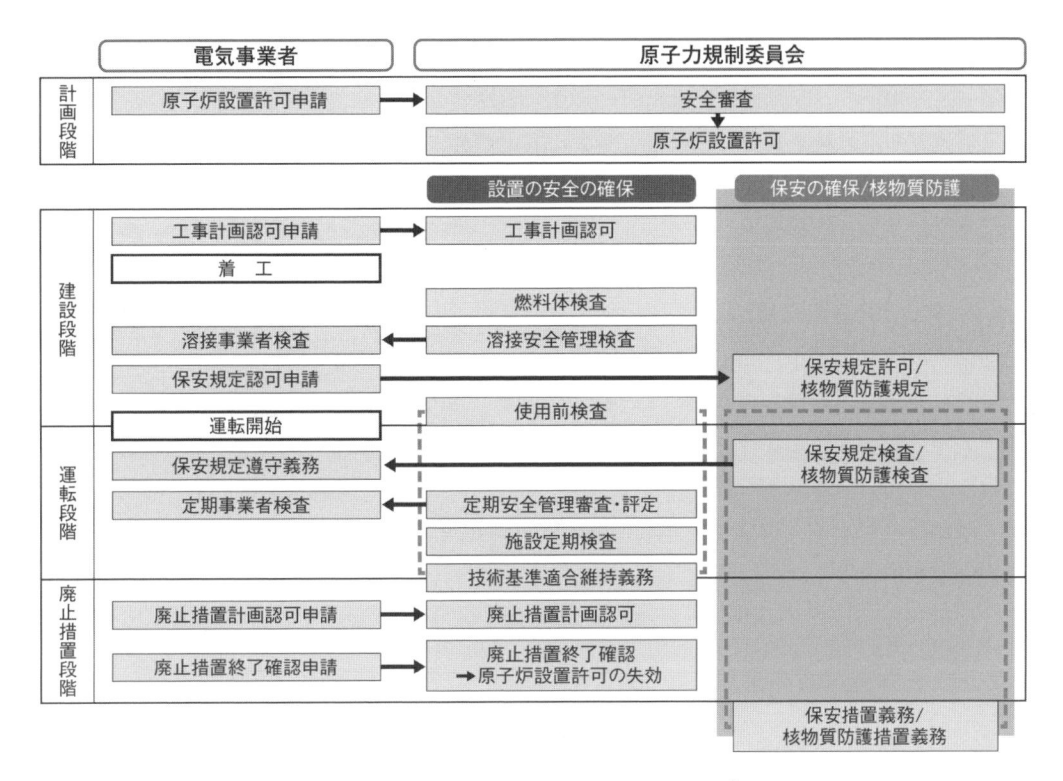

図 8-1　原子力発電所に対する規制の流れ [1] に加筆

8.1.1　計画段階の規制

　原子力発電所の立地予定地点周辺への影響について、発電所の安全性だけでなく、他産業への影響、住民の生活に及ぼす影響などを広い視野から調査、評価を行い、「環境影響評価配慮書」「環境影響評価方法書」「環境影響評価準備書」を作成し、経済産業省の審査を受ける。審査結果を受けて「環境影響評価書」を作成し、経済産業省に提出する。環境影響評価書の内容が確定した後、原子炉設置許可申請書を原子力規制委員会に提出する。原子力規制委員会は、原子炉設置許可申請が「核原料物質、核燃料物質及び原子炉の規制に関する法律」（以下、「原子炉等規制法」という）に定められた許可基準に適合しているか安全審査を行い、適合している場合には原子炉の設置許可を行う。

8.1.2　建設段階の規制

　設置許可を受けた事業者は、工事計画認可申請を行い原子力発電所の設計の詳細について原子力規制委員会の認可を受けた後、工事を開始する。工事計画認可を受けて設置あるいは変更の工事をする「発電用原子炉施設」は、使用前検査を受ける。これに合格した後でなければ、使用は許可されない。使用前検査では、工事の段階により、材料検査や寸法検査、外観検査などが要求される。また、その他に、溶接事業者検査、燃料体検査、保安規定の審査・認可が行われる。

8.1.3　運転段階の規制

　原子力発電所の運転開始後、発電所の安全・安定運転を確保するため、電気事業者は定期的に「定期事業者検査」を行うほか、法令にもとづき「施設定期検査」を受ける。また、設備の長期保守管理の観点から、設備の健全性を評価する健全性評価や、定期安全レビュー、高経年化対策も行われる。

8.1.4　廃止措置段階の規制

　運転を終了した原子力発電所を解体・撤去する際には、核燃料物質による汚染の除去や、汚染された物質の廃棄などについて、法令にもとづき適切に廃止措置を講じる必要がある。原子力施設を廃止する場合、「廃止措置計画」を定め、原子力規制委員会の認可を受けなければならない。また、廃止措置の完了にあたっては「廃止措置終了確認申請」を行い、原子力規制委員会の確認を受けることにより原子炉設置許可が失効になり、原子力発電所はその使命を終える。

8.2　原子力発電所の建設

　原子力発電所の建設について、工事の特徴や、準備工事から原子力発電所として運転を開始するまでの代表的な建設工事の流れを説明する。

8.2.1 建設工事の特徴

原子力発電所の建設工事の特徴として以下が挙げられる。

① 建設にあたり、細部にわたって試験・検査が行われており安全規制としての検査も含め、品質管理を徹底している。
② 工事期間が長期にわたる。特に、建築工事と機械・電気工事が長期間並行して行われる。
③ 大規模な敷地造成などの土木工事をはじめ、工事物量が大きい。

8.2.2 建設工事全体の流れ

「岩盤検査」受検後の建設工事の全体の流れを説明する。原子力発電所の建設工期は、立地条件、原子炉型式（沸騰水型（BWR）、加圧水型（PWR）など）、発電出力などにより差はあるものの、原子炉建屋の基礎岩盤を対象とした岩盤検査（後出）の受検から営業運転開始まで、概ね4年程度の長期間を要する。

建設工程では、原子炉建屋の主要設備の建設工事がクリティカルパスとなり、建設工事全体の工程に影響を及ぼす。膨大な工事物量となる原子力発電所の建設工事では、いかに確実にそれぞれの工事を進捗させるかが重要であり、「並行作業」「省力化」「合理化」「品質管理」「作業安全性」という観点で検討する必要がある。

図 8-2 に、原子力発電所の主要建物の建設工事全体の流れを示す。

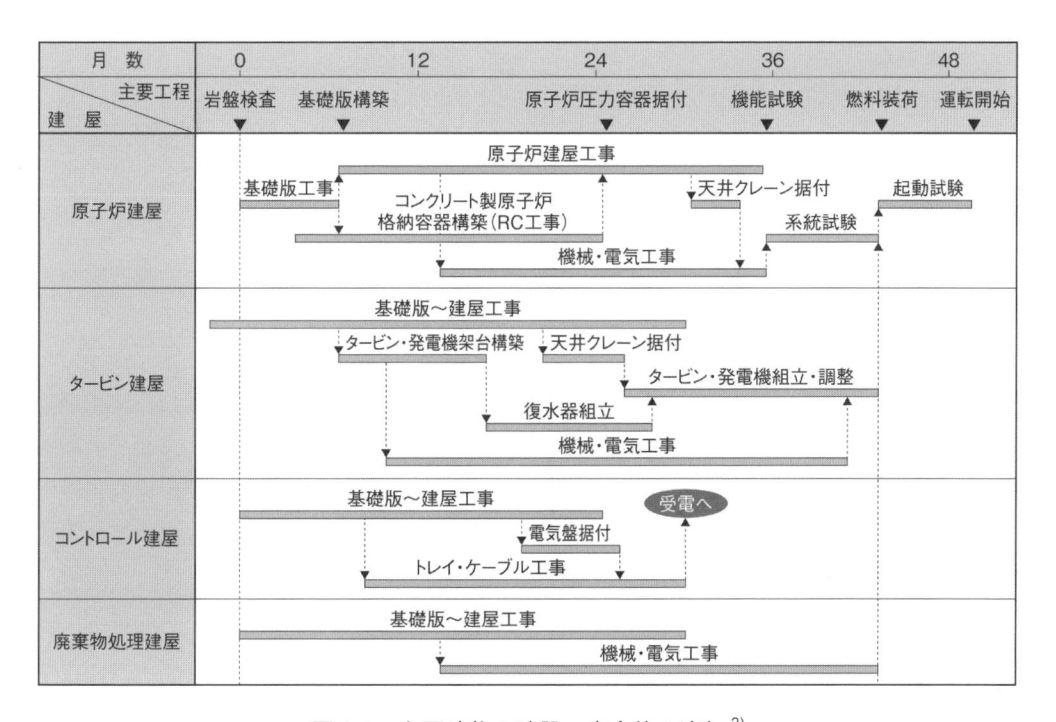

図 8-2　主要建物の建設工事全体の流れ [2]

8.2.3 原子炉建屋の建設工事

代表的な建設工事の例として、改良型BWR（ABWR）を例に、原子炉建屋の建設工事について紹介する。着工から営業運転開始に至るまでの建設工事は、土木工事を中心とした「準備工事」から開始され、建築工事および機械・電気工事を経て、「試験・試運転」へと移行する。ここで、一般的に、工事計画認可などの所要の手続きにおける許認可の取得後、原子炉建屋などの基礎掘削工事開始をもって、「着工」としている。図 8-3 に原子炉建屋の建設工事の流れを示す。

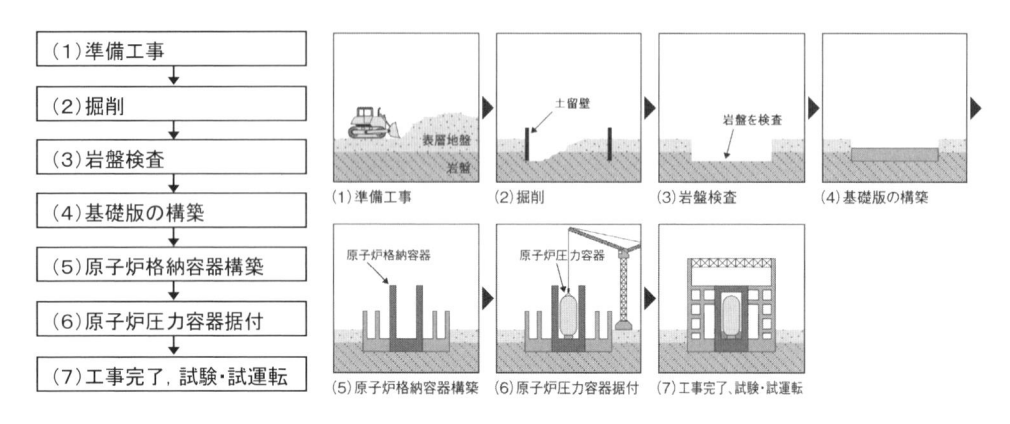

図 8-3　原子炉建屋建設工事の流れ

(1) 準備工事

着工前には、先行して実施する必要のある敷地造成などの土木工事を「準備工事」として実施する。具体的には、仮設ヤードの確保、護岸工事、および敷地造成（切土、埋立、土捨、整地）を行う。

(2) 掘削

主要建物である原子炉建屋やタービン建屋などの本館建物、および主要土木設備である取水槽などの基礎掘削工事がはじめに施工される。

土留工事として、親杭土留壁やSMW連続壁、地中連続壁などの長期に安定した土留め壁が構築され、掘削工事が開始される。数カ月にわたる大規模な掘削工事では、発生掘削土量が数十万 m^3 にも達する。工事期間中は、徹底した品質管理だけでなく、多数の大型ダンプが頻繁に往来することによる騒音や振動、粉塵への対策など、十分な周辺環境への配慮も必要となる。発生した掘削土は、基本的には発電所構内で敷地造成などに使用される。

(3) 岩盤検査

原子力発電所の基礎岩盤の岩盤検査は、原子炉等規制法にもとづく原子炉施設に関する使用前検査として、現地にて行われる最初の検査であり、この検査後に建設工事が本格化する。図 8-4 に岩盤検査の例を示す。

検査の目的は、基礎岩盤が原子炉格納施設の基礎として十分な強度を有することを確認することであり、原子力規制委員会の立会および記録確認により検査が行われる。岩種・岩質とその分布状態、岩石・岩盤試験、基礎岩盤の処理状況、地下水の湧水量と排水設備、

図 8-4　岩盤検査（写真提供：中部電力）

基礎岩盤の高さ、基礎岩盤表面清掃状況の確認などが検査の内容であり、基礎岩盤の状態が設置変更許可時、工事計画認可時に判断の対象とされた関連資料の記載と著しい相違がないことが確認される。なお、基礎岩盤は慎重に掘削され、最終段階では人力による仕上げ掘削や岩盤清掃を行うなど、入念な作業が必要となる。また、岩盤検査前には、天候による検査への影響などを考慮して岩盤養生テントを設置し、基礎岩盤を良好な状態に保つなど十分な配慮がなされる。

(4) 基礎版の構築

岩盤検査完了後、原子炉建屋の基礎版の配筋、コンクリートの打設を行う。図 8-5 に、基礎版コンクリート配筋工事の例を示す。一辺の長さが 70〜80m にもなる基礎版は、縦横だけでなく放射状や円周状に密に配筋された太径鉄筋と、大量のコンクリートによって構築される。

原子炉建屋の建設工事の特徴のひとつは「連日の大量コンクリート打設」で、1 日に 500〜1,000m^3 もの大量のコンクリートが打設される。原子炉建屋の基礎版は、厚みが 4〜5m を超えるような極厚コンクリート版となることが多く、太径鉄筋が大量に使用されることもあり、コンクリートの打設完了までに約半年もの期間を要する。基礎版コンクリートの打設では、厳格にコンクリートの品質管理が行われ、打設エリアの平面および断面のブロック化による打設期間の短縮、養生・打継処理の効率化が図られる。

(5) 原子炉格納容器構築

基礎版コンクリートの打設完了後、RCCV の構築が開始される。躯体コンクリートの工事では、機械・電気工事における機器据付のための支持金物取付工事や配管設置工事との取り合い調整などが、コンクリートの品質だけでなく、建設工程にも大きな影響を及ぼす。工区割りや建設重機の配置など、建築工事と機械・電気工事との輻輳を十分に考慮した建設計画が必要となる。また、タワークレーンなどの大型建設重機が狭い建設エリアにひしめきあう。原子炉建屋の建設工事を円滑かつ安全に実施するためには、クレーンブームの旋回範囲や作業構台の適切な配置など、仮設計画も非常に重要となる。原子炉建屋が完成した後に RCCV の耐圧漏洩試験を実施し、原子炉格納容器の構造の健全性を確認する。

図 8-5　基礎版コンクリート配筋工事 （写真提供：中部電力）

図 8-6 に、RCCV 構築の例を示す。円筒状のライナープレートと呼ばれる鋼鈑の外側に、厚さ 2m 程度の鉄筋コンクリート壁が構築される。

図 8-6　RCCV 構築 （写真提供：中部電力）

(6) 原子炉圧力容器据付

RCCV 構築完了後、原子炉圧力容器の据付を行う。図 8-7 に、原子炉圧力容器の吊り込みの例を示す。建築用タワークレーンの作業エリアとの干渉に注意しながら、原子炉圧力容器の吊り込みが行われる。

原子炉圧力容器は、製作工場から海上輸送と陸上輸送で運搬され、現場で専用クレーンにより吊り込み、設置される。吊り込みでは、原子炉格納容器や建屋周辺躯体、先行据付された機械・電気の配管などとの干渉に十分注意する。主要機器・配管の据付工事は、主要系統の水圧試験をもってほぼ完了する。

図 8-7 原子炉圧力容器の吊り込みの例（写真提供：中部電力）

(7) 工事完了、試験・試運転

　原子炉圧力容器の据付完了後、最上階が構築され、屋根の設置により原子炉建屋は概ね完成となる。それと前後して、タービン建屋や排気筒などの施設も完成を迎えることで、原子力発電所の建設工事は完工となる。工事完了に伴い、機器・配管、電気・計装など、一連の設備に対する各種機能試験を実施し、使用前検査の受検後、試運転が開始される。燃料装荷後、段階的に出力を上昇しながら、100%出力に至るまでの各出力段階でプラントの性能確認を実施した上で、原子力発電所としての営業運転が開始される。

8.3　原子力発電所の運転

　原子力発電所の運転中の安全確保について、保守管理、高経年化技術評価および耐震性向上施策の現状を説明する。

8.3.1　保守管理

　原子力発電所の保守管理の目的は、発電所の安全・安定運転確保のため、設備の健全性を確保し、信頼性を維持向上させることにある。この目的を達成するための保守管理のうち、運転中や定期検査ごとに実施している基本的な保全活動としては以下がある。

- 原子炉の運転中は、運転員が安全上重要な設備に対して1週間に1回程度、定期的な試験（サーベイランステスト）を実施するほか、巡視点検や日常点検を実施する。
- 原子炉等規制法にもとづく「施設定期検査」を、年1回程度の間隔で原子炉を停止して実施する。この定期検査期間中には、各設備について運転中の監視データや過去の定期検査および定期点検結果を評価し、事業者自ら計画的に定めた定期点検（点検・手入れ、検査など）を行い、設備の健全性の確保に努める。特に設備の長期的な使用によって発生する経年劣化の徴候を定期検査時に把握評価し、「健全性評価制度」により経年劣化の傾向を管理することにより、設備の性能や機能が基準値を下回る前に計画的に修理、取替えを実施する。
- 2003年10月の電気事業法の改正により、原子炉等規制法にもとづく保安規定に日本電

気協会の「原子力発電所における安全のための品質保証規程（JEAC4111）」および「原子力発電所の保守管理規程（JEAC4209）」が取り込まれた。これらの規程にもとづき保守管理に関わる指針類が制定され、保安検査を通じて、国により保守管理活動の実施状況が確認されるようになった（現在は、原子炉等規制法にもとづき実施）。保安検査とは、国の原子力保安検査官が、原子炉施設の運転に関し、保安のために必要な事項を定めた**保安規定**の遵守状況について、定期的に行う検査のことをいう。また、それまでに電気事業者自らが計画的に定めた定期点検項目のうち、省令で定める設備を対象とする点検は「定期事業者検査」として法令上位置付けられている。当該検査の実施状況を、原子力安全基盤機構が定期安全管理審査でチェックし、当時の経済産業省原子力安全・保安院が審査結果を評定する仕組みとなった（原子力安全基盤機構と原子力安全・保安院は、現在では原子力規制庁に統合されている）。

・国内外発電所の運転経験から得られた教訓、技術開発の成果などを反映して、計画的に修理・改良工事を実施し、設備および機能の信頼性の維持向上にも努めるとともに、これらの保守管理活動の中で、取替えが非常に困難な、原子炉圧力容器の中性子照射による潜在的な経年劣化状況の把握を行う。

・加えて原子力発電所では、10年を超えない期間ごとに、保安活動の実施状況、最新の技術的知見の反映状況を「定期安全レビュー」として評価する。さらに営業運転開始後30年が経過する前（その後10年ごと）に、安全上重要な機器・構造物について、長期間の運転を想定した技術評価（高経年化技術評価）を実施し、それにもとづいた長期保守管理方針を策定し、保安規定に記載することが義務づけられている。

図 8-8 に原子力発電所の保守管理の流れを示す。また、定期検査、健全性評価制度、定期事業者検査、定期安全レビューおよび高経年化技術評価の詳細について以下に述べる。

(1) 施設定期検査

原子炉等規制法により、発電用原子炉施設の定期検査が基本的に 13 カ月ごとに実施される。プラントの健全性を確認するために主要設備の運転性能や設定値などの機能の確認、分解点検や漏洩検査による設備の健全性確認が実施される。この定期検査に合わせ、他の発電所で発生した事故・故障の類似箇所の点検と処置が実施される。

定期検査の責任は電気事業者にあり、重要な設備の検査に関しては国の立会検査が行われる。検査には、ポンプ、弁などの分解検査、容器、配管、支持構造物などの供用期間中検査、原子炉格納容器や主蒸気隔離弁などの漏洩率検査、計装機器の特性検査などがある。

(2) 健全性評価制度

健全性評価制度は、機器などの点検により発見された欠陥について、その進展を技術的に予測して評価する制度である。例えば、定期事業者検査において、原子炉圧力容器内のシュラウドや原子炉冷却材などの設備や機器に、き裂などの欠陥が発見された場合に、発生原因を推定し、その欠陥が設備を使い続ける期間中にどの程度進展するかを技術的に予測して評価を行う。

図 8-9 に評価方法を示す。従来はその欠陥が安全性へ影響を及ぼす程度のものかどうかにかかわらず、新品を対象とした「設計・製造基準」にもとづいて修理や交換が行われてき

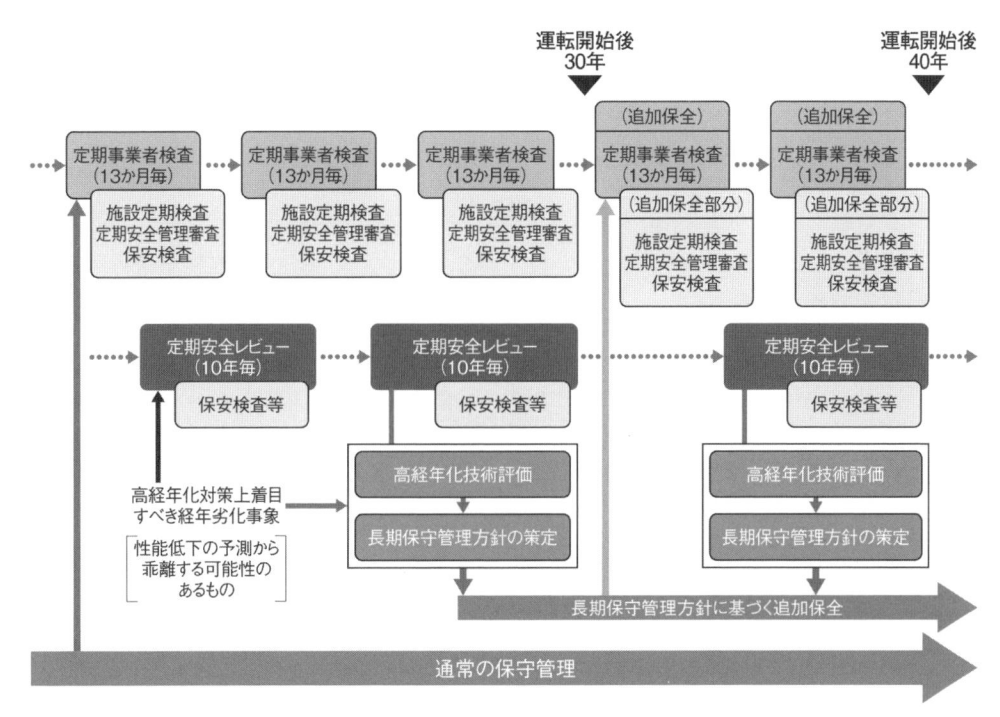

図 8-8　原子力発電所の保守管理の流れ[3]

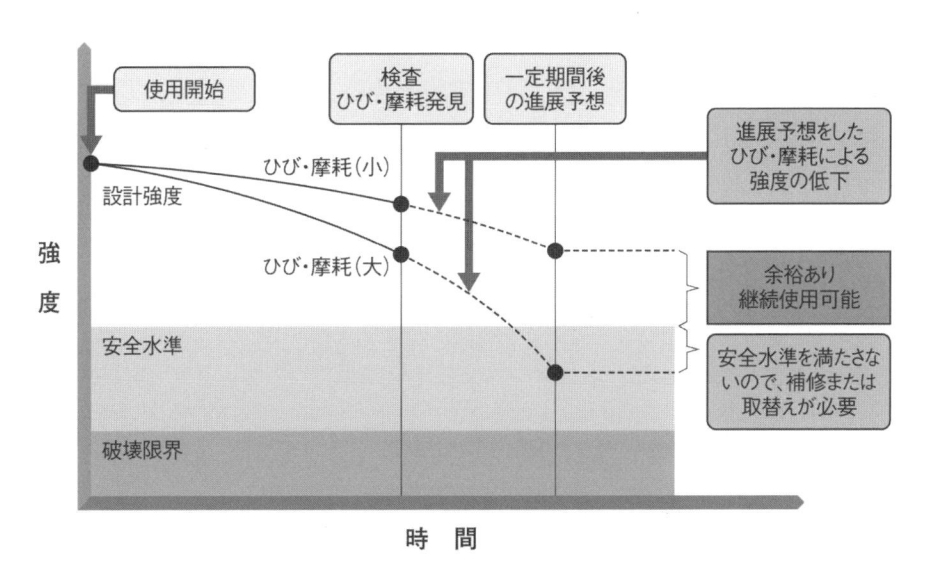

図 8-9　設備の健全性評価の方法[3]

た。一方、「健全性評価制度」では、設備・機器の「維持基準」を満たしていることが確認できれば、その後は監視の強化や適切な経過観察を行うなどして、その設備・機器を継続して使用できる。例えば、設備の強度の場合、ひびや摩耗の影響による強度低下の進展を予測することで、一定期間の継続使用が可能となる。そして安全上の基準を満たさない場合に、補修または設備の取替えを行うこととしている。

「維持基準」には日本機械学会の「発電用原子力設備規格　維持規格（JSME S NA1-2010）」が適用される。事業者は、これらの記録の保存、評価とその結果を国に報告することが義務付けられている。

(3) 定期事業者検査

定期事業者検査は、2003年10月から導入された新制度である。従来は、原子力発電所の点検として電気事業法第54条にもとづく約1年ごとの「定期検査」と電気事業者が自主的に行う「自主点検」があった。しかし、自主点検の範囲が法令上で明確さに欠けるとのことから、電気事業法第55条で「定期事業者検査」が規定され、電力会社が定期的（13カ月ごと）に実施する検査の範囲、記録保存・報告の義務などが法令上明確にされている。定期事業者検査は定期検査と併せて行われ、検査結果について定期安全管理審査や保安検査で確認を受ける。

(4) 定期安全レビューおよび高経年化技術評価

定期検査、定期事業者検査などとは別に10年を超えない期間ごとに、保安活動の実施状況、最新の技術的知見の反映状況を「定期安全レビュー」で評価し、保安検査で確認を受ける。また、営業運転を開始して30年が経過する前（その後10年ごと）に、今後長期間運転することを想定した技術評価（高経年化技術評価）を実施し、これにもとづいた長期保守管理方針を策定し、保安規定に記載し認可を受ける。

8.3.2 高経年化技術評価

高経年化技術評価は、安全機能を有する建物・構築物、機器・配管系に想定されるすべての経年劣化事象の中から、着目すべき経年劣化事象の抽出を行い、その事象に対して行う技術的評価で、原子力施設の長期的な保守管理と密接に関係する。

以下に、原子力発電所における高経年化技術評価の実施例を紹介する。経年劣化事象としては、**中性子照射脆化、応力腐食割れ、疲労（低サイクル疲労）**、配管減肉、絶縁低下、コンクリートの強度低下および遮へい能力低下などがある。図8-10に原子力施設における主な経年劣化事象を、表8-1にポンプに対する評価例を示す。ポンプの経年劣化事象として

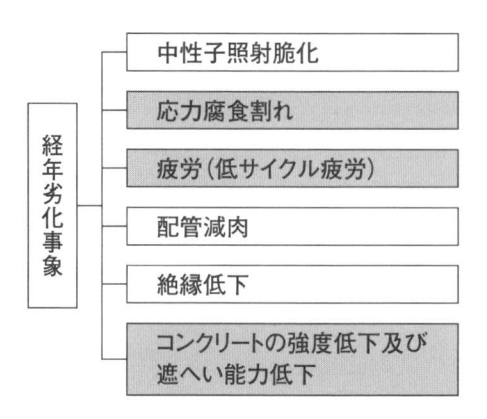

図8-10　原子力施設における主な経年劣化事象

表 8-1　ポンプの経年劣化事象に対する評価例（浜岡原子力発電所）[4]

経年劣化事象	評価例
a. 主軸、ケーシング等の腐食	・有意な腐食の有無は目視にて十分検知可能であり、分解点検時に目視点検により腐食の有無を確認し、必要に応じ部品交換を実施している。
b. ケーシングの疲労割れ（原子炉再循環ポンプ）	・運転開始後 60 年間のプラントの起動・停止による熱過渡回数を用いて疲れ寿命評価を実施し、疲れ累積係数が許容値以下であることを確認している。また、ポンプの分解点検時にケーシング内面の目視点検等により有意な欠陥のないことを確認している。
c. フレッティング疲労割れ	・羽根車が主軸に焼き嵌めにより固定されている構造のポンプは、主軸にフレッティング疲労割れの発生する可能性があり、構造上より厳しい単段構造のポンプの分解点検において、羽根車を取り外して主軸の点検を行っており、フレッティング疲労割れが生じていないことを確認している。

は、ポンプの主軸・ケーシングなどの腐食や、ケーシングの疲労割れ、フレッティング（互いに押し付けられ接触している 2 物体が、相対的に微小振幅の繰返しすべり運動を行う現象）による疲労割れが挙げられる。

次に、建物・構築物に関連する経年劣化事象である「コンクリートの強度低下および遮へい能力低下」について、図 8-11 に評価対象部位の例を、また表 8-2 にコンクリートの強度低下に関する評価例を示す。コンクリートの強度低下の劣化要因としては、熱、中性子照射、中性化、塩分浸透、**アルカリ骨材反応**、機械振動などが挙げられる。

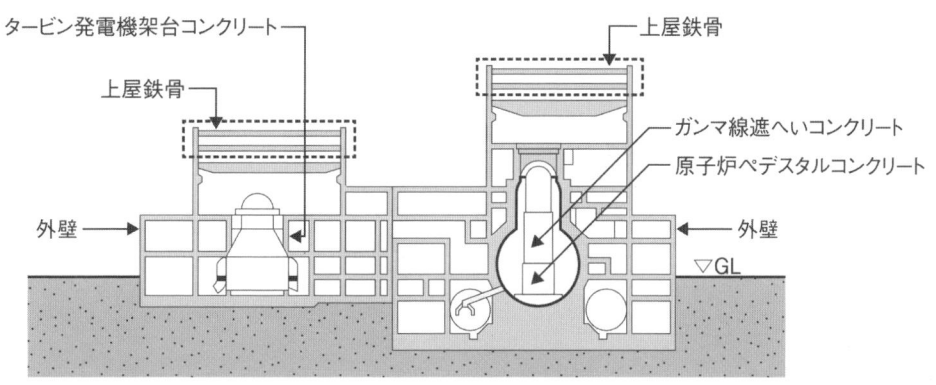

劣化事象	劣化要因		
強度低下	◎熱 ◎中性化 ◎機械振動 　乾燥収縮	◎中性子照射 ◎塩分浸透 ◎化学的侵食 　クリープ	◎アルカリ骨材反応 ◎凍結融解 ◎疲労 　すりへり摩耗
遮へい性能低下	◎中性子照射（ガンマ線による発熱）		

◎軽水炉の高経年化技術評価で考慮している劣化要因

図 8-11　評価対象部位の例 [4]

表 8-2　コンクリートの強度低下に関する評価例（浜岡原子力発電所）[4]

劣化要因	評価対象部位	評価例
熱	原子炉ペデスタル	・温度分布解析を行い、解析結果である最高温度が判定値（一般部65℃、局部90℃）を下回っていることを確認している。
中性子照射	原子炉ペデスタル	・運転開始後 60 年経過時点での中性子およびガンマ線の予想照射量を解析し、有意な強度低下が見られない照射量であることを確認している。
中性化	構造物全体	・二酸化炭素および温度等の影響要因をもとに選定した評価部位における運転開始後 60 年の中性化深さを算定し、鉄筋が腐食し始める時点での中性化深さに至らないことを確認している。
塩分浸透	構造物全体	・運転開始後 60 年時点の鉄筋の腐食減量を算定し、かぶりコンクリートにひび割れが発生する時点での鉄筋の腐食減量を十分に下回っていることを確認している。
アルカリ骨材反応	構造物全体	・アルカリ骨材反応を生じたコンクリート構造物のコア試料による全膨張率を測定し、「材齢 6 カ月において 0.1％未満であること」に対して十分に小さいことを確認している。
機械振動	タービン発電機架台	・採取したコア試料の圧縮強度試験を行い、平均圧縮強度が設計基準強度を十分に上回っていることを確認している。

8.3.3　耐震性向上施策

　原子力施設の維持管理の一環として、地震をはじめとした自然現象などに関する最新の知見の反映に常に努めることが要求されている。原子力発電所の耐震性向上施策の実施例として、中部電力株式会社が行った浜岡原子力発電所の「耐震裕度向上工事」および「中越沖地震対応」を紹介する。

(1)　耐震裕度向上工事

　中部電力株式会社の浜岡原子力発電所は、東海地震が想定されている地域に立地している。同社は、2005 年に最新の知見を反映し、その耐震裕度を向上させていくことが重要であるとして、目標地震動（岩盤上における地震の揺れが約 1,000Gal）を設定し、耐震裕度向上工事を実施した。耐震裕度向上工事の実施例として、排気筒改造工事、配管ダクト周辺地盤改良工事および配管・電路類サポート改造工事を紹介する。

　(a)　排気筒改造工事

　排気筒は、通常時は原子炉建屋の空気の排出を行う役割を担っている。また非常時において、**チャコールフィルター**などを経て二次格納施設内の空気を排出する配管が排気筒の内側に設置されており、この配管を支持する機能を維持する必要がある。

　排気筒（既設）は、高さ 100m、最下部の直径が約 8m の鋼製の筒状構造物であり、基礎は深さ約 20m のコンクリート基礎で、地中に埋め込まれている。排気筒に対し、最大加速度が約 1,000Gal の目標地震動に耐えるよう補強を行っている。補強方法は、排気筒の周囲に支持鉄塔を構築し、支持鉄塔と排気筒がオイルダンパを介して接続する制振構造を採用している。図 8-12 に排気筒改造工事の実施例を示す。

　(b)　配管ダクト周辺地盤改良工事

　配管ダクトが周辺の地盤から受ける力を減少させるため、ダクト周辺の地盤を岩盤と同程度の固さに改良する工事を施工した。配管ダクト周辺の土砂を掘削してコンクリートに

図 8-12　排気筒改造工事の実施例 [5] に加筆

置き換える方法、および地盤を削孔しセメント系材料を噴射して周囲の土砂と混合させる方法により、地盤の改良が実施された。図 8-13 にコンクリート置き換え方法による配管ダクト周辺地盤改良工事の実施例を示す。

(c) 配管・電路類サポート改造工事

原子炉建屋などの主要な建物内部の配管・電路類サポートの水平・鉛直方向の変位を拘束するため、サポートが追加設置された。配管やサポートをモデル化して解析を行い、部材の強度を確認して補強が計画された。配管サポートの評価総数は、全部で約 6,000 カ所で、このうち約 200 カ所について改造が実施された。また、電路類サポートについても、約 1,300 カ所について改造が実施された。図 8-14 に、配管・電路類サポート改造工事の概要を示す。

(2) 新潟県中越沖地震対応

中部電力株式会社は、2007 年新潟県中越沖地震発生時の東京電力株式会社柏崎刈羽原子力発電所における被害状況やその対応状況などを踏まえて、浜岡原子力発電所における対策の検討を行い、その結果抽出された「地震発生後の初動対応および確実な情報発信」の観点から、必要な対応のひとつとして、免震構造を採用した事務所建物を新設した。

図 8-13　配管ダクト周辺地盤改良工事の実施例 [5]

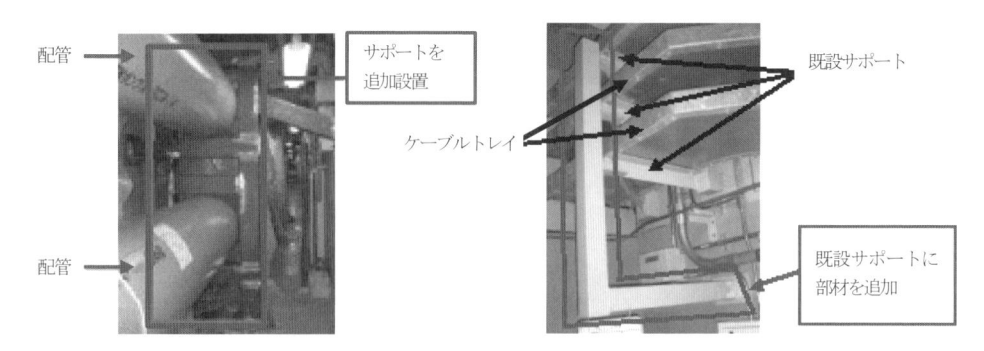

図 8-14　配管・電路類サポート改造工事の実施例 [5]

　本建物は、地上 4 階、塔屋 1 階建の事務所建物で、軒高は約 19m、平面形状は約 30m×約 49m であり、大地震やその後の余震などに対しても揺れを抑えることによって、確実な初動対応および情報発信が実施できるよう、1 階と基礎の間に免震部材を設置した免震構造を採用している。図 8-15 に免震構造の事務所建物の外観を示す。
　また、初動対応に必要なアクセス道路の確保のため、埋設構造物が破壊して道路が陥没しないように、地中に、埋設構造物をまたぐ橋を設置する補強なども実施されている。図 8-16 にアクセス道路補強の例を示す。

図 8-15　免震構造の事務所建物（写真提供：中部電力）

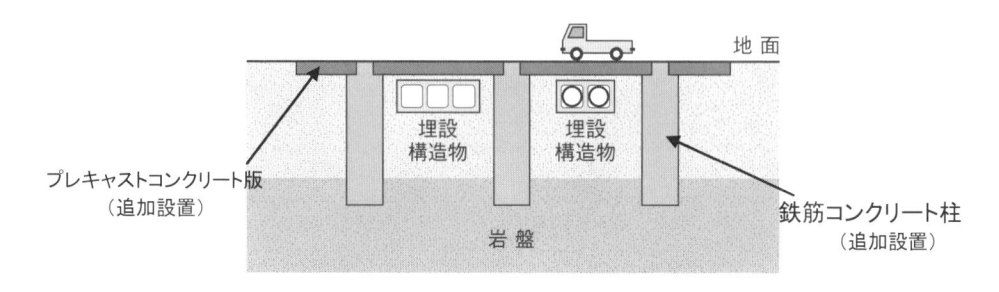

図 8-16　アクセス道路補強の例

8.4 原子力発電所の廃止措置

運転を終了した原子力発電所はそのまま放置するのではなく、解体・撤去を行う。以下では、原子力発電所の廃止措置について、その流れや発生する廃棄物の扱いについて説明する。

8.4.1 廃止措置の流れ

原子炉等規制法では、「発電用原子炉を廃止しようとするときは、当該発電用原子炉施設の解体、その保有する核燃料物質の譲渡し、核燃料物質による汚染の除去、核燃料物質によって汚染された物の廃棄その他の原子力規制委員会規則で定める措置を講じなければならない」と定められている。これらの措置を「廃止措置」という。

事業者は、同法に従い、廃止措置を講じる場合は、あらかじめ当該廃止措置に関する計画（「廃止措置計画」）を定め、原子力規制委員会の認可を受けなければならない。また、旧通商産業省の総合エネルギー調査会原子力部会による「商業用原子力発電施設の廃止措置のあり方について」（1985年7月15日）などで、標準的な以下の工程が示されている。図8-17に原子力発電所の廃止措置の流れを示す。

① 使用済燃料の施設外への搬出
② 配管・容器内の放射性物質を化学薬品などを使って除去する**系統除染**
③ 放射能を減衰させるため5〜10年程度の間の安全貯蔵
④ 原子炉や原子炉建屋内部の配管・容器などの解体・撤去
⑤ 建物などの解体撤去

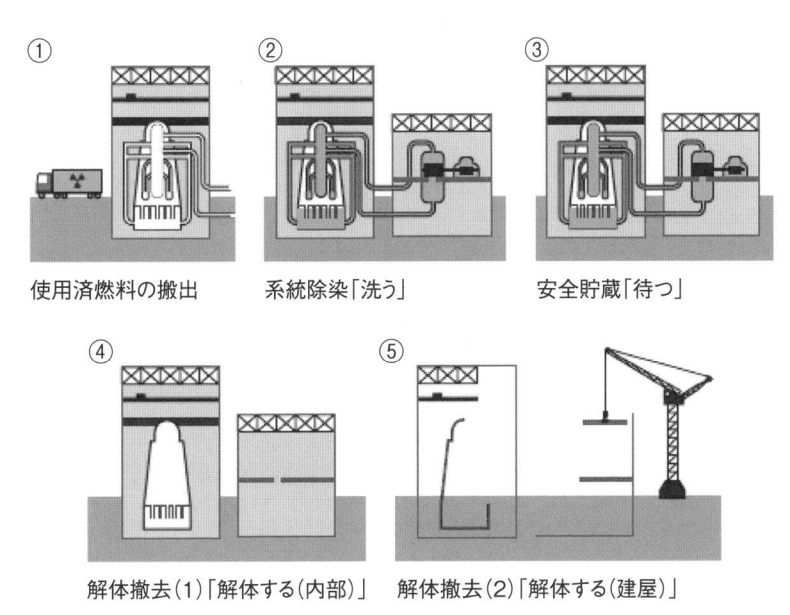

図8-17 原子力発電所の廃止措置の流れ[3]

(1) 使用済燃料の施設外への搬出

使用済燃料を原子力発電所から搬出する。搬出された使用済燃料は搬出先にて適切に管理・処理される。燃料が搬出されるまでは、想定される地震動や津波に対する原子力施設の安全機能の維持が必要となる。

使用済燃料は専用の輸送容器（キャスク）に収納し搬出する。図 8-18 に使用済燃料搬出作業の状況を示す。輸送容器は、落下、火災などに対しても、外部へ放射性物質による影響を与えることがないよう、法令で定められている基準を満足した構造となっている。使用済燃料搬出期間中は、「冷やす」「閉じ込める」機能を持った設備をはじめ放射性廃棄物を処理する施設や放射線管理施設（放射線モニタなど）は、定期的に検査を行い維持管理する。

図 8-18　使用済燃料搬出作業の状況 （写真提供：中部電力）

(2) 系統除染

解体作業従事者の放射線被ばくを低減するため、配管や容器に付着した放射性物質を化学薬品などを使って除去する。系統除染中の安全確保として、運転中の定期検査などで行う修理や改造工事と同様に、作業エリアを限定し、放射性物質の拡散を防止するなどの措置を講じる。また、「閉じ込める」機能を持った設備をはじめ放射性廃棄物を処理する施設や放射線管理施設（放射線モニタなど）を維持管理する。

(3) 安全貯蔵

放射性物質の量は時間とともに減少する性質がある。この性質を利用し、原子炉機器などの放射能レベルを調査（測定・評価）し、貯蔵期間を定め、維持・管理しながら放射性物質の量が減るのを待ち、後の解体撤去作業を行いやすくする。貯蔵中の安全確保として、配管・容器内の液体をあらかじめ排出し、漏洩を防止するとともに、施設内の弁や開口部を閉鎖し、放射性物質を飛散させない措置を講じる。また、「閉じ込める」機能を有する設備をはじめ放射性廃棄物を処理する施設や放射線管理施設（放射線モニタなど）を維持管理する。

(4) 解体撤去

放射性物質を外部に飛散させないように、まず建屋内部の設備・機器などから解体撤去を行う。その後、建屋内の床や壁面などの放射性物質の除去作業を行う。建屋内の放射性

物質を除去したことを確認した後、建屋を解体・撤去する。解体撤去中の安全確保として、作業にあたっては作業エリアを覆うなど放射性物質を飛散させない方法を採用する。また、「閉じ込める」機能を持った設備をはじめ放射性廃棄物を処理する施設や放射線管理施設（放射線モニタなど）を維持管理する。

8.4.2 廃止措置に伴って発生する廃棄物

解体・撤去に伴って発生する廃棄物の量は、110万kW級の原子力発電所（軽水炉）の場合、約50〜55万トンと見積もられている。その大半は、放射性廃棄物でない廃棄物および放射性廃棄物として扱う必要のない廃棄物であり、低レベル放射性廃棄物は3%以下と考えられている。廃止措置に伴って発生する廃棄物の内訳を図8-19に示す。

放射性廃棄物でない廃棄物および放射性廃棄物として扱う必要のない廃棄物については、資源として再利用、または普通の産業廃棄物として適切に処分される。低レベル放射性廃棄物については、含まれる放射性物質の種類や放射能レベルなどによって区分し、区分に応じて適切に処分される。

図 8-19　廃止措置に伴って発生する廃棄物

8.4.3 原子力発電所から発生する廃棄物の区分と処分

原子力発電所の廃止措置に伴い発生する廃棄物の区分と処分方法を図8-20に示す。低レベル放射性廃棄物については、含まれる放射性物質の種類や放射能レベルなどによって区分し、区分に応じ埋設する深さを変えたり、コンクリートピットなどの人工構造物に収納するなど、適切に処分する。

8.4.4 廃止措置の事例

国内では現在、日本原子力発電株式会社「東海発電所」（炭酸ガス冷却型炉）と日本原子力研究開発機構・原子炉廃止措置研究開発センター「ふげん」（新型転換炉）、中部電力株式会社「浜岡原子力発電所1、2号機」の4基の廃止措置が実施されている。なお、東京電力株式会社「福島第一原子力発電所1〜6号機」は、電気事業法上の廃止まで決定済みであ

る。

　図 8-21 に、廃止措置が完了した国内の事例を示す。日本原子力研究開発機構（(旧)日本原子力研究所）の「JPDR」（動力試験炉）では、解体工事などのすべての措置が終了し、2002年10月に廃止されている。

　海外では、既に運転を終了した発電用原子炉 138 基のうち、メインヤンキー（米国：90万 kW）やハダムネック（米国：60 万 kW）など、17 基で解体が完了している（2012 年 4 月現在）。

　中部電力株式会社浜岡原子力発電所 1、2 号機では、2014 年度末まで第 1 段階として解体工事準備期間中であり、燃料搬出を行うとともに、汚染状況の調査・検討、系統除染および放射線管理区域外の設備・機器の解体撤去を開始しており、2036 年度の廃止措置完了を目指している。

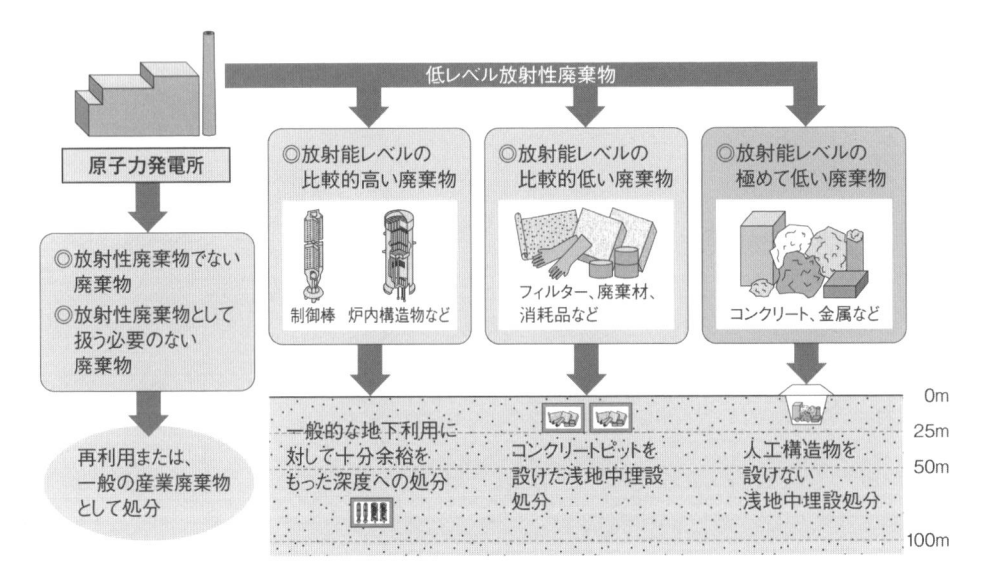

図 8-20　原子力発電所から発生する廃棄物の区分と処分

運転中　　　　　　　　　　　廃止措置終了後

図 8-21　国内における廃止措置事例[6]

参考文献

1) 「原子力・エネルギー図面集 2012」電気事業連合会
2) 「火原協会講座 22 発電所の建設・試運転と運転保守」火力原子力発電技術協会
3) 「原子力・エネルギー図面集 2013」電気事業連合会
4) 「浜岡原子力発電所 2 号機高経年化技術評価等報告書」中部電力(株)
5) 中部電力ホームページ
6) 日本原子力研究開発機構ホームページ
7) 「環境アセスメント制度のあらまし」環境省パンフレット
8) 「技術開発ニュース No.85／2000-7」中部電力㈱
9) 「原子力発電所における安全のための品質保証規程（JEAC4111）」日本電気協会
10) 「原子力発電所の保守管理規程（JEAC4209）」日本電気協会
11) 「発電用原子力設備規格　維持規格」日本機械学会
12) 「浜岡原子力発電所事務本館免震棟の自由振動試験」日本建築学会大会学術講演梗概集

第9章　放射性廃棄物の処理・処分技術

　原子力発電所の稼働には、原子力発電を支える様々な関連事業の存在が欠かせない。特に原子燃料の製造・再処理および放射性廃棄物に関わる事業は重要である。
　原子力の利用の一環として特に重要な使用済燃料の再処理と放射性廃棄物の処理・処分について概説し、それらの事業を行うための施設の耐震設計の考え方を述べる。

9.1　核燃料サイクル施設

　使用済燃料の再処理を中心とした核燃料サイクルに関わる施設を概説し、その中で中核を担う再処理施設について、処理の内容や施設の耐震設計の考え方を説明する。

9.1.1　核燃料サイクル施設の概要

　原子力発電の燃料となる天然ウランは、製錬・転換・濃縮・再転換・成型加工の一連の工程を経て燃料集合体に加工された後、原子力発電所で使用される。使用済燃料の中には燃え残ったウランや新たに生成した核分裂性の**プルトニウム**があり、これを再処理して回収し、繰り返し使うことにより、原子力エネルギーの長期安定確保が可能となる。さらに、放射性廃棄物を管理する設備や処理・処分する施設があって、これによって1つに繋がったサイクル（輪）が形成される。**図 9-1** に示すように、これら全体のサイクルを「**核燃料サイクル**」または「原子燃料サイクル」と呼ぶ。
　現在、日本の電力会社が出資している日本原燃株式会社が、ウラン濃縮工場（①）、**高レベル放射性廃棄物**貯蔵管理施設（②）、低レベル放射性廃棄物埋設施設（③）の3施設を操業している。さらに核燃料サイクルの要となる再処理工場（④）の操業開始に向けた試運転と **MOX 燃料**加工工場(⑤)の建設を進めており、これらが完成するとサイクルが完結し、燃料の再利用の仕組みが機能するようになり、国産に近いエネルギー、いわゆる準国産エネルギーの安定供給が実現されることになる。
　これら日本原燃株式会社の核燃料サイクル施設は、**図 9-2** にあるように青森県下北半島付け根の六ヶ所村に存在する。

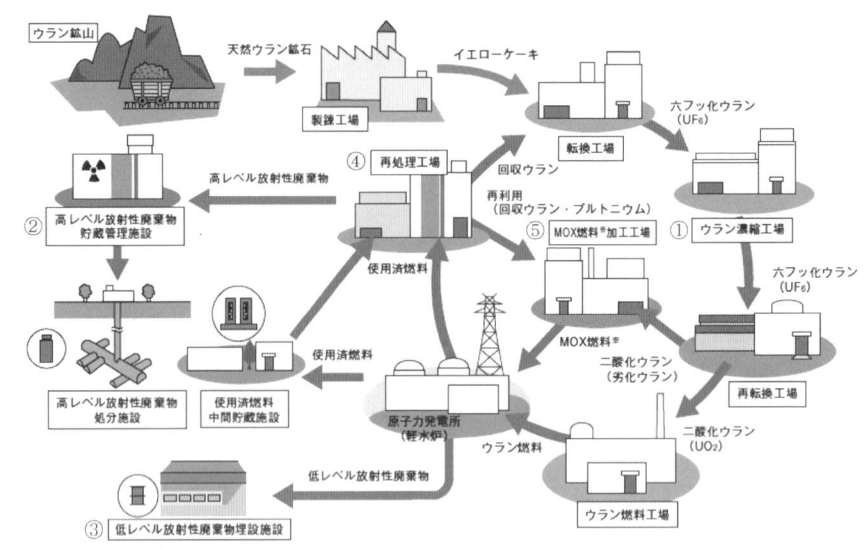

図 9-1　核燃料サイクル施設の概要[1)]

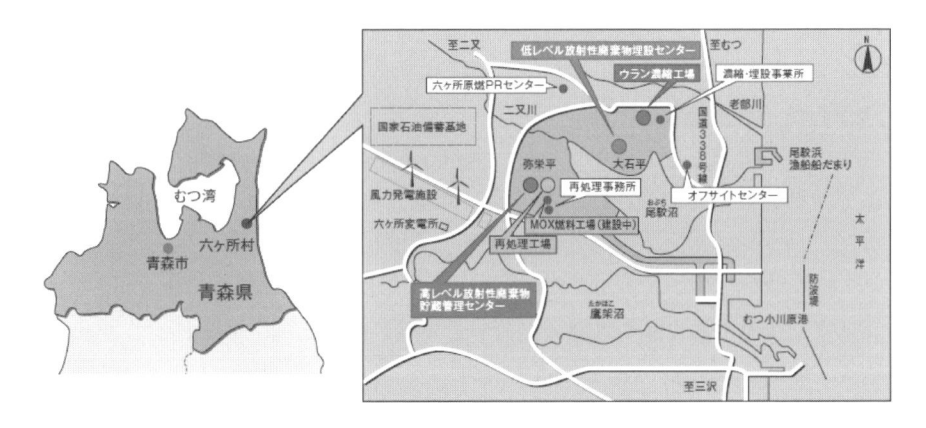

図 9-2　核燃料サイクル施設の位置[1)]

9.1.2　再処理施設の全体工程

核燃料サイクルの中核である再処理工場は、各原子力発電所で発生した使用済燃料から、燃え残ったウランや再び核燃料として利用できるプルトニウムを回収することを目的とした施設である。

原子力発電所から運び出された使用済燃料は、**図 9-3** に示すように、いったんプールで貯蔵された後、せん断され、硝酸で溶解される。溶液はウランの核分裂の結果生成される「核分裂生成物」とウランおよびプルトニウムに分離され、精製工程にてウランおよびプルトニウムの純度が高められる。また、分離された核分裂生成物は高レベルの放射性廃液として分離・処理され、最終的にはガラス原料と溶かし混合され、**ガラス固化体**という放射性廃棄物が作られる。こうした放射性廃棄物は、9.4 節で述べるように、最終的には地中深く処分されることになる。

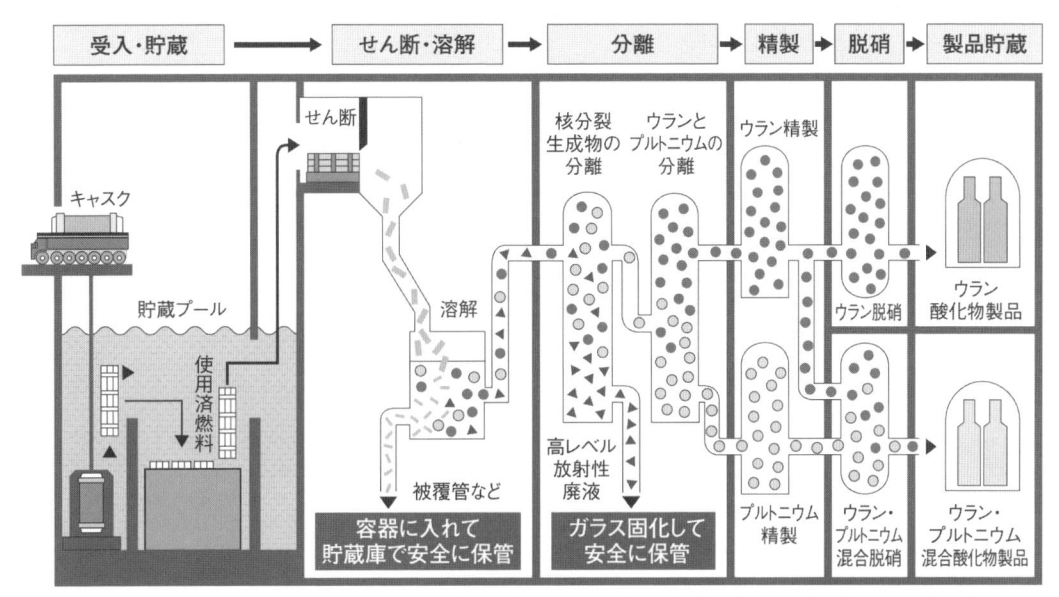

図 9-3 再処理工程[1]

9.1.3 再処理施設と原子力発電所の比較

再処理施設と原子力発電所では、施設、プロセス、安全機能面において異なるところがある。表 9-1 に、再処理施設と原子力発電所の設計上の比較を示す。

表 9-1 再処理施設と原子力発電所の比較[2]

	再処理施設	原子力発電所
主要な施設	放射性物質内蔵建屋 分散型 　使用済燃料受入れ・貯蔵施設　前処理建屋 　分離建屋　精製建屋　脱硝建屋　他	原子炉建屋集中型
プロセス特性	複合的な化学プロセス。各プロセスの独立性 　機械的操作(せん断) 　化学的操作(溶解、分離、抽出) 　製品(粉末取扱い、貯蔵) 　廃棄物(溶融、ガラス固化、貯蔵) 　各プロセスは複数のコンクリートセルに設置	発電プロセス 　核反応(臨界) 　除熱(冷却) 　タービン発電
温度／圧力	常温・常圧(微負圧)プロセス 　溶解槽　　　　　100〜110℃／−0.007atm 　分離プロセス　　20〜50℃／−0.007atm 　濃縮缶　　　　　100〜110℃／−0.007atm 　酸回収蒸発缶　　70℃／−0.85atm 　ウラン脱硝塔　　300℃／−0.005atm 　ガラス溶融炉　　1100℃／−0.01atm	高温・高圧プロセス 　PWR　323℃／156atm 　BWR　286℃／70atm
安全機能	炉と比べ機能喪失時の進展速度が遅い ・崩壊熱の除去 ・放射性物質の閉じ込め ・臨界の防止	(基本安全機能) ・原子炉の停止 ・炉心の冷却 ・放射性物質の閉じ込め

まず、主要な施設の配置が大きく異なる。原子力発電所では、主要施設が原子炉建屋に集中して配置される原子炉建屋集中型であるが、再処理施設では、主要な施設がいくつかの建屋に分かれて配置されている。また、原子力発電所は核分裂の連鎖反応が発生しているが、再処理施設ではこれが発生していないことが大きな違いである。求められる安全機能も、原子力発電所では「止める」「冷やす」「閉じ込める」が主要機能となるが、再処理施設では、溜めてある高レベル廃液などの崩壊熱を除去することが重要であり、基本的には、「崩壊熱の除去」「閉じ込め」「臨界の防止」が主要機能となる。

9.1.4 再処理施設の耐震設計

原子力発電所と同様に、再処理施設も耐震設計上の重要度分類に従い設計されている。**表 9-2** に再処理施設の重要度分類を示す。基本的に、高濃度の放射性物質を扱う設備、および「崩壊熱の除去」「閉じ込め」「臨界の防止」機能に関わる設備は S クラスである。これは原子力発電所と同様の考え方にもとづくものである。

表 9-2 耐震設計上の重要度分類 [2]

耐震クラス	再処理施設の設備
S	・ 燃料貯蔵プール ・ 溶解槽 ・ 高レベル廃液濃縮缶 ・ プルトニウム溶液を内蔵する系 ・ 安全冷却水系 ・ 主排気筒　等
B	・ 低レベル廃液処理設備 ・ 分析設備　等
C	・ 一般冷却水系 ・ 受電開閉設備　等

9.2 放射性廃棄物の種類と処分方法

高レベル放射性廃棄物および低レベル放射性廃棄物の種類と、それぞれの処分方法について述べる。

9.2.1 放射性廃棄物の種類

放射性廃棄物の発生源としては、**図 9-4** に示すように、原子力発電所をはじめとする原子力関連施設や、病院、研究所などがある。

わが国では、放射性廃棄物をその放射能レベルに応じて、高レベルと低レベルの 2 つに区分している。「高レベル放射性廃棄物」は、放射能レベルが非常に高い放射性廃棄物を指し、ウラン・プルトニウムを分離した後に残った核分裂生成物をいう。9.1.2 項で述べたように、再処理工場において使用済燃料を再処理する過程で発生する。

それ以外の放射性廃棄物、例えば、原子力発電所や医療施設、研究施設などから発生す

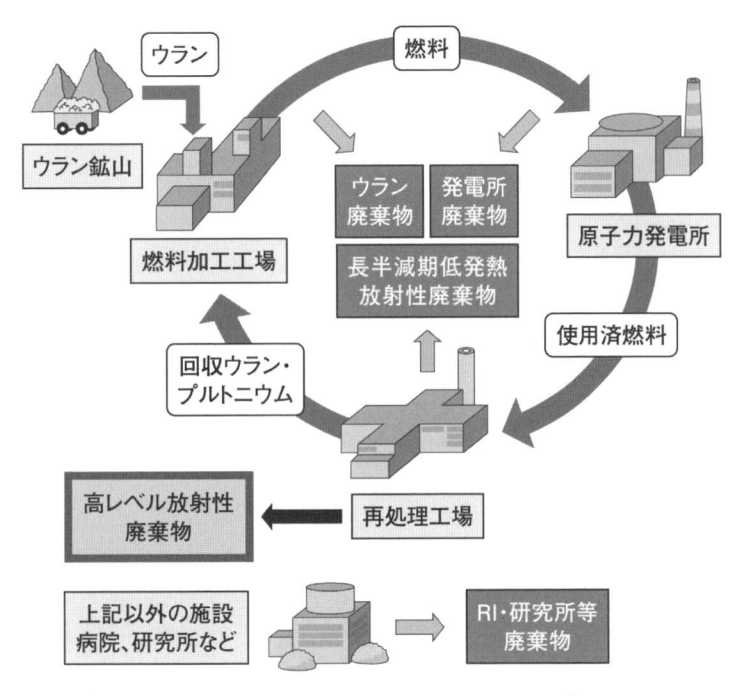

図 9-4　放射性廃棄物の発生源と種類[3)]

るものは、「低レベル放射性廃棄物」と区分されている。放射性廃棄物は発生源ごとに発電所廃棄物、**TRU 廃棄物（長半減期低発熱放射性廃棄物）**、ウラン廃棄物、**RI・研究所等廃棄物**と区分されている。わが国で発生する放射性廃棄物のほとんどは、区分上「低レベル放射性廃棄物」である。

9.2.2　放射性廃棄物の処分方法

　放射性廃棄物は、放射能レベルの高いものほど、深い地中に処分するのが処分方法の基本である。図 9-5 に、放射性廃棄物の種類と処分方法の考え方を示す。

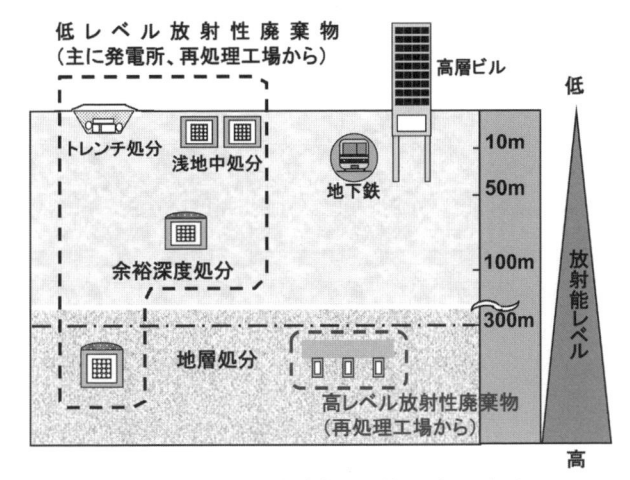

図 9-5　放射性廃棄物の種類と処分方法

再処理工場から発生する高レベル放射性廃棄物は、放射能レベルが非常に高いために、地下深くの安定した地層内に埋設する「**地層処分**」が行われる。低レベル放射性廃棄物は地表や比較的浅い地中に処分されるが、放射能レベルが高くなるに従って、より深い地中に処分される。低レベル放射性廃棄物であっても、長寿命の TRU（Trans-Uranium：超ウラン元素）核種をある程度以上含む廃棄物については、長期間、人間の生活環境から隔離するため、高レベル放射性廃棄物と同様、地層処分される。

9.3 低レベル放射性廃棄物

低レベル放射性廃棄物として扱われる廃棄物の中には様々なものがあり、その廃棄物の種類によって処分方法が異なる。ここでは、それらの処分方法と耐震設計の考え方について述べる。

9.3.1 原子力施設から発生する廃棄物

原子力発電所からは、運転に伴い固体、液体、気体状の放射性廃棄物が発生する。このうち、液体、気体状の廃棄物は放射性物質を取り除いた上で、放射線量が環境に影響がないことを監視し、発電所から環境に放出している。

図 9-6 に、固体状の廃棄物の処分方法を示す。固体状の廃棄物のうち放射能濃度の極めて低いコンクリートや金属は、掘削した溝に処分する。これを「トレンチ処分」と呼んでいる。紙、布などの焼却灰、フィルタースラッジ、使用済イオン交換樹脂など放射能レベルの比較的低い廃棄物は、地表付近のコンクリート構造物内に埋設処分する。これを「浅地中コンクリートピット処分」と呼んでいる。その他、制御棒などの放射能濃度が比較的高いものは、地下 50m 以上の深さに埋設処分することとしている。この処分方法を地下鉄やビルの建設などの通常の地下利用に対して余裕をみた深さでの処分という意味で「余裕深度処分」と呼んでいる。

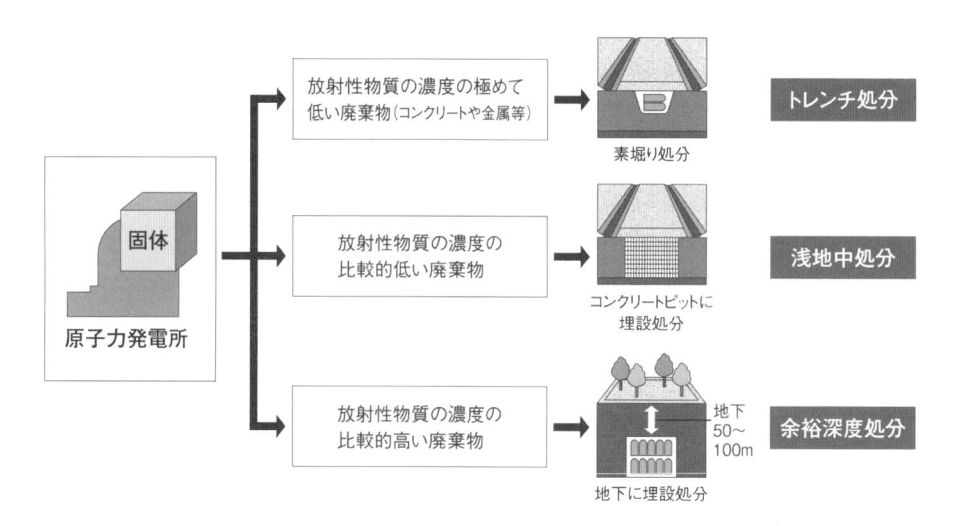

図 9-6　固体状の廃棄物の処分方法

9.3.2 トレンチ処分

図 9-7に、トレンチ処分の実験事例を示す。トレンチ処分は、地表に「トレンチ」と呼ばれる溝を掘り、そこに廃棄物を埋設する処分方法である。写真は、日本原子力研究開発機構の動力試験炉（JPDR）の解体に伴って発生した放射能レベルの極めて低いコンクリートや金属を、素掘りした溝に埋設処分したときの状況を示す。わが国では、この例があるだけであり、今後原子力施設の解体などによりトレンチ処分対象の廃棄物が大量に発生するので、処分場の建設を計画的に進めていく必要がある。

図 9-7　トレンチ処分の状況（日本原子力研究開発機構　廃棄物埋設実地試験）[4]

9.3.3 浅地中コンクリートピット処分

図 9-8に浅地中コンクリートピット処分の考え方を示す。青森県六ヵ所村で、日本原燃株式会社が全国の原子力発電所から搬出された低レベル放射性廃棄物を充填したドラム缶の埋設を進めている。ドラム缶は横に俵積みされた状態でコンクリート構造物の中に収納され、セメント系の充てん剤で隙間なく埋設されている。既設設備における処分容量はドラム缶 40 万本で、2013 年 11 月末現在で約 26 万本が埋設処分されている。

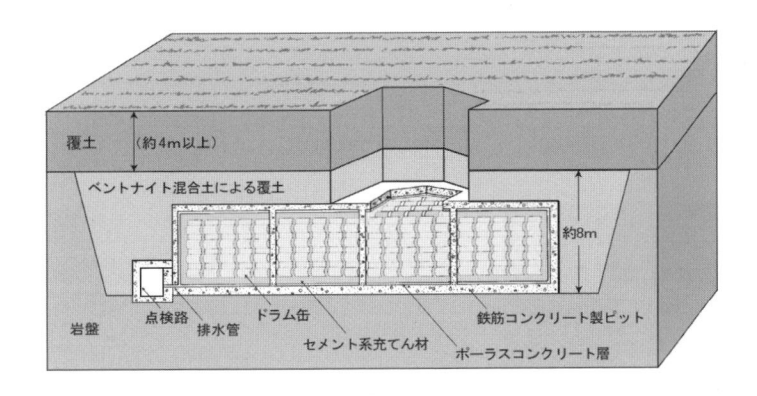

図 9-8　浅地中コンクリートピット処分の考え方[5]

9.3.4 余裕深度処分

図 9-9 に余裕深度処分の考え方を示す。原子炉で中性子の照射を受けた金属材、例えば原子炉の出力を調整するための制御棒、沸騰水型原子炉で使用した燃料集合体を覆っているチャンネルボックスと呼ばれる箱状の部材や加圧水型原子炉で使用した制御棒中の**バーナブルポイズン**などについては、放射能レベルが比較的高いため、地下鉄などの交通機関やビルの建設などで一般的と考えられる地下利用に対して十分余裕をもった深さ（地表から深さ 50m 以上）に処分する方針である。

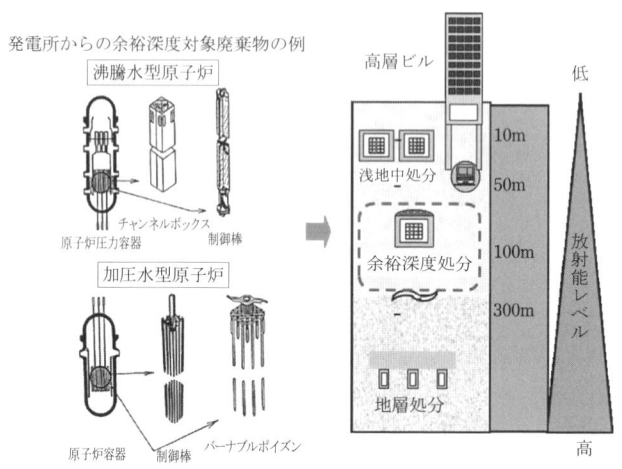

図 9-9　余裕深度処分の考え方

9.3.5 余裕深度処分の調査状況

余裕深度処分はこれから実施する計画であり、現在のところ処分場はないが、青森県六ヶ所の日本原燃株式会社の敷地内において、2002 年から 2006 年までの間に、基礎的な調査が行われている。

台地（標高約 30～40m）の地表面から約 100m 程度下までトンネルを掘削しながら調査が実施された。調査結果を踏まえ、代表的な位置と深度を選定し、試験空洞内の施設の安定性の検討、および試験孔での地質・地盤・地下水の調査が行われた。図 9-10 に余裕深度処分の調査状況を示す。

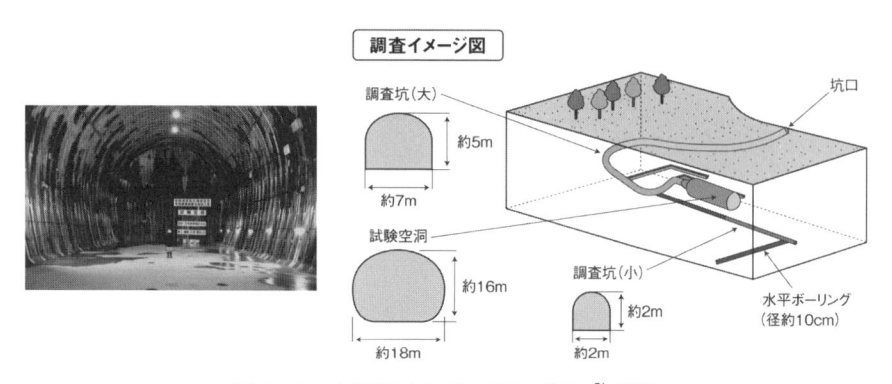

図 9-10　余裕深度処分の調査状況[6]に加筆

9.3.6 低レベル放射性廃棄物埋設設備の耐震設計

放射性廃棄物の埋設設備に対しても、他の原子力施設と同様な耐震設計が必要である。「第二種廃棄物埋設施設の位置、構造及び設備の基準に関する規則の解釈（2013年原子力規制委員会決定）」によれば、地震により、廃棄物埋設施設の安全性を確保するための機能が喪失したとしても、放射線による公衆への影響が十分に小さい場合には、耐震設計上の重要度分類 C クラスで対応することが定められている。これに従い、廃棄物を埋設する設備および廃棄体を取り扱う廃棄物管理建屋は、耐震 C クラスの設定とされている。

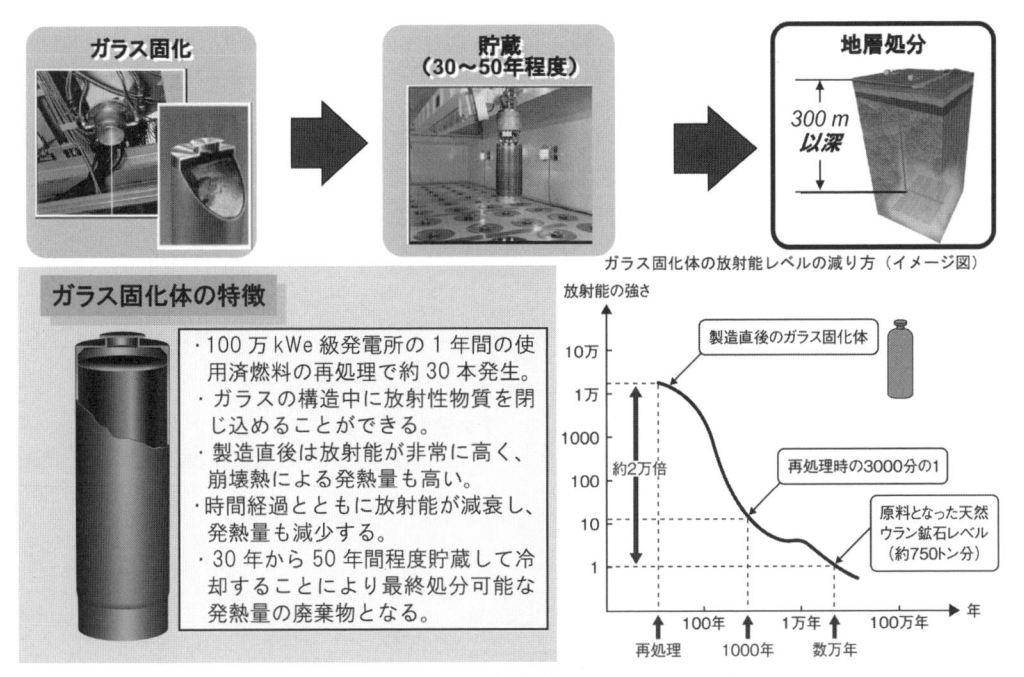

9.4 高レベル放射性廃棄物

高レベル放射性廃棄物の地層処分の考え方や処分地に求められる地質条件と耐震性について説明する。また、高レベル放射性廃棄物の処分に関する国内外の状況を紹介する。

9.4.1 高レベル放射性廃棄物の処理・処分

図 9-3 に示したように、使用済燃料は、せん断され、硝酸で溶解される。この溶液から再び燃料として利用できるウランとプルトニウムが分離される。この過程で「高レベル放射性廃棄物」が発生する。この廃棄物は、主にウランやプルトニウムが核分裂することによって生成される核分裂片から構成される。

高レベル放射性廃棄物は液体であるため飛散の可能性がある。このため、ガラス原料とともに高温で溶かし合わせてステンレス製の容器に入れて冷却し、固体の状態にする（図9-11）。容器の寸法は高さ約 1.3m、体積は 150L、重さは 500kg である。

図 9-11 高レベル放射性廃棄物の処理・処分

ガラス固化体は放射能レベルが天然に存在する放射性物質のレベルに落ち着くのに数万年程度かかる。図 9-11 中のグラフは、ガラス固化体の放射能レベルの減少を示したものである。

超長期にわたって廃棄物を人間社会から隔離する方法として、宇宙へ処分するなど様々な方法が考えられたが、最も現実的で確実な方法であるという理由で、地下深くの安定した地層内に埋設処分する地層処分が国際的に選択された。高レベル放射性廃棄物は、日本では 300m より深い地中に埋設することが法律で定められている。

9.4.2 地層処分の概念

地層処分の基本的な考え方は、人工的な障壁と天然岩盤の物質閉じ込め機能を組み合わせることにある。人工的な障壁を「**人工バリア**」、天然の閉じ込め機能を「**天然バリア**」と呼び、両者を併せて「**多重バリアシステム**」と呼んでいる。図 9-12 に、廃棄物の地層処分の概念を示す。

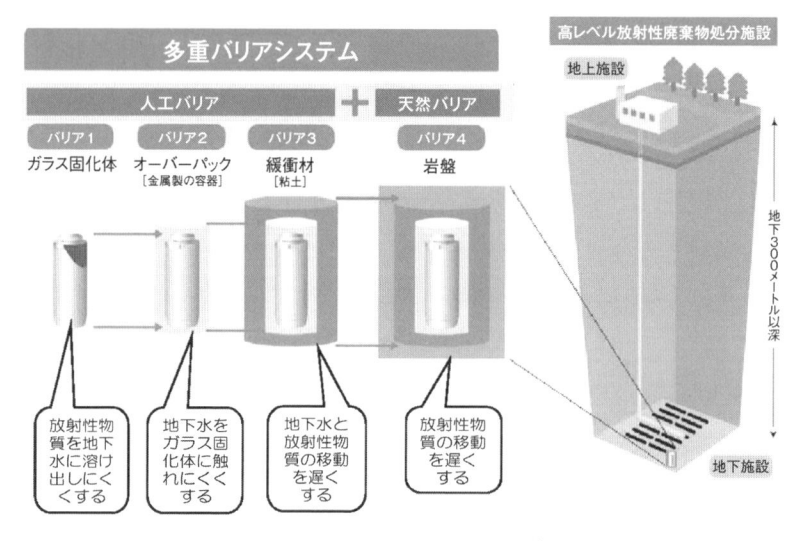

図 9-12　地層処分の概念[7]

「人工バリア」は 3 つのバリアから構成されている。1 つ目のバリアはガラス固化体である。ガラスは水に溶けにくいため、放射性物質を地下水に溶け出しにくくする働きがある。2 つ目のバリアはガラス固化体を覆っている厚さ約 20cm の鉄製のオーバーパックと呼ばれる容器である。このバリアは最低 1,000 年はガラス固化体が地下水と接触することを防ぐ効果がある。3 つ目のバリアには、鉄製容器の周りの数十センチ厚の緩衝材と呼ばれる粘土で、地下水と放射性物質の移動を遅くする。粘土の周りには、地下水の流れが遅く、酸素がほとんどないため物質を安定した状態で閉じ込めておく効果のある天然の岩盤がある。これを「天然バリア」という。

図 9-13 に多重バリアが実際に有効に機能している例を示す。カナダ北部のシガーレイクで、地下 450m の深度で約 13 億年にもわたってウランを閉じ込めていた鉱床が見つかって

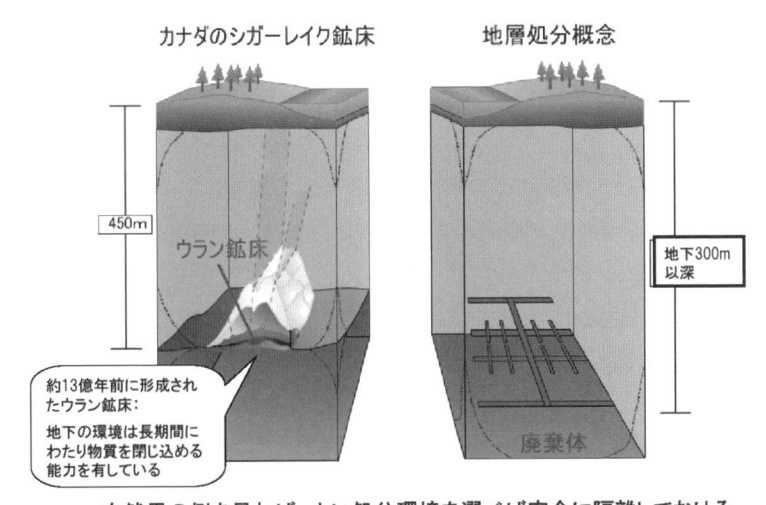

図 9-13 多重バリアによる閉じ込めの例[8]

いる。ウランの周りには粘土層が形成され、これが天然のバリアとなってウランと地下水との接触を防いでいた。この粘土層は人工バリアの緩衝材（粘土）に該当し、岩盤内部に埋まっており、多重バリアそのものであると言える。この事例は、適切な地質環境と人工バリアを組み合わせることにより放射性物質を超長期にわたって隔離できることを示している。

9.4.3　高レベル放射性廃棄物処分場に求められる地質条件と耐震設計

処分場は地下300mより深い岩盤に建設され、地震動は地表に比較して小さいため、特別に高度な耐震対策を講じる必要がないと考えられている。

高レベル放射性廃棄物処分場の建設にあたって課題となるのは、断層活動と火山活動である。処分場に活断層が存在すると、以下の問題が生じる。ひとつは、埋設した廃棄体を横切るように活断層がずれると、廃棄体を破砕し、内部の放射性物質が漏れ出る可能性があるということである。また、処分場の近傍の活断層の動きにより、地表近くまで水を通す破砕帯が発生し、放射性物質を閉じ込める天然バリアの性能が劣化することが考えられる。

火山が処分場近傍に存在すると、火山の噴火活動により処分場が破壊される可能性がある。マグマにより地中の岩盤温度が高温となり、人工バリアや天然バリアの放射性物質を閉じ込める性能が劣化することが考えられる。これらのことから、処分場候補地の条件として、**第四紀火山**から15km以上離れていること、および処分場候補地内には活断層がないこととされている。

地下深くの地質環境については、**図 9-14**に示すように、はじめに文献調査を行う。次にボーリングによる地質調査を行い、最終的に処分場を模擬した地下調査施設を建設して、処分場の建設が可能な地質環境であることを確認する。このように処分場の立地にあたっては、段階的に詳細な調査を行うこととしている。耐震設計の方針として公的に決められ

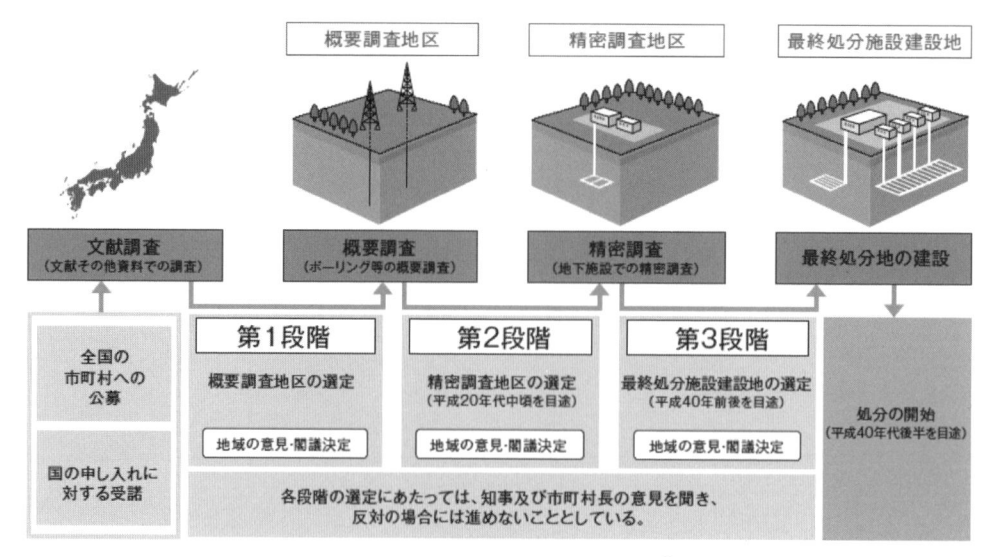

図 9-14 処分地の選定プロセス[1]

たものはないが、放射能濃度の高い廃棄体を扱うことから、地上の取扱い施設や一時保管施設は高度の耐震クラス（Sクラス相当）が求められると考えられる。地下処分施設については、地震により廃棄体内部の放射性物質が拡散する可能性は低いことから、高度な耐震設計は必要ないと考えられているが、今後検討される課題である。

9.4.4 高レベル放射性廃棄物処分に関わる国内での経緯と諸外国の状況

日本国内における高レベル放射性廃棄物処分の実現を目指し、2000 年に高レベル放射性廃棄物の処分に関する法律が成立した。この法律にもとづき実施主体として民間発意により原子力発電環境整備機構（NUMO）が設立された。NUMO は 2002 年に全国を対象に処分場の候補地の公募を開始し、高知県東洋町が公募に応じたが、町長選の結果から取り下げられた。その後、公募に応じた自治体は 2014 年 1 月現在までない。このように、処分場の立地は非常に困難な状況にある。

諸外国も同様に高レベル放射性廃棄物の立地問題を抱えている。図 9-15 は、各国の進展状況を示している。

フィンランドでは処分場の選定が終了しており、処分場の一部となる精密調査用の坑道を掘削している段階である。アメリカはネバダ州のユッカマウンテンがいったん選定されたが、オバマ政権により方針が見直され、2009 年に申請が取り下げられた。スウェーデンはエストハンマルが選定され、建設許可を待っている段階である。フランスはムーズ県ビュールで精密調査を実施しており、この周辺地区から処分場の候補地が決まる予定である。スイスは処分実施主体が 3 地点の候補地を公表した段階である。日本と同じく公募制をとっているイギリスでは、関心を表明した自治体が二団体あったが、地元議会の反対により表明を撤回している。

なお、国により使用済燃料を再処理するどうかの方針が異なるため、日本とは異なり再処理を行わない国では使用済燃料を直接処分することになる。

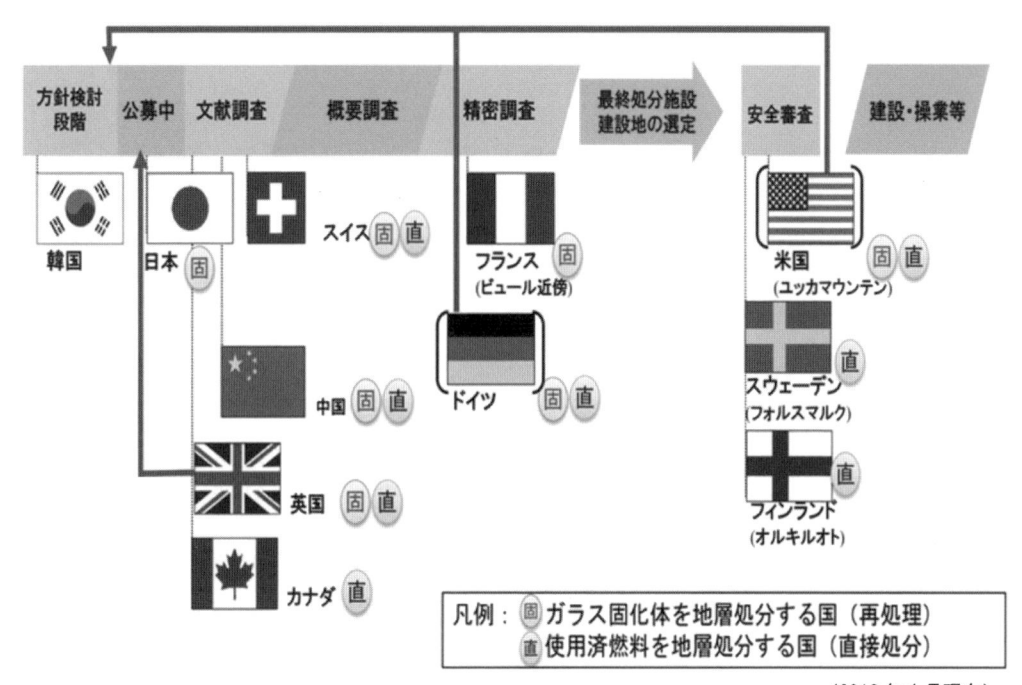

図 9-15　諸外国の状況[7]

9.5　クリアランス

　放射性廃棄物として扱わず、通常の廃棄物と同様に扱うことができる放射能濃度の考え方と認可の仕組みについて説明する。

9.5.1　クリアランスとクリアランスレベル

　発電所から発生する放射性廃棄物には、放射能濃度が非常に低い廃棄物も少なくない。それらの廃棄物を通常の放射性廃棄物と同様の扱いで処分することは安全側の考えではあるが、大量の放射性廃棄物を効果的に処理するという観点からは、合理的でない。一定の放射能濃度以下の廃棄物を、通常の廃棄物と同様に扱うとする考え方である。

　放射性物質の放射能濃度が極めて低く、人の健康への影響が無視できる条件下で、放射性物質として扱わないことを「クリアランス」という。そして、その基準を「クリアランスレベル」という。国際的に、自然放射線レベルである 2.4mSv/y（ミリシーベルト/年）の 200 分の 1 以下である 0.01mSv/y が基準として定められている。

　クリアランスレベル以下の廃棄物は一般の廃棄物と同様の扱い、すなわち一般の処分場での処分や再利用が可能と考える。これにより安全かつ合理的な処理、処分、および再利用の推進が図られる。クリアランスを進めるにあたっては、万全を期すため国の認可や確認が行われることになる。クリアランスの仕組みおよび国と事業者の役割を図 9-16 に示す。

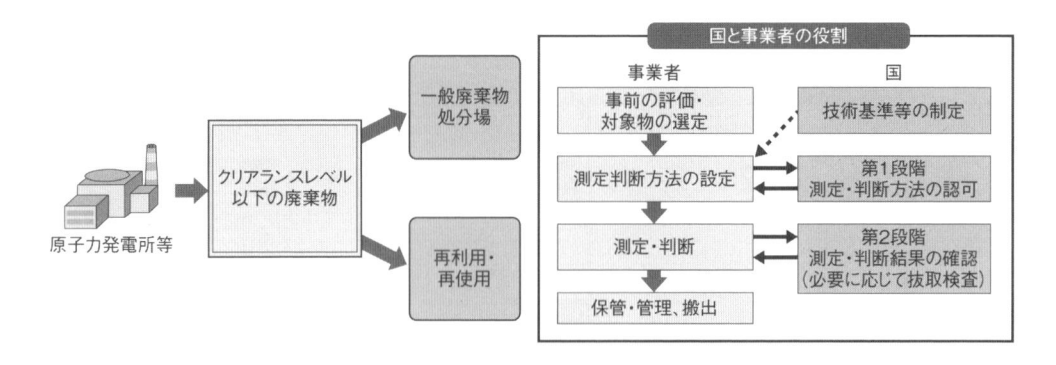

図 9-16　クリアランスの仕組みおよび国と事業者の役割[5]

9.5.2　廃止措置に伴うクリアランス物の量の例

原子力発電所の廃止措置に伴い発生する放射性廃棄物は莫大な量となるが、そのうち、実際にどの程度をクリアランスにより扱うことができるかを実例で紹介する。

図 9-17 は日本原子力発電株式会社「東海発電所」の廃止措置に伴うクリアランス物の量を示したものであり、総量 20 万トンのうちクリアランス対象物が約 21％ある。最も多いのが約 67％を占める「放射性廃棄物でない廃棄物」で、使用履歴、設置状況などから放射性物質の付着、浸透などによる二次的な汚染がないことが明らかな廃棄物である。これは、放射性廃棄物ではないので、一般の廃棄物同様、再生利用や一般の処分場での処分が可能である。

クリアランス対象廃棄物は国による確認・検査を受けたのちに、一般の再生利用や一般処分場での処分が可能となる。

日本原子力発電東海発電所撤去物の総量　約 20 万トン
（金属：10％、コンクリート：89％、その他：1％）

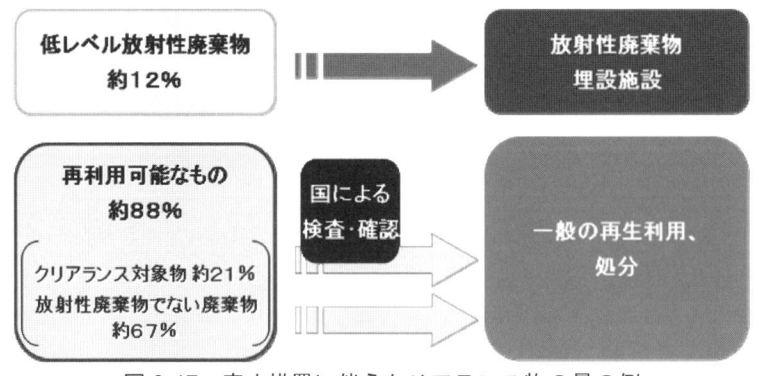

図 9-17　廃止措置に伴うクリアランス物の量の例

参考文献

1) 「原子力・エネルギー図面集 2013」電気事業連合会，2013 年
2) 「地震・地震動評価委員会及び施設健全性評価委員会 第 13 回ワーキング・グループ 4（資料第 WG4-13-1 号、資料第 WG4-13-2 号）」原子力安全委員会、2009 年 12 月 10 日
3) 原子力規制委員会ホームページ
4) 日本原子力研究開発機構ホームページ
5) 「原子力・エネルギー図面集 2008」電気事業連合会，2008 年
6) 日本原燃株式会社ホームページ
7) 「原子力政策をめぐる最近の動向」総合資源エネルギー調査会総合部会 第 2 回（2013 年 4 月 23 日）資料 4、2013 年
8) 経済産業省資源エネルギー庁ホームページ
9) 原子力発電環境整備機構（NUMO）ホームページ
10) 「第二種廃棄物埋設施設の位置、構造及び設備の基準に関する規則の解釈」制定 2013 年 11 月 27 日、原管廃発第 1311277 号、原子力規制委員会決定

第10章　将来に向けた原子力耐震技術

　従来より、原子力関連施設の建設では、地震国であるわが国の事情を踏まえて、耐震設計と施工には細心の注意が払われてきた。しかしながら、2011年3月11日に発生した東北地方太平洋沖地震と東京電力福島第一原子力発電所の事故を契機として、原子力発電所の安全性の確保のための方策を改めて見直すことが強く求められている。近年、原子力発電所の耐震設計に関する調査・研究が進み、新たな知見が採り入れられ、様々な技術開発が進められてきている。本章では、将来に向けた原子力耐震技術として、「原子力施設に適用できる構造制御技術」および「原子力発電所の立地多様化技術」を紹介する。

10.1　原子力施設に適用できる構造制御技術

　総合的な耐震安全性向上のため、原子力施設においても適用されつつある免震構造および制振構造について、その原理や特徴を概説する。

10.1.1　大振幅の地震動への対策

　1995年の兵庫県南部地震以降、最近15年間に日本各地で観測された大加速度・大速度の地震動を**表10-1**に示す。建築基準法によれば、高さが60mを超える超高層建物など特定の建物はその耐震安全性を確かめるために地震応答解析を行わなければならず、2004年5月31日建設省（国土交通省）告示第1461号による「告示波」では、終局的な安全性を検討する場合に用いる「極めて稀に発生する地震動」の最大速度を50cm/s以上とすることを原則としている。

　これに対して**表10-1**中の地震動の最大速度は100cm/sを超えるものも少なくない。このことから、建物の耐震安全性は地震入力エネルギーと建物が吸収することが可能なエネルギーとの比較によるべきという理論によれば、地震入力エネルギーは速度の2乗に比例することから、最大速度が100cm/sを超えるような地震動に対し、上述の現行基準法レベルの最大速度50cm/s程度の地震動により想定される入力エネルギーの4倍ほどを建物が吸収できなければならないことになる。このような地震動は建物にとって過酷なものと言えるが、観測事実があり、合理的な対応が必要である。

　このような近年観測された大振幅の地震動に対しても構造の強度を上げ、変形能力を増すことにより構造体を保全することは不可能でないが、強度を増すことは直接躯体工事費の増大に繋がるばかりでなく、加速度応答の増大による下部構造の応力増加、建物付帯物および収納物の移動・転倒・落下による二次災害の発生など、負の効果を招きかねないこ

表 10-1　日本各地で観測された大振幅の地震動（1995 年～2011 年）

発生年	地震名	観測点	成分	最大加速度(cm/s²)	最大速度(cm/s)
2011	東北地方太平洋沖地震	K-NET築館	NS	2700.0	116.6
		K-NET古川	EW	571.5	87.8
		K-NET仙台	NS	1517.0	84.3
		K-NET芳賀	EW	1197.0	77.8
2008	岩手・宮城内陸地震	K-NET鳴子	NS	440.2	78.6
2007	新潟県中越沖地震	K-NET柏崎	EW	513.6	79.9
		K-NET柏崎	NS	667.0	129.0
2007	能登半島地震	K-NET穴水	EW	781.7	99.0
		JMA輪島	EW	438.8	76.6
		JMA輪島	NS	463.6	98.2
2004	新潟県中越地震	JMA川口	EW	1676.0	120.0
		K-NET小千谷	EW	1308.0	130.0
		K-NET小千谷	NS	1147.0	96.0
		JMA竹沢	EW	721.8	88.7
		JMA竹沢	NS	538.4	101.0
		K-NET長岡支所	EW	705.9	120.0
		K-NET長岡支所	NS	870.4	111.0
2003	十勝沖地震	K-NET直別	EW	785.0	112.0
1995	兵庫県南部地震	JMA神戸	EW	619.2	72.3
		JMA神戸	NS	820.6	82.8
		JR鷹取	EW	666.2	128.0
		JR鷹取	NS	641.7	134.0
		大阪ガス葺合	NS	810.1	125.9

K-NET：強震観測網（防災科学技術研究所）　　JMA：強震観測点（気象庁）

とになる。一般の既存建物の耐震改修において、下部構造の応力負担が増すような対策はスペースの制約から成立しにくいだけでなくコスト面でも好ましくない。また、過大な変形を許容すると、構造・非構造を問わず、部材に思わぬ不安定現象を招くおそれがある。原子力施設の内部に収められた設備の保全のためには過大な応答の防止に細心の注意が必要である。以上より、一般建物、原子力施設を問わず、その総合的な耐震安全性向上のためには、従来からの建築構造手法、設計手法にとらわれることなく、地震動の不確定性に対抗する新しい構造システムとして免震構造、制振構造の考え方を積極的に活用することが考えられる。

　地震工学や振動論にもとづく基礎的な知見として、以下を挙げることができる。
① 地震動はその発生要因に影響されながらも特定の卓越する周期成分を持つ。
② 構造物の固有の振動周期と地震動の卓越周期とが近いと構造物は大きく揺れる。
③ 地震による構造物の揺れは、入力エネルギーが構造物の内部や地盤に吸収されることにより収まる（減衰する）。
④ 構造物の変形が大きくなると構造部材に損傷が生じるので過大な変形は好ましくない。
⑤ 構造物の加速度と質量の積が地震力である。過大な加速度は構造物の応力の増加、建物付帯物・収納物の移動・落下・転倒などの原因となるので好ましくない。

　第Ⅱ編第 2 章の図 2-7 に記す加速度応答スペクトルで見られるとおり、一般的には地震動の卓越周期は 0.5～1 秒程度であることが多く、中低層の建物ではその固有周期がそれに近

いので激しく揺れて加速度応答が大きくなる。しかしながら、同図に描かれた減衰定数をパラメータとする曲線の比較より、建物を高減衰化する（制振構造とする）ことで応答を低減することができることが分かる。一方、同じ地震動に対して、超高層の建物では周期が2～5秒であり多くの場合は地震動の卓越周期帯から外れるため、激しく揺れることはない。

ただし、規模の大きい地震が発生した際に、堆積平野などで生じる長い周期の成分を多く含み、継続時間の長い地震動に対しては、地震動の卓越周期と超高層建物の固有周期が一致して大きく揺れ、変形が過大になる可能性があることには十分な注意が必要である。しかしこの場合にも、建物を高減衰化することで変形を抑えることは可能である。中・低層の建物は本来固有周期が短いが、その基礎と地盤との間に上部構造に比べて格段に剛性の低い装置（免震部材）を挿入することで大幅に建物全体としての周期を伸ばして超高層建物同様に上部構造の応力・変形を低減することが可能であるが、免震層に集中する変形が大きくなるのでそれが過大になることのないように、種々のエネルギー吸収装置（ダンパ）により減衰を付加することを基本原理としている。

10.1.2　免震構造

一般的な免震構造は、建物の長周期化と減衰付加の原理に従って、免震部材の変形を過大にすることなく建物最下階の加速度が地盤面の加速度の 1/3～1/5 ほどに減少し、その上では各階がほぼ同等の応答となるという優れた性能を発揮することができる。建物に作用する地震力が大幅に低減されることにより、建築付帯物や収納物の移動・転倒による二次被害の防止にも極めて優れた効果を期待できる。

図10-1 に例を示す積層ゴムなどにより、固有周期を4秒前後まで延ばすことで上部構造物は短周期地震動の影響から実質的に解放されることになる。天然積層ゴムを免震支承として用いる場合には、図10-1(b)に見られるとおり同支承はほとんど線形弾性でありエネルギー吸収性能を有さないことから、図10-2、図10-3 のようなエネルギー吸収部材（ダンパ）を併用することが多い。その他にも、他分野で使用実績の豊富なオイルダンパもよく建物に適用されている。近年では、図10-4 のように、杭頭上に、上部建物の基礎版（マットスラブ）を摩擦材を介して支持する機構のものも用いられるようになってきている。

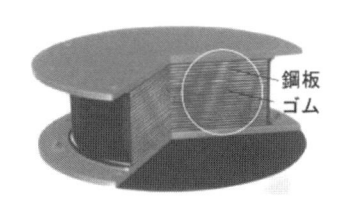

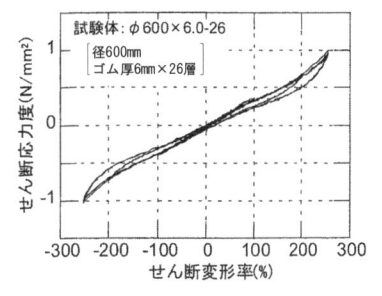

(a) 天然ゴム積層ゴム支承の構造[1]　　(b) 天然ゴム積層ゴム支承の荷重変形関係[2]

図 10-1　天然積層ゴムとその荷重変形関係

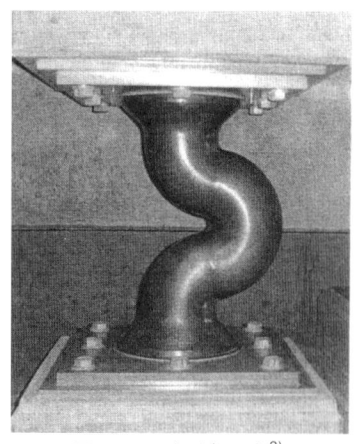

図 10-2　鉛ダンパ[2]

図 10-3　鋼棒ダンパ[2]

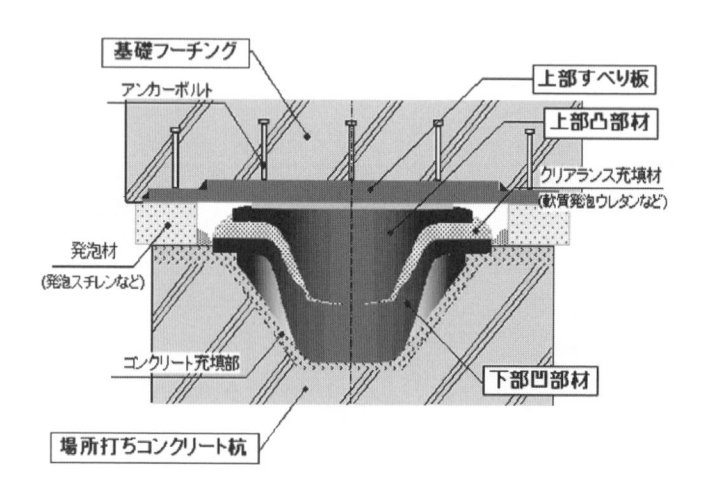

図 10-4　回転すべり支承[3]

　免震構造は優れた耐震構法であり、東京駅の耐震補強工事においても採用されているように、既存の構造物への補強方法としても効果的な手法である。しかしながら同構造も万能ではなく、地震動の卓越周期が長くなる可能性の大きな軟弱地盤上の構造物への適用や、転倒モーメントにより免震装置に生じる大きな引抜力が安全性に及ぼす悪影響が懸念される構造物への適用は必ずしも合理的ではなく、また地下工事に要するコストの高いこともやや難点である。

　多くの免震構造は、地震動の水平成分に対して効果を発揮することを意図して適用されているが、鉛直動成分も含めて三次元の動きに対して効果を発揮するシステムも開発されて適用された例もある。

10.1.3　制振構造

　従来からの一般的な構造手法により、構造物の変形を抑えるために部材断面を増やして剛性を高くすると、構造物の加速度応答も大きくなることから、構造物の変形と加速度応

答とを同時に低減して高い耐震性能を有する構造物を実現することが困難な場合が多い。そこで、建物の鉛直荷重を支える主要構造部材とは別に履歴性能が特に高い部材（ダンパ）を設置してそれらの減衰性能により地震動による入力エネルギーを吸収することで構造物の揺れを抑え、主要構造部材の損傷レベルを低減することを可能とする新しい構造手法が適用されている。このような構造を制振構造と呼ぶ。

「制振」構造とは文字どおり構造物の振動を制御する構造システムのことであり、基本的な方法は既に機械振動の低減などを目的として種々研究・応用されていた。機械工学分野で対象とする外乱の多くは規則性が高く、構造体も軽量・弾性であることが多いために理論的な検討も実験による実証も比較的容易であった。一方、土木・建築構造物は重量が大きいために構造物への入力エネルギーが大きいのみならず、地震動の時刻歴が不規則であることや構造物の耐震設計では多くの場合に塑性変形が許容され非線形振動が対象となることなどにより、これらの構造物に制振を適用することは困難と考えられていた。当初は、風や小地震に対する居住性向上対策においては構造体を弾性とみなせることを手がかりとして適用されたが、その後、1995年兵庫県南部地震における経験も踏まえて、新たな技術開発と社会的なニーズにより、大地震動も対象として実用化の検討が進められてきた。

「制振」に対しては同音異義の「制震」の用語が用いられる場合もある。「震」が地震・地震動を代表すると考えると、「制震」はより積極的に地震動の入力そのものをコントロールする、あるいはリアルタイムのコンピュータ制御によるより精緻な制振の実現を意味し、将来的に上部構造物に関しては耐震設計を不要とする耐震構造の究極の姿として位置づけることができる。

制振システムは、アクティブ型（制御機能あり）とパッシブ型（制御機能なし）、その中間的なセミアクティブ型（簡易的な制御機能あり）に分類される。制振機能を発揮するため、別途エネルギーの供給が必要となるアクティブ型に対し、パッシブ型はエネルギー供給は不要である。また、設置形態により、付加質量型、層間ダンパ型、棟間連結型、分散型に分けられる。図 10-5 に制振システムの分類を示す。

付加質量型の制振装置の原理は、構造物の最上部などに「おもり」を設置し、おもりと構造物の間に生じる力を利用して構造物の振動を低減させるものである。具体的な例としては、アクティブ型の TMD（Tuned Mass Damper）がある。アクティブ駆動装置である AMD（Active Mass Damper）が TMD の動きを増幅することで、TMD の等価な質量効果を増大させることができる。図 10-6 にアクティブ型 TMD の概念図を示す。同図左の写真は、戸建て住宅の屋根裏にダンパを設置した場合の振動台実験の状況である。

層間ダンパ型の制振装置の原理は、建物の上の層と下の層の間をダンパを用いて連結し、建物が振動で変形した際にダンパも変形させ、ダンパにエネルギーを吸収させて建物の損傷を防ぐものである。具体的な例としては、免震構造の場合と同様に鋼材曲げダンパ、オイルダンパなどが挙げられる。

鋼材曲げダンパは、主要構造部材よりも小さい変形で降伏してエネルギーを吸収する弾塑性ダンパである。図 10-7 に鋼材曲げダンパの設置例を示す。

また、オイルダンパは、層間変形にピストンが追従し、ピストンにより押されたダン

①動作原理による分類

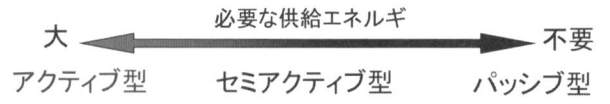

大 ←必要な供給エネルギ→ 不要
アクティブ型　セミアクティブ型　パッシブ型

②設置形態による分類

付加質量型　　層間ダンパ型　　棟間連結型

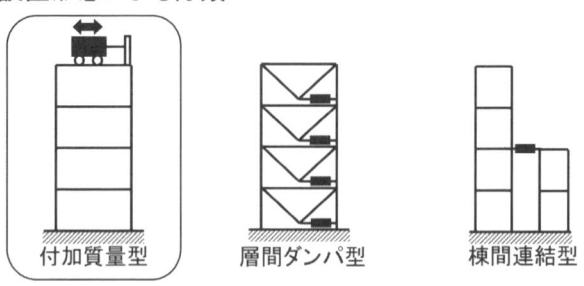

図 10-5　制振システムの分類

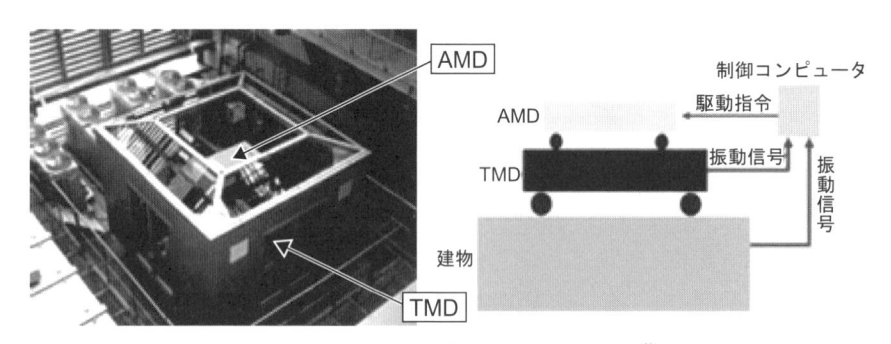

図 10-6　アクティブ型 TMD の概念図 [4]

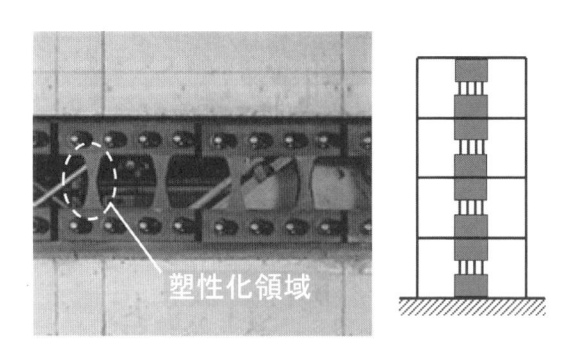

図 10-7　鋼材曲げダンパの設置例 [4] に加筆

パ中のオイルが調圧弁を通過することで、オイルの粘性による減衰性能が発揮される構造となっている。図 10-8 にオイルダンパの設置例を示す。

　棟間連結型の制振装置の原理は、複数の建物、または建物の構造を複数に分けて、ダンパで連結し、建物の互いの固有周期の違いにより発生する相対変位によりダンパを作動させ振動を低減させるものである。図 10-9 に連結制振の概念を示す。

図 10-8　オイルダンパの設置例 [4]

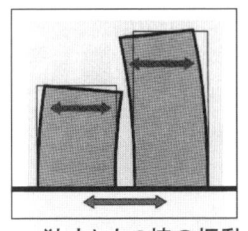

図 10-9　連結制振の概念
独立した2棟の振動　　2棟間の相対変位によりダンパがエネルギを吸収

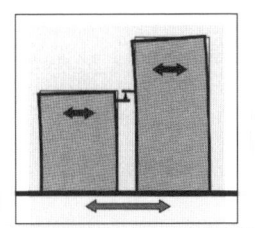

10.1.4　原子力施設への適用事例

　原子力施設への免震構造の適用については、南アフリカのクーバーグ原子力発電所や、フランスのクリュアス原子力発電所の実績がある。図10-10 にクーバーグ原子力発電所を、図 10-11 にクリュアス原子力発電所を示す。

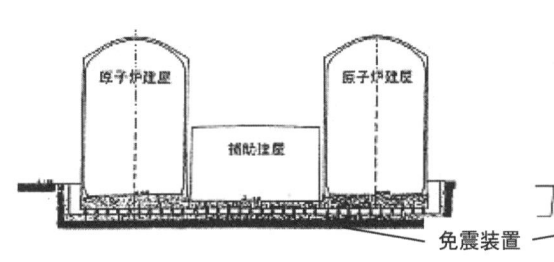

図 10-10　クーバーグ原子力発電所 [5] 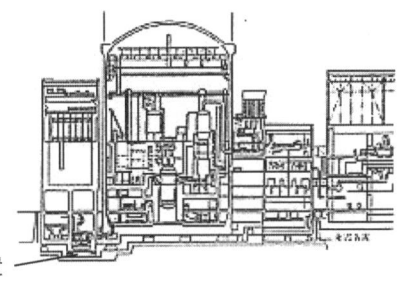　　図 10-11　クリュアス原子力発電所 [5]

　クーバーグ原子力発電所は、原子炉建屋 2 棟と補助建屋を同一基礎とした「建屋全体水平免震方式」であり、積層ゴム支承とすべり支承を併用している。クリュアス原子力発電所は、原子炉建屋について「建屋全体水平免震方式」であり、積層ゴム支承を採用している。両発電所ともに、フランス電力公社（EDF）による原子力発電所標準プラントを地震力がより大きな地域に建設する際に、設計変更を加えることなく耐震性を確保させることを目的として、免震構造を採用したものである。

一方、原子力施設への制振構造の適用については、第Ⅰ編第8章8.3.3で述べた原子力発電所の排気筒改造工事での実績がある。また、機器や配管などの防振装置として、油圧防振器（オイルスナッバ）や機械式防振器（メカニカルスナッバ）が用いられている。

10.1.5　次世代軽水炉への適用

　地球温暖化問題への関心の高まりや資源価格の高騰を背景に、エネルギーセキュリティや二酸化炭素排出削減の観点から、特にアジア地域において原子力発電の導入拡大に向けた流れがある。2005年10月に、今後10年程度の原子力の基本方針として閣議決定されていた原子力政策大綱では、"2030年以降も総発電電力のうち30〜40%程度かそれ以上の供給割合を原子力が担う"などの基本方針が示され、さらに原子力政策大綱の基本方針を実現するための具体的方策としてとりまとめられた原子力立国計画（2006年8月）では、"我が国としては、まず2030年前後からの代替炉建設需要をにらみ、世界市場も視野に入れて、国、電気事業者、メーカーが一体となったナショナルプロジェクトとして、日本型次世代軽水炉開発に着手すべきである。"と提言されていた。

　これを受けて経済産業省、電気事業連合会、日本電気工業会は2007年9月に次世代軽水炉開発に着手することを発表し、2008年度から、世界最高水準の安全性・経済性・運転性の特性を有する次世代軽水炉の開発が、国、電気事業者、メーカーが一体となったナショナルプロジェクトとして開始された。この中で免震技術の適用に向けた開発も実施された。

　しかし、2011年3月11日の東北地方太平洋沖地震と津波によって発生した東京電力福島第一原子力発電所の事故により、国は「原子力発電は、国民生活に悪影響を与えるおそれを十分小さくするようリスク管理に万全を期して推進されなければならない」との観点から、原子施設の自然災害に対する頑健性およびシビアアクシデント対策の強化とその信頼性の向上に資する基礎・基盤技術・知見の開発に注力することとした。

　2013年度現在、次世代軽水炉開発での成果を踏まえ、プラントの安全対策高度化の観点から免震技術に関する以下の研究開発が進められている。

- 原子力施設への免震システムの適用にあたっては、一般建物で多用されている鉛プラグ入り積層ゴムを採用し、原子力施設においては、水平・鉛直地震動同時入力時の設計手法、免震による残余のリスクに対する裕度（限界耐力）の把握方法および高温高圧配管を含む建屋間渡り配管の評価手法を開発する。これにより立地条件によらない標準化プラントの実現が期待される。
- また免震システムの開発では、東北地方太平洋沖地震で見られた長時間継続する揺れの影響を考慮する。さらに鉛プラグ入り積層ゴムの代替品として、環境配慮の観点から錫プラグ入り積層ゴムの免震装置についても検討する。

10.2　原子力発電所の立地多様化技術

　原子力発電所の建設地として適するためには、広い敷地を確保できること、敷地の地盤条件が良好であること、および大量の冷却水を確保できること、の3条件を満たすことが

必要である。原子力発電所の設計にあたって特に留意すべき点はその重量が大きいことにより、支持地盤の応力度が数 N/mm^2 にも達することであって、この重量を確実に支えるに足るだけの堅固な地盤に立地させることが必要となる。このような背景により、これまでは、大量の冷却水が確保しやすく、堅固な岩盤が得やすい海岸部に主として建設されてきた。しかし、将来に向けては立地を多様化することが重要であるという観点から、従来より地下、内陸、沖合などでの建設可能性についても検討・研究がなされてきた。

表 10-2 に、原子力発電所の新立地方式の分類と概要を記す。

表 10-2 原子力発電所の新立地方式の分類と概要[6]

立地方式	細分類	概要
①第四紀地盤立地	―	第四紀地盤（約 180 万年前～現在）を対象とした立地方式。 【日本】実験炉で2事例 【海外】欧米で多数事例あり
②地下立地	＜立型＞ ・開削部分地下式 ・部分地下式 ・全地下式 ＜横型＞ ・部分地下式 ・全地下式	硬い岩盤を掘削して地下空洞を形成し、そこに発電所の主要施設を収納する方式。 【日本】実績なし 【海外】実験炉、商用炉で6事例 　　　（5事例は閉鎖・解体）
③海上立地	＜着底式＞ ・埋立人工島式 ・ケーソン人工島式 ＜浮体式＞ ・浮揚式 ・潜水式	海に建設する人工島または浮体を利用した立地方式。 【日本】実績なし 【海外】ロシアにて建設中

「①第四紀地盤立地」とは、第四紀地盤（地質年代での第三紀より後、約 180 万年前（最近では約 260 万年前と考えられている）から現在までの「第四紀」に生成した地盤）に立地させる方式のことである。

これまでの原子力発電所は、「発電用原子炉施設に関する耐震設計審査指針（1981 年）」における「重要な建物・構築物は岩盤に支持」との規定にもとづき、原子炉施設を第三紀以前の堅牢な岩盤に設置しているが、上記指針が 2006 年に改訂された際に、設計荷重に応じた十分な支持性能を持つ地盤に設置するのであれば、「岩盤」に支持させなくとも十分な耐震安全性を確保することが可能であるとして「十分な支持性能を有する地盤に設置」することとされた（新指針　2006 年改訂）。2013 年 7 月に原子力規制委員会により制定された新規制基準でも、同様に「十分に支持することができる地盤に設けなければならない」とされている（詳細については Appendix 1 参照）。

「②地下立地」とは、硬い岩盤を掘削して地下空洞を形成し、そこに発電所の主要施設を収納する方式のことである（詳細については Appendix 2 参照）。

「③海上立地」とは、海洋空間を利用した立地方式の総称であり、海底地盤に基礎（人

工島）を構築して構造物を支持させる着底式と、浮力（浮体）を利用して構造物を浮揚させる浮体式がある（詳細については Appendix 3 参照）。

　各方式において、それぞれ特徴と課題があり、実現のためには、その方式が持つリスクの種別やリスク発生時の対応の具体策に関して詳細な検討を行い、それらのリスクの低減を図っていく必要がある。

　これらの新立地方式の特徴と課題をまとめて表 10-3 に示す。

表 10-3　新立地方式の特徴と問題点[6]

立地方式	特長	問題点
①第四紀地盤立地	・電力需要地への近接が可能 ・機器・配管への地震入力が低減される ・建設費・工期は在来式と同程度	・立地上の社会的制約条件が多い ・大規模な基礎構造物が必要 ・地盤の支持力・沈下の評価に関する技術基準が未整備
②地下立地	・景観保全上有利 ・地震力が低減 ・地下空洞の岩盤強度を考慮した設計合理化の可能性	・建設費・工期アップ ・地下空洞の安定性、地下水などの評価に関する技術基準が未整備 ・建屋・機器の配置、建設、保守上の制約が多い
③海上立地	・立地上の社会的制約条件が少ない ・電力需要地への近接が可能 ・陸域の土地利用への影響が小さく、離隔距離の確保が容易	・建設費・工期アップ ・波力の影響 ・船舶航行への影響 ・新しい安全性評価体系確立のための研究開発が必要 ・事故時リスク

　第四紀地盤立地の特徴としては、電力需要地に近接した立地が可能ということが挙げられる一方、課題としては、人口の多い電力需要地に近接して立地するには社会的制約条件が多いこと、第四紀地盤は強度や剛性が相対的に低いため基礎を支持地盤に深く根入れする必要があることなどが挙げられる。

　地下立地の特徴としては、地上にはほとんど構造物は表れないため、景観保全上は有利であること、周辺地盤の拘束力により構造物へ作用する地震力が低減することが挙げられる。課題としては、地中であるため、建設コストが高く、建設・運用ともに制約が多いことが挙げられる。

　海上立地の特徴としては、土地の確保や人工密集地からの隔離という観点で有利であることが挙げられる。課題としては、建設コストが高く、津波に対する対策が極めて重要であること、また事故時のアクセス方法の確保など非常時の対応が困難となる可能性が高いことが挙げられる。

＜Appendix 1＞　第四紀地盤立地

「発電用原子炉施設に関する耐震設計審査指針（1981年）」における「重要な建物・構築物は岩盤に支持」との規定にもとづき、これまでの原子力発電所は、原子炉施設を岩盤に設置している。ここでは、これを在来立地方式と称する。しかしながら、日本の地質・地形条件を考慮すると、今後は、在来立地方式に限定せず、多様な立地方式を準備しておくことが重要である。上記指針が2006年に改訂された際に、設計荷重に応じた十分な支持性能を持つ地盤に設置するのであれば、旧耐震指針で規定されていたいわゆる「岩盤」に支持させなくとも十分な耐震安全性を確保することが可能であるとして「建物・構築物は十分な支持性能を有する地盤に設置」するとされた。

第四紀（層）地盤は、地質年代での第三紀より後、約180万年前（最近では約260万年前と考えられている）から現在までの「第四紀」に生成した地盤のことで、大半が地球上の最上層の露出した部分にあたる。

地層構成の例を図A1-1に示す。「沖積層」は、約1万年前から現在までの間に堆積した最も新しい地層で、主に砂層やシルト層から構成される比較的軟弱な地盤であり、日本の平野部に広く存在する。「洪積層」は、約180万年前～約1万年前に形成された地層で、主に砂礫層や粘土層から構成され、固結している良好な地盤が多い。「新第三紀層」は約2350万年前～約180万年前に形成された地層で、一般に「岩盤」と呼ばれ堆積岩や火成岩からなる比較的堅く安定した地盤が多い。第四紀地盤立地の対象となる地層は、「洪積層」のうち、堆積性軟岩、硬質粘性土、砂礫である。

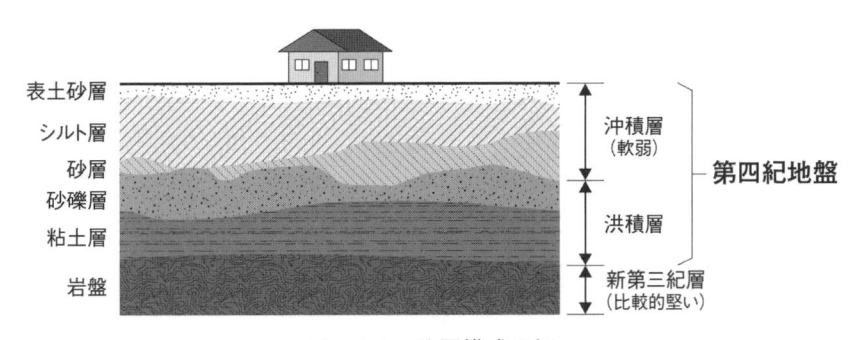

図A1-1　地層構成の例

第四紀地盤立地は、海外では商用炉・実証炉ともに多くの実績がある。特に欧米で多数の事例があり、アメリカでは約半数が第四紀地盤に立地している。他にも、欧州や中東、南アフリカなどでも、多数の実績がある。一方、わが国では、第四紀地盤立地の商用炉の実績はなく、2013年時点では公表された具体的な計画もない。その理由のひとつとしては、第四紀地盤より岩盤の方が地震動が増幅されにくいということが挙げられる。原子力発電所の第四紀地盤立地は、欧米においては一般的な立地方式であるが、わが国では、大きな設計用地震力に対する重要構造物基礎地盤の支持力、沈下などに対する安定性の確保が課題となっている。

＜Appendix 2＞　地下立地

　地下立地では、硬い岩盤を掘削して地下空洞を形成し、そこに発電所の主要施設を収納する。地下空洞の形状（立型、横型）、設置区分（部分地下式、全地下式）により分類され、立地点の特性を考慮した上で、最も適した方式を採用することになる。岩盤が堅硬な場合には「横型」が適し、岩盤がそれほど堅硬ではない場合には「立型」が適している。また、地形が急峻な場合には「全地下式」が適し、緩傾斜地では「部分地下式（半地下式）」が適している。

　いずれの方式を採用しても、地上周辺の景観保全を図りやすいことが地下立地の特長である。地下立地は、海外では、実験炉と商用炉で 6 事例の実績があるが、そのうち 5 事例については、既に閉鎖あるいは解体されている。図 A2-1 に地下立地方式の分類図を、また図 A2-2 に地下立地方式原子力発電所レイアウトの例を示す。

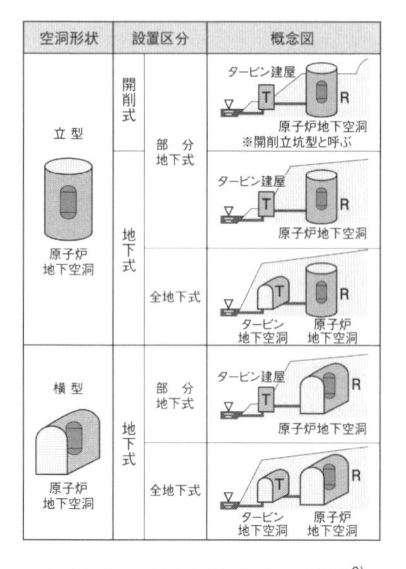

図 A2-1　地下立地方式の分類[6]

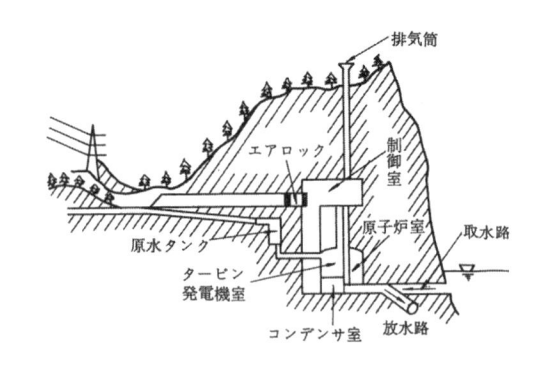

図 A2-2　地下立地方式原子力発電所レイアウトの例[7]

＜Appendix 3＞ 海上立地

海上立地とは、海洋空間を利用した立地方式の総称であり、海底地盤に基礎（人工島）を構築して構造物を支持させる着底式と、浮力（浮体）を利用して構造物を浮揚させる浮体式がある。**図A3-1** に原子力発電所の海上立地方式の種類を示す。さらに、基礎の位置、建設方法により、埋立て人工島式、**ケーソン**人工島式、浮揚式などに分けられる。**図 A3-2** に埋立て人工島式海上立地、**図 A3-3** に浮体式海上立地の構想例を示す。

わが国では、原子力発電所の海上立地の実績はないが、埋立て人工島式による火力発電所や、湾内埋立て地の大規模な LNG タンク基地などでは多数の建設・運転実績がある。大きな津波に襲われる可能性のあるわが国において海上立地を計画する場合、当該地点で想定される津波を十分に評価した上で立地の可否を判断する必要がある。

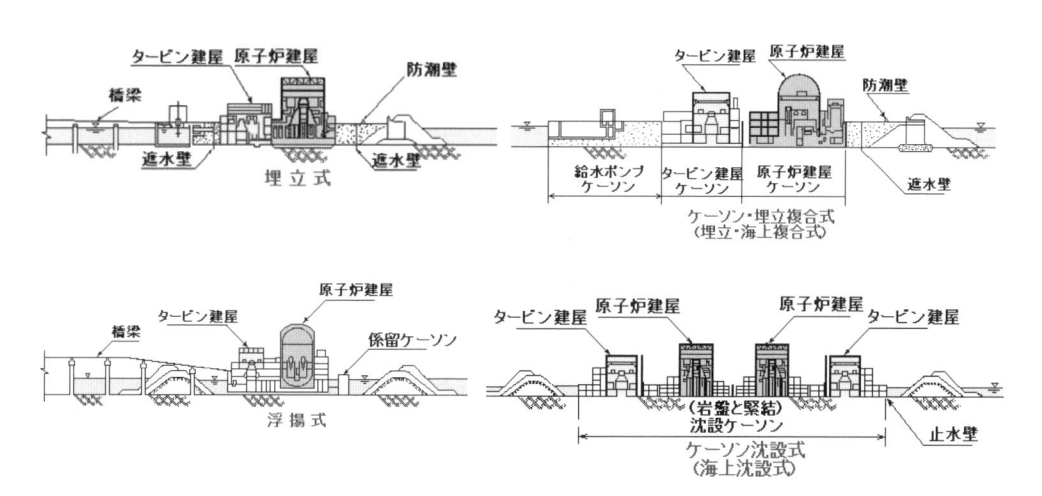

図 A3-1　原子力発電所の海上立地方式の種類[6]

図 A3-2　埋立て人工島式海上立地の構想例[6]

引用転載:「原子炉施設の浮体式海上立地に関する検討(1)―浮体式原子力発電施設の概念検討―」
（薮内典明ほか, JAERI-Research 2000-063(2001.2)）

図 A3-3　浮体式海上立地の構想例[8]

参考文献

1) 日本免震構造協会ホームページ
2) 「免震構造設計指針」日本建築学会、2013 年
3) 株式会社ダイナミックデザインホームページ
4) 鹿島建設株式会社ホームページ
5) 耐震指針検討分科会地震・地震動 WG 資料、原子力安全委員会
6) 「原子力発電所の立地多様化技術」土木学会、1996 年
7) 「科学技術白書（昭和 50 年度版）」文部科学省、1975 年
8) 「原子炉施設の浮体式海上立地に関する検討（1）—浮体式原子力発電施設の概念検討—」藪内典明ほか、JAERI-Reseach 2000-063、2001 年 2 月
9) エネルギー総合工学研究所ホームページ
10) 「建築の振動—応用編」西川孝夫ほか、朝倉書店、2008 年

第Ⅱ編
地震工学の基礎

第1章　地震・地震動と津波
第2章　構造物と地盤の動的応答解析
第3章　耐震設計法

第1章　地震・地震動と津波

　本章では、はじめに地震の発生源（震源断層）のタイプとその破壊様式を述べ、地震波としてP波・S波の実体波およびラブ波・レイリー波の表面波を説明する。表層地盤での地震動の増幅特性と周期特性、地層境界でのS波の反射と透過を説明し、原子力施設への入力地震動として用いられている「解放基盤表面での地震動」の考え方について述べる。また、実地震動の観測波形により、増幅特性と周期特性の例を示す。さらに、津波の発生メカニズムと伝播に関する基礎知識について概説する。

1.1　地震工学と地震学

　地震学（Seismology）は、地震発生メカニズムや地殻内の地震波の伝播特性などを主として研究する分野であり、その目標のひとつは地震の発生を事前に予測することにある。これに対して、地震工学（Earthquake Engineering）は、地震波動の表層地盤内の伝播、構造物や施設の地震動と津波に対する応答と安全性を検討することを主要な目的としており、耐震工学とも呼ばれている。

　図1-1に地震学と地震工学とが分担する分野を模式的に示す。地震・津波災害の軽減には地震学と地震工学の密接な連携が不可欠である。両分野のみならず人文社会学など他の分野との連携により、地震や津波に対して安心・安全な社会を構築する必要がある。

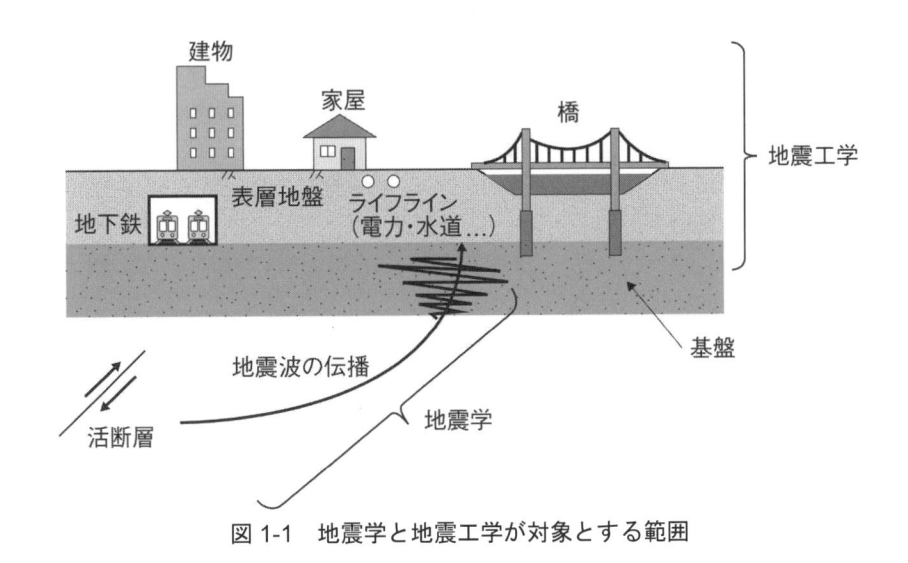

図 1-1　地震学と地震工学が対象とする範囲

1.2 地震と活断層

1.2.1 地震の発生様式

地震は、その発生様式により図 1-2 に示すように以下の 3 の様式に大別される。

① プレート間地震

　プレート境界がずれることにより発生する地震。この地震は、活動間隔が数百年以内のものが多く、過去の地震記録から将来発生する地震の震源域を特定することが可能である場合が多い。東日本大震災を引き起こした 2011 年東北地方太平洋沖地震では、太平洋プレートと北米プレートの間で長さ約 500km、幅約 200km の大きさの領域がずれたとされている。

② 海洋プレート内地震

　海洋プレートの内部が破壊して生じる地震。プレート内の場所を問わず発生する可能性のある地震で、事前に震源を特定することは困難な場合が多い。

③ 内陸地殻内地震

　活断層など、陸のプレート内の弱い箇所がずれて生じる地震。内陸地殻内地震の活動間隔は 1000 年以上である場合が多い。都市直下で発生すると甚大な被害が発生する。2008 年岩手・宮城内陸地震、2004 年新潟県中越地震などは、いずれも内陸の地殻内の活断層によって引き起こされた。

図 1-3 に示すように、日本列島周辺には太平洋プレート、ユーラシアプレート、北米プレートおよびフィリピン海プレートが存在する。太平洋プレートは年間平均 80mm の速度で西方に移動している。また、フィリピン海プレートも年間 30〜50mm の速度で北上している。このため、北米プレートとユーラシアプレートの上に乗っている日本列島は、圧縮応力が卓越した応力場となっている。日本列島の内陸断層で逆断層が多いのは、このためで

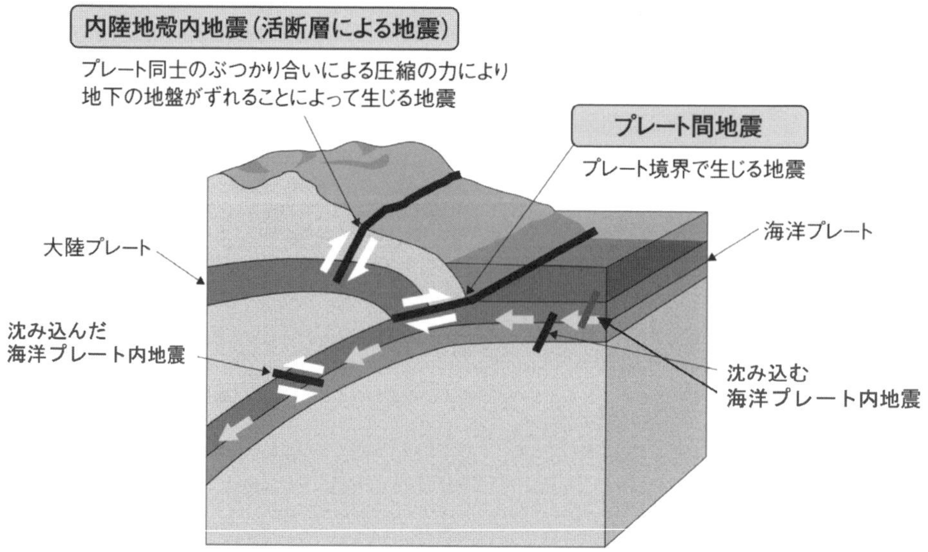

図 1-2　地震の発生様式

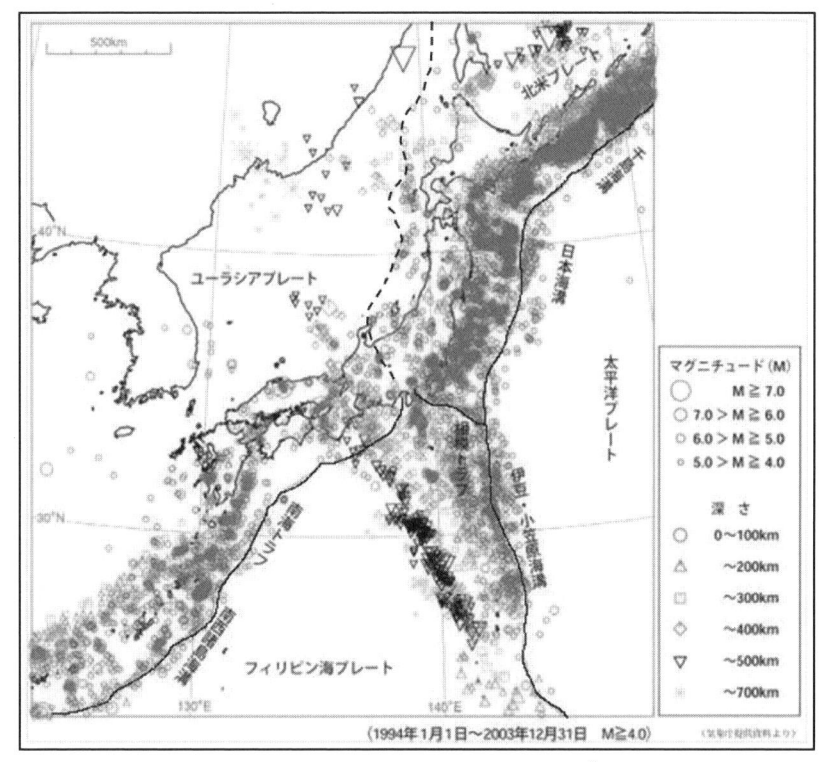

図 1-3　日本列島周辺のプレート構造[1] に加筆

ある。首都圏の周辺は太平洋プレート、ユーラシアプレート、北米プレートおよびフィリピン海プレートが複雑に重なり合っており、プレート構造そのものが不安定で、地震の多発地帯となっている。

1.2.2　活断層

　活断層とは、最近の地質時代に繰り返し活動し、将来も活動する可能性のある断層をいう。この定義に従えば日本列島には 2000 を超える活断層が存在するとされている。このうち特に活動度が高いとされる 98 の断層および断層帯について文部科学省地震調査研究推進本部による調査が継続的に実施されている。原子力施設の耐震設計では、将来活動する可能性のある断層は後期更新世以降（約 12～13 万年前以降）の活動が否定できないものとし、必要な場合は、中期更新世以降（約 40 万年前以降）まで遡って活動性を評価することを求められている（第Ⅰ編 第 2 章 Appendix1 の図 A1-1 参照）。

　地震を起こす断層を震源断層と呼び、断層の破壊面が地殻内を伝播して地表に出現したものを地表地震断層または単に地震断層と呼んでいる。図 1-4 に示すように、震源断層がずれて地震を発生させた領域を震源域、断層の最初の破壊点を震源、その直上の地表面の位置を震央という。地表面の特定地点から震源および震央までの距離をそれぞれ震源距離、震央距離と呼ぶ。

　図 1-5 に示すように、断層はそのずれの方向によって横ずれ断層と縦ずれ断層に分けられる。横ずれ断層は水平方向にずれる断層であり、対岸側の相対的な移動方向により右横ず

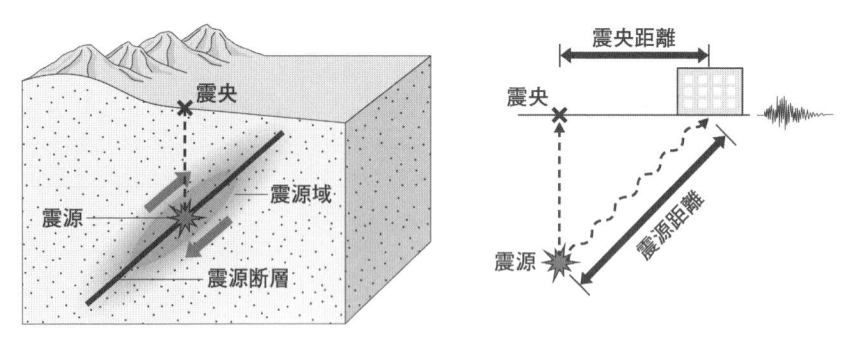

図1-4 震源断層と評価地点からの距離

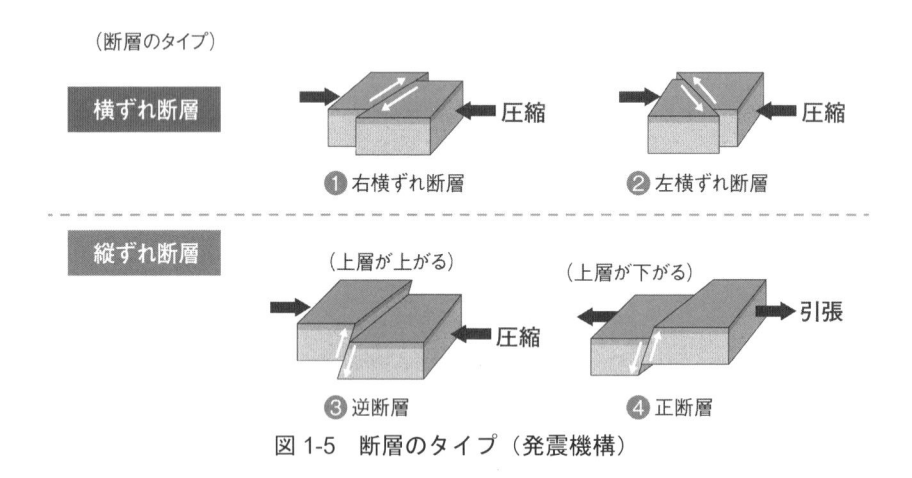

図1-5 断層のタイプ（発震機構）

れ断層と左横ずれ断層に区別されている。縦ずれ断層には逆断層と正断層がある。傾いた断層面で区分される上側を上盤、下側を下盤と呼び、上盤が上がる断層を逆断層、その逆を正断層と呼ぶ。逆断層は地殻全体が圧縮場である場合に生じることが多く、正断層は引張場である場合に多い。実地震動の観測結果によれば逆断層上盤での地震動加速度は下盤側に比較して大きいことが示されている。これは上盤側が下盤側に乗り上げることで地殻の変位が大きいことによる。

1.2.3 地震のマグニチュードと震度階

　地震そのものの規模を表す指標としてはマグニチュードが用いられる。一方、特定地点の地震動の強さを表す指標としては震度階が用いられる。わが国で一般的に用いられているマグニチュードにはモーメントマグニチュード（M_W）と気象庁によるマグニチュード（M_J）がある。このうち、モーメントマグニチュードは断層のずれの規模を、ずれ動いた部分の「面積」×「ずれた量」×「岩盤の硬さ」の積として算定されており、物理的にはエネルギーの次元を有するもので世界的に広く用いられている。気象庁マグニチュードは複数の観測点における地表面の最大振幅をもとに、震央距離や震源深さを考慮した地震の規模を表す指標で、既に発生し、地震動記録が存在する地震が対象となる。

　地震動の揺れの強さを表す指標である震度階として、世界的には修正メルカリ震度階（MMI：Modified Mercalli Intensity）が広く用いられているが、わが国では気象庁震度階級

（JMAI：Japan Meteorological Agency Seismic Iintensity）がもっぱら用いられている。気象庁震度階級は 0 から 7 の 8 段階に区分されており、そのうち震度階級 5 および震度階級 6 はさらに「強」と「弱」の 2 つに区分されている。気象庁震度階級は、以前は体感や建物などへの影響の度合いにより震度を決めていたが、現在は計器により観測された加速度波形から算出する方法（計測震度）が採られている。計測震度の計算には、加速度の大きさのほかにも、揺れの周期や継続時間が考慮されている。

　表 1-1 に地震動の卓越周期を 0.5 秒とした場合の気象庁震度階級に対応する地表面最大加速度の概略値を示す。気象庁震度階級と修正メルカリ震度階の関係は地震動の卓越周期によって異なるが、卓越周期を 0.5 秒とした場合の概ねの対応を表 1-2 に示す。建築基準法では、一般的な建物の供用期間として想定される 30～50 年間に数回発生する可能性のある地震動の作用に対して建築構造が無損傷に留まることを基本にしているが、そのような地震動の震度は概ね 5 弱～5 強とされている。

表 1-1　気象庁震度階級と地表面最大加速度

（地震動の卓越周期を 0.5 秒とした場合の概略値）

気象庁震度階級	地表面最大加速度（cm/s^2）
1	～5
2	5～10
3	10～30
4	30～100
5 弱	100～160
5 強	160～270
6 弱	270～500
6 強	500～850
7	850～

表 1-2　気象庁震度階級と修正メルカリ震度階

（地震動の卓越周期を 0.5 秒とした場合の概ねの対応）

気象庁震度階級	修正メルカリ震度階
0～1	I
1～3	II～III
3	IV
4	V
5 弱	VI
5 強	VII
6 弱	VIII
6 強～7	IX
7	X～

1.2.4 地表地震断層と被害

構造物が地震により被害を受ける要因は二通り考えられる。ひとつは、地盤の振動が構造物に伝わり、その振動が増幅されて構造物の変形と応力が限界値を超える場合であり、他のひとつは、地表地震断層上の構造物が断層の変形差によって破壊される場合である。前者については、次節以降で解説する波動論や振動論（動力学）により安全性が検討されるが、後者については静力学の問題として検討される。

わが国でも、地表地震断層が出現した事例が数多く報告されている。このうち最大の断層変位が発生したのは1891年濃尾地震による根尾谷断層で、水平変位6.0m、鉛直変位4.0mを記録した。また、1995年兵庫県南部地震により淡路島北部に野島断層が出現しており、水平方向1.8m、鉛直方向1.6mが記録された。しかしながら、わが国において地表地震断層がその断層線上の構造物を破壊した例はない。ただし、1930年に発生した北伊豆地震により丹那断層が水平方向3.5m、鉛直方向1.8mのずれを生じ、地震発生当時掘削中であった在来線の東海道本線丹那トンネルの切羽面がなくなるという事故が起きた。

国外の地震では、地表地震断層によって直接的に構造物が破壊された事例が報告されている。1999年台湾集集地震では、図1-6に示すように、台中の北の約15kmに位置する高さ25m、堤長357mの重力式コンクリートダム（石岡ダム）がダムの右岸側と左岸側の地表地震断層（逆断層）の鉛直隆起量の10mもの変位差により破壊された。

同じく1999年に発生したトルコ・コジャエリ地震では図1-7に示すように約4mの右横ずれ断層による支間の伸びにより高速道路上に架かる跨道橋のコンクリート桁が落橋した。

わが国における地震断層への数少ない対策例として、東海道新幹線の富士川橋梁がある。

図1-6　地表地震断層による台湾石岡（Shinkang）ダムの破壊（1999年台湾集集地震）

図 1-7　地表地震断層による橋桁の落下（1999 年トルコ・コジャエリ地震、アリフィエ）

富士川の河口付近右岸側には入山瀬断層が存在する。東海地震に連動してこの断層が動いた場合、新幹線の富士川橋梁に与える影響の検討結果を踏まえて、図1-8 に示すように落橋防止のため桁座を拡幅するとともに、損傷を受けると考えられるトラス部材および沓の予備材を作製して橋梁近くの備蓄用倉庫に保管している。

　将来地表に出現する地震断層に対して社会基盤施設をいかに守るかは重要な課題である。断層変位が数 m に達する場合には、これに耐え得る構造物を設計、建設することは一般に難しいが、断層変位が数 10cm 程度に留まるのであれば、断層変位に耐え得る構造物を建設することは可能である。大径間の橋梁の耐震設計では、断層変位の影響が考慮されている例もある。

(a) 落橋防止のための桁座の拡幅　　　　　　　(b) 構造部材の備蓄用倉庫

図 1-8　東海道新幹線の地表地震断層への対策

1.3　地震波動

1.3.1　地震波動の種類

　地震波動には、図1-9 に示すように P 波（Primary Wave）と S 波（Secondary Wave）の実体波、およびレーリー波（Rayleigh Wave）とラブ波（Love Wave）などの表面波がある。P 波、S 波は震源より直接地殻中や地盤中を伝播して地表に到達する。P 波の伝播速度は S 波のそれよりも大きく、地震波動のうち最初に到達するので Primary wave と呼ばれる。P 波に

よる揺れを初期微動と呼んでおり、一般に上下振動として観測されることが多い。

S波はP波に遅れて2番目に到達する地震波で、P波に比べて大きな横揺れとなるために主要動と呼ばれ、通常の建物や土木構造物を振動させて被害を惹き起こす要因となる。S波の振動成分は一般に1秒以下の比較的短周期成分が多く含まれており、この周期帯の振動成分が原子炉建屋や機器配管系の固有周期に近く、これらの構造物と施設を振動させる要因となる。このため、原子力施設の耐震設計はこのS波を対象とするのが一般的である。

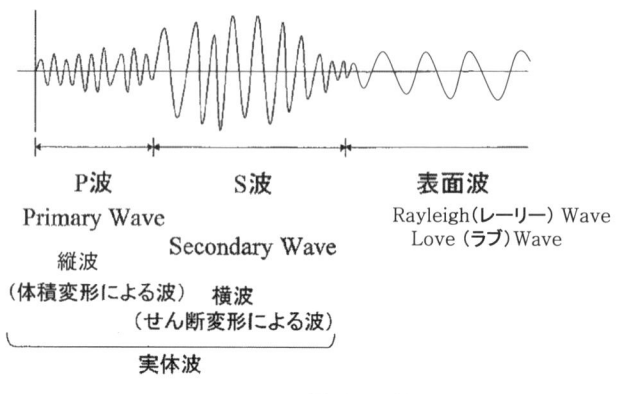

図 1-9　地震波の種類

レーリー波やラブ波は一般に数秒の卓越周期を有しており、数kmの深さの地盤の堆積構造によって増幅される。2011年東北地方太平洋沖地震により首都圏の高層ビルが大きく揺れたのは、このような長周期地震動による。また、大型タンク内の原油や重油などを大きく揺らす原因ともなる。2003年の十勝沖地震では、苫小牧市にあった2基の大型タンク内で原油とナフサがスロッシング振動を起こして火災が発生した。また、原子力施設関連では、2007年新潟県中越沖地震において柏崎刈羽原子力発電所の使用済燃料保管プールの冷却水がスロッシング振動を生じ、プールより冷却水が溢出してその一部が管理区域外に流出した。

1.3.2　S波の伝播

S波の伝播速度v_sは以下のように表される（Appendix 1 参照）。

$$v_s = \sqrt{\frac{G}{\rho}} \tag{1.1}$$

ここで、ρは地盤の密度、Gはせん断弾性係数を表す。S波速度v_sは軟弱な埋立地盤などでは小さく、沖積層、洪積層、第三紀層、岩盤の順に硬質化するにつれて大きくなる。ちなみに、埋立地盤や沖積層ではS波速度は100～200m/s、洪積層では200m/s以上となることが多い。

図1-10に示すように、S波が鉛直方向（図のz軸方向）に伝播している場合の地盤変位$U(t, z)$は次式で表される（Appendix 1 参照）。

$$\frac{\partial^2 U}{\partial t^2} - v_s^2 \frac{\partial^2 U}{\partial z^2} = 0 \tag{1.2}$$

地盤変位 $U(t, z)$ は時間 t と地盤中の位置を表す z の関数となる。式(1.2)は一次元の S 波の波動方程式と呼ばれている。

式(1.2)を満足する一般的な解は下式で与えられる。

$$U(t,z) = U_1(t,z) + U_2(t,z) \tag{1.3}$$

$$U_1(t,z) = F(t - \frac{z}{v_s}) \tag{1.4}$$

$$U_2(t,z) = D(t + \frac{z}{v_s}) \tag{1.5}$$

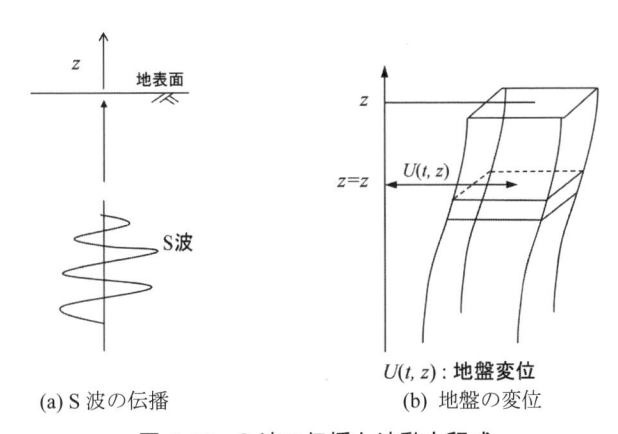

(a) S 波の伝播　　(b) 地盤の変位

図 1-10　S 波の伝播と波動方程式

ここで、式(1.4)、式(1.5)で示す 2 つの解は、それぞれ**図 1-11** に示すように、z 軸を正および負の方向に伝播する波動を表す。式(1.4)で表される波動を z の正の方向（上方）に伝播するので進行波（上昇波）、式(1.5)で表される波動を z の負の方向（下方）に伝播するので退行波（下降波）と呼ぶ。

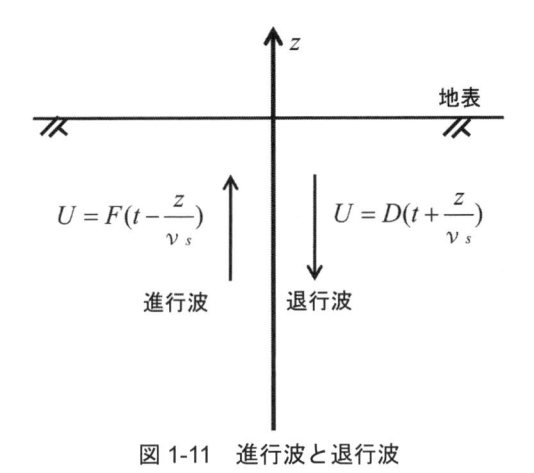

図 1-11　進行波と退行波

1.3.3 S 波の反射と透過

波動が伝播する物体を一般に"媒体"と呼ぶ。媒体の物性すなわちせん断弾性係数と密度が異なる 2 つの媒体の境界に鉛直下方から S 波が入射した場合の境界面での波動の反射と透過を考える（図 1-12）。

境界面（$z=0$）に、z 軸の正方向に向かって媒体 I を伝播する入射波 F_I は、

$$F_I(t - \frac{z}{v_{s1}}) \tag{1.6}$$

と表すことができる。v_{s1} は媒体 I での S 波の伝播速度である。

境界面を透過し、媒体 II を z 軸の正の方向に伝播する透過波 F_{II} を、

$$F_{II}(t - \frac{z}{v_{s2}}) \tag{1.7}$$

とする。v_{s2} は媒体 II の S 波速度である。

同じ境界面で反射し、媒体 I を z 軸の負の方向に伝播する反射波 D_I を、

$$D_I(t + \frac{z}{v_{s1}}) \tag{1.8}$$

とする。境界面で、媒体 I、II の変位が等しく、かつ、せん断応力が等しいことを考慮すれば、透過波 $F_{II}(t)$ と反射波 D_I は下記のように求まる。

$$F_{II}(t) = \frac{2}{1+\kappa} \cdot F_I(t) \tag{1.9}$$

$$D_I(t) = \frac{1-\kappa}{1+\kappa} \cdot F_I(t) \tag{1.10}$$

$$\kappa = \frac{G_2 v_{s1}}{G_1 v_{s2}} \tag{1.11}$$

上式で、κ（カッパ）は境界面のインピーダンス比で、$2/(1+\kappa)$、$(1-\kappa)/(1+\kappa)$ は、それぞれ透過係数、反射係数と呼ばれる。

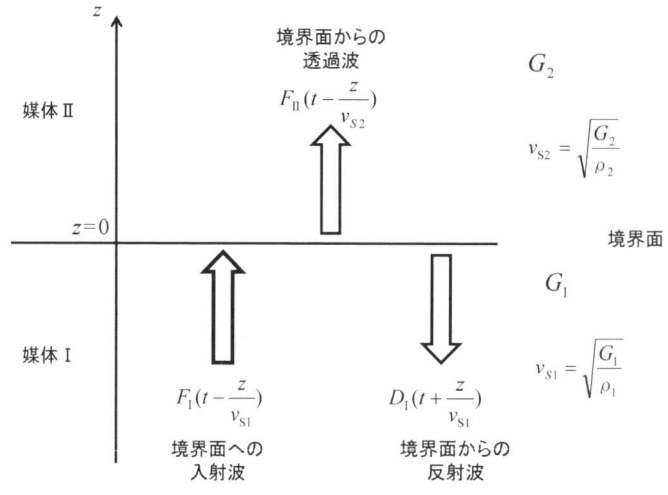

図 1-12 境界面における S 波の反射と透過

1.4 表層地盤の地震応答

1.4.1 基盤および解放基盤表面の地震動

　一般の表層地盤は、**図 1-13** の左に示すように、せん断弾性係数と密度の異なる複数の層で構成されている。鉛直下方より入力してきた地震波は、これらの境界で反射と透過を繰り返すことになる。各境界面で反射波および透過波を時々刻々と求めて重ね合わせることで、地表をはじめ地盤の任意の箇所の応答（応力、変位、加速度など）を算定することができる。この方法は、一般に「重複反射理論」と呼ばれている。実務設計において一般に用いられているコンピュータソフト「SHAKE」は、この理論を用いて地盤の応答を求めるものである。

　図 1-13 の右に示すように、表層地盤が存在せず基盤の岩盤が地表に露頭している場合を考える。基盤を鉛直方向上方に伝播する入射波を $F_1(t)$ とすれば、露頭岩盤表面からの反射波 D_1 は、インピーダンス比 κ が 0 となるため式(1.10)より、

$$D_1(t) = F_1(t) \tag{1.12}$$

となる。すなわち、入射波と同一の波が露頭岩盤表面より下方に反射して行くことになり、露頭岩盤表面での変位 $U_s(t)$ は、

$$\begin{aligned}U_s(t) &= D_1(t) + F_1(t) \\ &= 2F_1(t)\end{aligned} \tag{1.13}$$

となる。入射波の 2 倍が露頭岩盤表面の揺れとなる。

　原子力施設の耐震設計では、以下の 2 つの定義の地震動を規定することが多い。ひとつは露頭岩盤表面相当での地震動を規定するもので、表層地盤の影響を取り除き、仮想の基盤面を設定している。その基盤面を「解放基盤表面」と呼び、表面が平坦で地表面上に構造物が存在しない状態を想定し、V_s=700m/s 以上の基盤表面として定義される。入射地震動（一般に $E(t)$ と呼ばれている）の 2 倍で $2E$ と表現している。基準地震動は、解放基盤表面

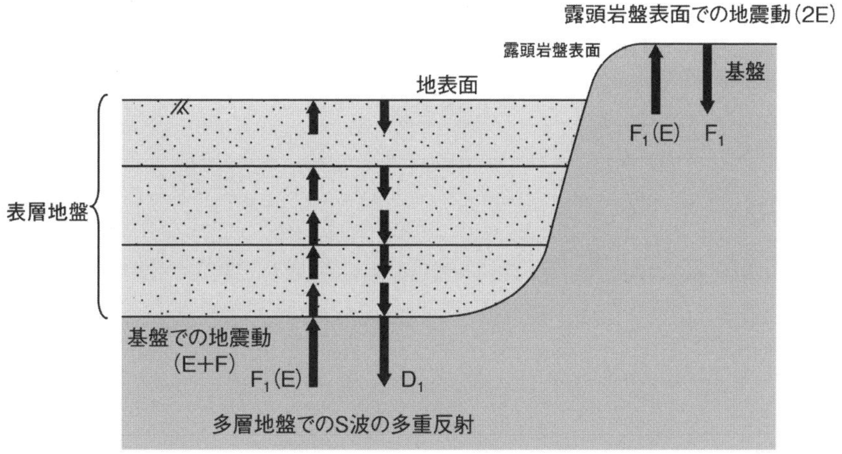

図 1-13　地盤の地震動と露頭岩盤表面での地震動

における地震動として策定される。

　他のひとつは、表層地盤が上部に存在するという条件で基盤の揺れそのものを規定するもので、地盤の地震動は入射波 F_1 と基盤を下降する波動 D_1 の和（$E+F$）となる。D_1 は、表層地盤の各境界で反射または透過して最終的に基盤中を鉛直下方に伝播する振動である。

1.4.2　表層地盤の地震動

　図 1-14 に東京湾の埋立地の地震観測地点の地盤構造（図(a)）と 2011 年東北地方太平洋沖地震において観測された水平方向の加速度記録（図(b)）、およびフーリエスペクトル（図(c)）を示す。図(a)に示すように、この観測地点の地盤は、地表面下−18.7m までは埋立土砂、それ以下−47.9m までは砂層と粘土層の互層（一部礫層を含む）で構成されてい

(a) 地盤構造　　　(b) 加速度記録

(c) フーリエスペクトル

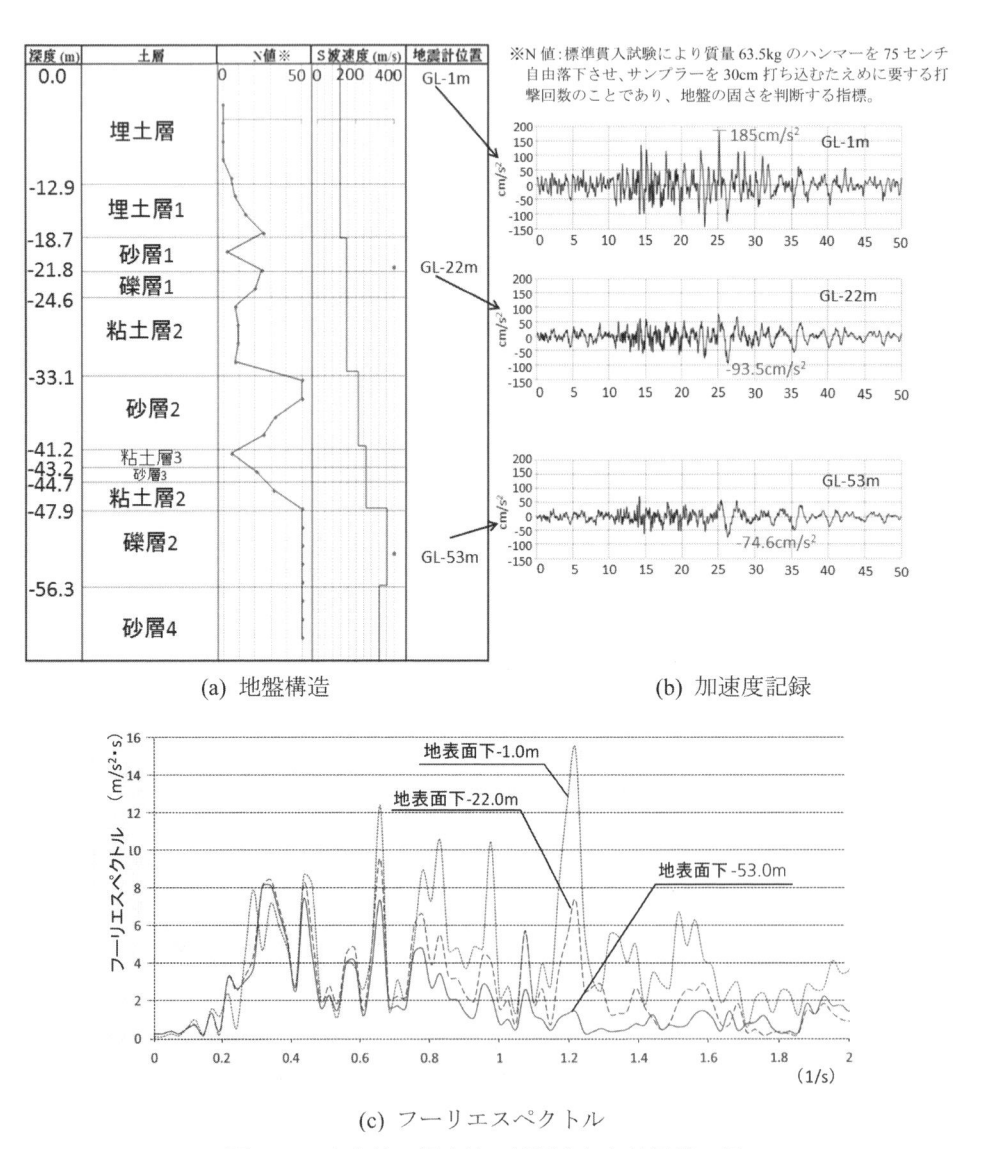

図 1-14　東京湾の埋立地で観測された地震動の例

る。−47.9m 以深は、N 値が 50 以上の安定した礫層（東京礫層）で基盤と見なすことができる。基盤から上の表層地盤のS波速度は 120～220m/s である。

地震動は、基盤である東京礫層の深度−53m、表層地盤中の深度−22m および地表面（深度−1.0m）に設置した地震計で観測された。図(b)に示すように、地表面の加速度は地中の 2 点での加速度に比較して大きく、地震動が増幅されていることが分かる。最大加速度は深度−53m での約 75cm/s^2 から地表面下−1m での 185cm/s^2 へと大きく増大している。図(c)に示す加速度記録のフーリエスペクトルによれば、0.8～1.6Hz の振動数領域において地震動が増幅されていることが分かる。特に 1.2Hz 付近のピークは顕著で、この振動数が表層地盤の固有振動数（固有周期の逆数）と考えられる。以上のことから地震動は表層地盤により増幅と特定の周期成分の卓越との影響を受けることが分かる。

一般の表層地盤は S 波速度の異なる複数の層によって構成されている。このような場合の表層地盤の固有周期を概略算定する方法として下記の式が簡略的に用いられている。

$$\bar{v}_s = \sum_{i=1}^{n} v_{si} H_i / \sum_{i=1}^{n} H_i$$

$$T_G = 4H_i / \bar{v}_s \tag{1.14}$$

上式で T_G は表層地盤の固有周期、$\bar{v}_s$ は各土層のせん断波速度 v_i に層の厚さ H_i の重みをつけた表層地盤全体の平均せん断波速度を示す（第Ⅱ編第 2 章の図 2-9(a)参照）。

1.5 津波

1.5.1 津波発生のメカニズムと伝播

海域を震源として大きな地震が発生すると、断層運動による地殻の変動が海底面に到達し、海底が隆起あるいは沈降する場合がある。海底地形の上下変動により、その上にある海水も上下し、これによって海面が上昇または下降することが津波発生の原因である。地震以外にも、陸上および海底の地すべり、海底火山の噴火、海底の崖の崩壊および隕石の衝突などによっても津波は発生する。

上昇あるいは下降した海面の変動は、図 1-15 のように津波として周囲に伝播していく。津波は、海水を伝わる波動の中では波高に比べて 1 つの波の長さ（波長）が長い「長波」に区分され、その水平方向の伝播速度 V は下記のように表される。

$$V = \sqrt{gh} \tag{1.15}$$

上式で、h は津波が伝播する海域の水深(m)、g は重力加速度（9.8m/s^2）である。式(1.15)によれば、水深が深いほど津波の伝播速度は大きくなる。ちなみに水深 5,000m の海域では 221m/s、100m では 30m/s となる。海岸線近くの水深 10m 程度では約 10m/s となり、陸上競技の 100m 競争の選手並みの速度で、一般の人が走って津波から逃げることは難しい。水深が大きい海域では伝播速度が大きいため、波長も長くなる。このため、船舶に乗っていると、広い領域の海面がゆっくりと上下するだけで、目視では津波の襲来に気づかないことがある。近年では海面の上昇・下降を GPS で検知する観測システムが開発され、わが国の

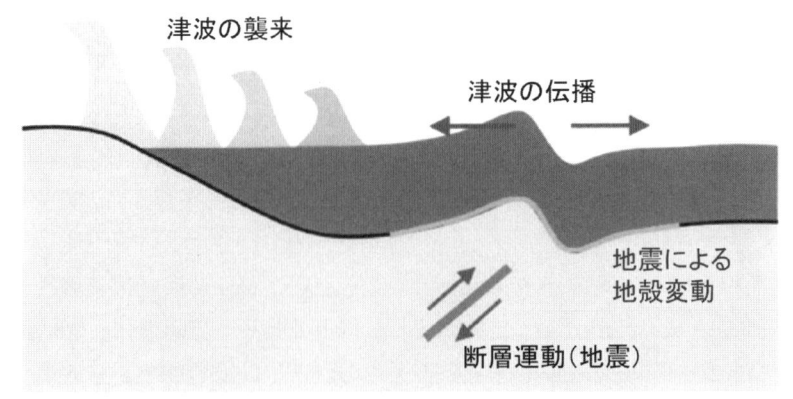

図 1-15　津波発生のメカニズム[2]

複数の海域に既に配備されている。これらの機器によって高い精度で海面の上昇・下降を時々刻々と把握することが可能となった。これらの情報は津波避難警報の発信に活用されている。

津波は水深が浅いほど伝播速度が減少することから、津波の波長は水深が浅いほど減少する。すなわち、最初の津波による海面の峰の部分と後続して来る海面の峰の部分の間隔が、水深が浅くなることにより狭まり、後続の津波と先行した津波との距離が縮まってくる。このため、水深が浅くなるにつれいくつかの津波の峰が重なったような状態となり、海岸線では高さを増した津波が出現することになる。水深の深い所では目視で認識できなかった海面の上昇が、海岸線近くでははっきりと認識されることになる。このことが「津波」と呼ばれるゆえんである。日本語における「津波」の語源は、沖合では被害が出なくても津（＝港）で大きな被害が出ることからきている。「津波（TSUNAMI）」は国際的に共通な用語として用いられている。

津波の海域における伝播状況を解析するための数値シミュレーション手法が開発されており、海底下での断層運動による海底面の上昇・下降量が設定されれば、津波の伝播解析によって各地の海岸線までの到達時間と海岸線における海面の上昇・下降高さを解析することができる。

津波の高さは海岸付近の地形によって大きく変化する。図1-16(a)に示す岬の突端とその周辺地域においても津波の高さが増幅される。これは岬付近の水深の変化によって津波が屈折し、岬付近の海岸に集中することによる。図1-16(b)に示すV字型の湾では湾奥ほど波が集中し、海面の上昇が大きくなる。古くから三陸地方のリアス式海岸が大規模な津波に襲われてきたのはこのためである。

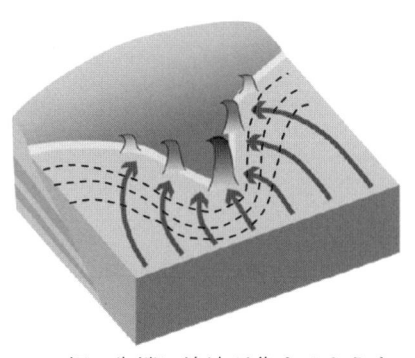

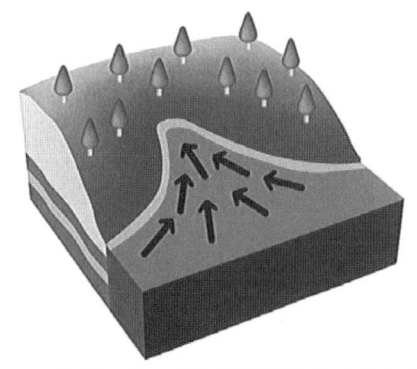

(a) 岬の先端に津波が集まるようす　　(b) V字型の湾の奥に津波が集まるようす

図 1-16　海岸地形による津波の増幅[2]

1.5.2　津波の諸特性

　津波の高さを示す量は複数ある。**図 1-17** に示すように海岸線における平常潮位からの上昇高、これを一般的に「津波の高さ」と呼んでいる。津波がいったん上陸すると内陸部に遡上していく。津波が遡上した最高地点と平常潮位の標高差を「遡上高」、建物などに残った津波の痕跡と平常潮位の標高差を「痕跡高」と呼んでいる。また、津波の遡上によって陸上部一帯が浸水する。建物内外の浸水の痕跡を測定し、最大浸水標高と平常潮位との標高差を「浸水高」と呼んでいる。

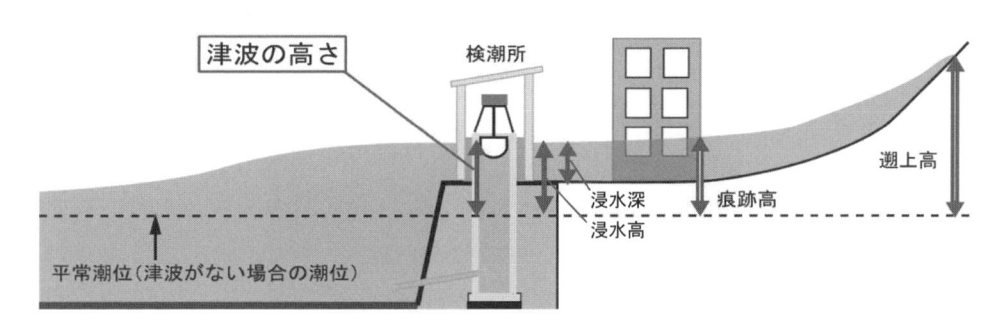

図 1-17　津波の高さの定義[2] に加筆

　津波による水の粒子の運動は一般の海の波とは異なる。**図 1-18(a)** に示すように、一般の海の波では海面近くの水の粒子が運動しており、水深が大きい位置では水粒子の運動は次第に減少していく。海が荒れて波浪が発生しているときでも、海中に深く潜れば静穏になる。これは深部の水粒子が運動していないことを示している。これに対して津波では、**図 1-18(b)** に示すように海面から海底までの水粒子がほぼ均等に運動している。波浪と津波のこのような水粒子の運動の差が、構造物に作用する波力の大きさの差になって現れる。津波では海底までの水粒子が運動し、これが津波防波堤などに対する波力として作用するが、波浪の場合は海面近くのみに水粒子の運動による外力が作用する。

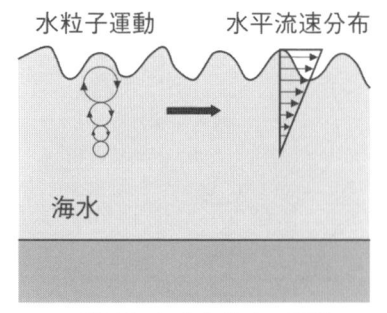

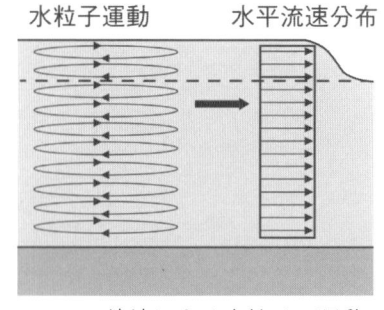

(a) 波浪による水粒子の運動　　　(b) 津波による水粒子の運動

図 1-18　波浪（左）と津波（右）による水粒子の運動 [2), 3)]

　図 1-19 は、2011 年東北地方太平洋沖地震の津波によって倒壊した釜石港湾口防波堤の状況を示す。この防波堤は 1978 年以来、総工費 1,200 億円の国費を投入して建設されたもので、津波防波堤の建設地点の最大水深は約 60m で下部約 30m は砕石によるマウンドで構築されていた。上部は高さ約 30m のコンクリートケーソンで、重量増加のため砕石で中詰めされていた。5.6m の津波波高に対応する構造を有していたが、それを超える津波が襲来したことにより、図 1-20 に示すようにケーソン下の捨石マウンドが洗掘されて倒壊した。しかしながら、港湾空港技術研究所は、津波による市街地の浸水を 6 分遅らせたほか、沿岸部の津波高を（推定）13m から（実測）7～9m に低減させたという効果を試算している。一方で防波堤を破壊した津波は市街地へと押し寄せ、市街地での浸水や建物の倒壊・流出など甚大な被害が発生した。

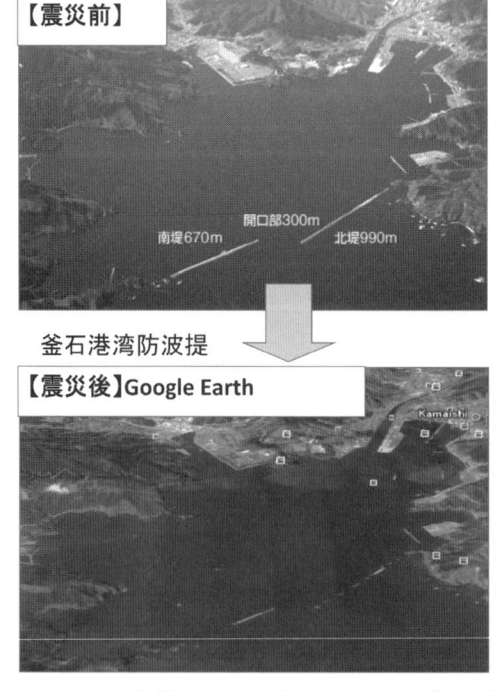

図 1-19　東日本大震災による釜石港湾口防波堤の崩壊 [4)]

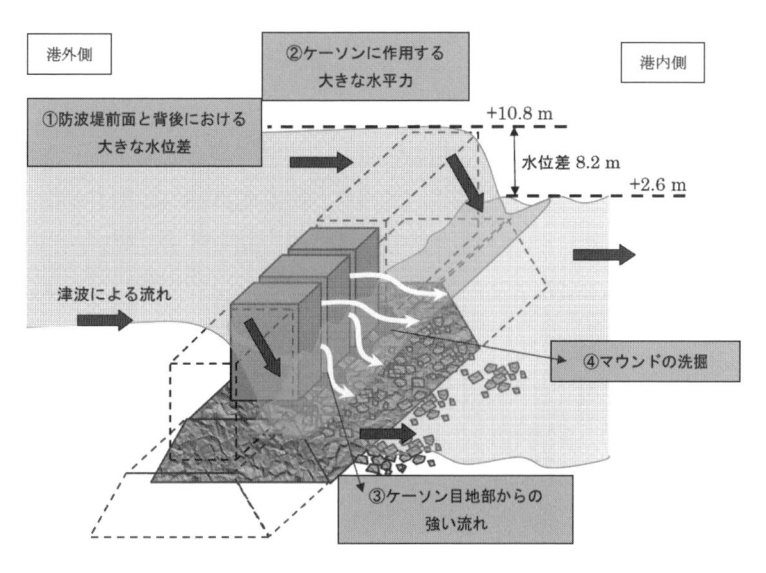

図 1-20　釜石港湾口防波堤の構造と倒壊した要因[5]

　このような被害を受けて、国土交通省「交通政策審議会港湾分科会防災部会」では、港湾における地震・津波対策のあり方として、設計津波高を超える津波に対しても、防波堤が変形しつつも倒壊しない「粘り強い構造」を今後の防波堤に求めている。
　防波堤などに作用する津波による波力の研究は1960年代から行われてきており、多くの研究機関によって進められている。その多くは津波発生水槽や遠心載荷場での水槽を用いた模型実験であり、津波による外力の特性が次第に解明されつつある。東日本大震災では、**図 1-21** に示すように、津波の波力を受け大きく損傷したものの倒壊せずに残った構造物も数多く存在する。これらの構造物の損傷度合いを逆解析することにより波力を推定することが可能である。より信頼度の高い波力評価法を構築するため、模型実験による知見と実

図 1-21　津波による構造物の損傷（東日本大震災、仙台市南浦生下水処理場）

構造物の被害による波力の検証を併せることにより、津波による波力の解明を進めていく必要がある。

　陸上に遡上した津波の挙動に関する数値シミュレーション技術も近年目覚ましく進展してきた。遡上した津波が陸上部をどのような高さ、速度で遡上するかという解析も可能であり、また遡上した津波が構造物に衝突した場合の波力の評価も可能となってきている。このような数値シミュレーション技術により、避難用の建物や盛土をどこにどのような規模で建設すれば、より多くの人命を護ることができるかなどが把握可能となり、津波に強いまちづくりに寄与すると考えられる。

＜Appendix 1＞　S 波の伝播と S 波速度

本文の式(1.1)で示した S 波速度 v_s および式(1.3)の波動方程式の導入について以下に補足する。

図 A1-1 に示す土柱の微小切片の力の釣合は、

$$(\tau + \frac{\partial \tau}{\partial z} dz) A - \tau A - \rho A \cdot dz \cdot \frac{\partial^2 U}{\partial t^2} = 0 \tag{A1.1}$$

と求まる。ここで $U(t, z)$ は波動伝播による地盤の水平変位で、時間 t、鉛直方向の座標 z の関数である。A、dz は微小切片の面積と厚さ、ρ は地盤の密度である。τ は微小切片に作用しているせん断力であり、地盤のせん断ひずみ $\partial U/\partial z$ を用いて、

$$\tau = G \cdot \frac{\partial U}{\partial z} \tag{A1.2}$$

と表される。G は地盤のせん断弾性係数である。

G を一定とすれば、

$$\frac{\partial^2 U}{\partial t^2} - v_s \frac{\partial^2 U}{\partial z^2} = 0 \tag{A1.3}$$

が求まる。ここで v_s は、

$$v_s = \sqrt{\frac{G}{\rho}} \tag{A1.4}$$

となり、波動の伝播速度を表す。

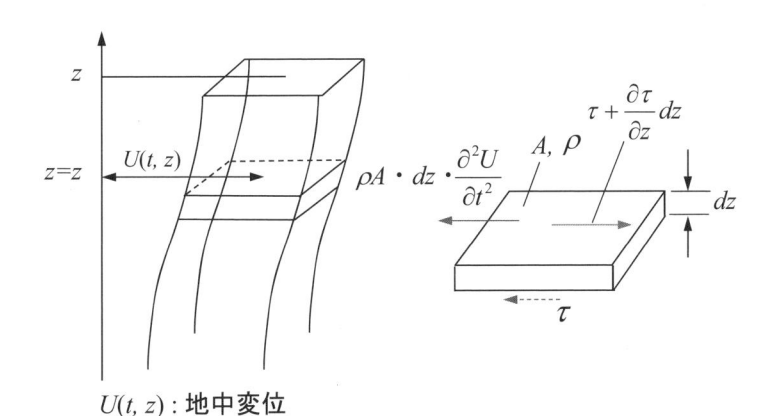

図 A1-1　微小切片における力の釣合

参考文献

1) 「地震の発生メカニズムを探る」文部科学省、2004 年
2) 気象庁ホームページ
3) 「電気評論」2005 年 6 月号、電気評論社
4) 国土交通省釜石港湾事務所ホームページ
5) 「東北地方太平洋沖地震津波による釜石港津波防波堤の被災要因の検討 別紙 3（H23.4.1）」港湾空港技術研究所、2011 年
6) 「地盤耐震工学」濱田政則、丸善出版、2013 年

第 2 章　構造物と地盤の動的応答解析

　本章では、構造物と地盤の動的応答解析（「地震応答解析」ともいう）の手法を概説する。表層地盤と建物を例にとり、1 質点系および多質点系へのモデル化の手法、および調和波とランダムな地震動に対する質点系の動的応答の解析手法を述べる。調和波に対する応答では、「共振」の概念とともに、共振曲線と位相曲線を説明し、構造物の固有周期と入力調和波の周期との関係、さらに応答に及ぼす減衰の影響について述べる。多質点系モデルによる解析では固有振動数と固有振動モードの算定方法および固有振動モード間の直交性について述べる。

　ランダムな地震動に対する多質点系の応答解析手法として、直接積分法とモード解析法を説明する。

　本章の Appendix 1 では、原子力施設の静的および動的解析で広く用いられている有限要素法（FEM）の考え方を示す。

2.1　1 質点系の応答

2.1.1　1 質点系によるモデル化

　せん断弾性係数および密度が一様な表層地盤や 1 階建ての建物は 1 つの質量とばねによる 1 質点系にモデル化することができる。質量は地盤や建物全体にわたって分布しているが、例えば図 2-1(a)に示す質量は表層地盤の全質量 $HA\rho$ の 1/2 として $1/2HA\rho$ と近似することができる。ここで A はモデル化する土柱の断面積を、H は土柱の高さ、ρ は土の密度を示す。表層地盤のせん断剛性を G とすれば質点系のせん断ばねは GA/H と示される。1 階建ての建物も同様に屋根、壁、柱などの質量の相当分を質点の質量 m とする。水平剛性 k は建物の壁、柱などの剛性から求められる。図中の $y(t)$ は基盤あるいは建物の基礎に作用する地震動の変位である。

　地盤や建物の振動には減衰が伴う。地盤や建物を自由振動させた場合、時間の経過とともに振動が小さくなり最終的には振動が止まるのは減衰によるものである。この減衰の要因はいまだ完全には解明されていないが、便宜的に、図 2-1(c)に示すダッシュポット（減衰器）を用いることで実現象をよく模擬できることが知られている。ダッシュポットの係数 c は減衰係数と呼ばれ、質点の基礎に対する相対速度に比例する力が運動の逆方向に作用することで振動が抑えられる。力の釣り合い条件により、質点系に作用する慣性力 $-m[\ddot{x}(t)+\ddot{y}(t)]$、減衰力 $-c\dot{x}(t)$、復元力 $-kx(t)$ の総和を 0 として、下記の 1 質点系の振動方程式が得られる。$\ddot{y}(t)$ は、基盤あるいは建物に入力する地震動の加速度である。

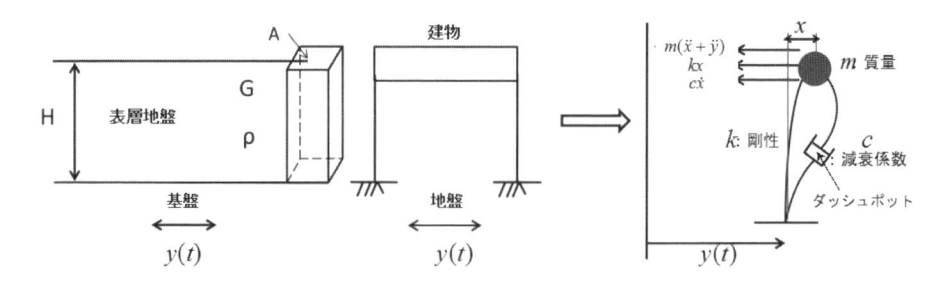

(a) 表層地盤　　　　　(b) 1階建ての建物　　　(c) 1質点系へのモデル化

図 2-1　表層地盤と1階建て建物の1質点系によるモデル化

$$m\ddot{x}(t) + c\dot{x}(t) + kx(t) = -m\ddot{y}(t) \tag{2.1}$$

上式を変形して、

$$\ddot{x}(t) + 2\omega_0 h \dot{x}(t) + \omega_0^2 x(t) = -\ddot{y}(t) \tag{2.2}$$

ここで、ω_0 は1質点系の固有円振動数、h は減衰定数と呼ばれ、それぞれ以下のように表される。

$$\omega_0 = \sqrt{\frac{k}{m}} \tag{2.3}$$

$$h = \frac{1}{2}\frac{c}{\sqrt{mk}} \tag{2.4}$$

2.1.2　1質点系の自由振動

式(2.2)の右辺の $\ddot{y}(t)$ が0の場合、すなわち基盤あるいは建物基礎に地震動が入力しない自由振動を考える。解として $x(t)=Ae^{\lambda t}$ の形を仮定して代入すれば λ は、

$$\lambda_1, \lambda_2 = \omega_0(-h \pm i\sqrt{1-h^2}) \tag{2.5}$$

となり、λ_1、λ_2 に対応する解の和として $h<1.0$ の条件では次式が得られる。i は虚数単位 $\sqrt{-1}$ である。

$$x(t) = e^{-h\omega_0 t}(A_1 \cos\sqrt{1-h^2}\,\omega_0 t + B_1 \sin\sqrt{1-h^2}\,\omega_0 t) \tag{2.6}$$

上式に含まれる未定係数 A_1、B_1 は、いずれも自由振動開始時の初期条件により決まる。例えば、初期の変位と速度が下記のように与えられれば、

$$t=0 \text{ で}\quad x(0)=x_0,\quad \dot{x}(0)=0 \tag{2.7}$$

質点の減衰自由振動は以下のように表される。

$$x(t) = x_0 e^{-h\omega_0 t}\left(\cos\sqrt{1-h^2}\,\omega_0 t + \frac{h}{\sqrt{1-h^2}}\sin\sqrt{1-h^2}\,\omega_0 t\right) \tag{2.8}$$

上記の1質点系の応答は、**図 2-2** に示すように初期変位が x_0 で揺れが指数関数で除々に

$$T_0 = \frac{2\pi}{\omega_0\sqrt{1-h^2}} \quad, \omega_0 = \sqrt{\frac{k}{m}}$$

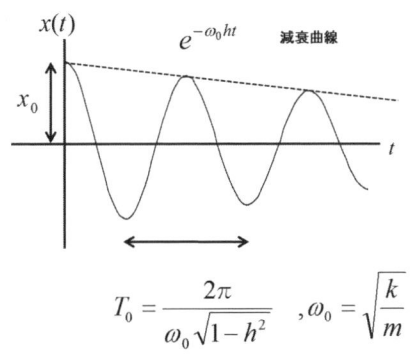

図2-2　1質点系の減衰自由振動

減少する。これを1質点系の減衰自由振動と呼ぶ。減衰定数 h が大きいほど振動の減衰する度合いが高くなる。

2.1.3　1質点減衰系の調和波に対する定常応答

式(2.2)の右辺の加速度 $\ddot{y}(t)$ として円振動数 ω、加速度振幅 α_0 の周期的な振動（調和波）を考える。

$$\ddot{y}(t) = \alpha_0 \cdot e^{i\omega t} \tag{2.9}$$

式(2.2)の解として下記を代入する。

$$x(t) = C \cdot e^{i\omega t} \tag{2.10}$$

$\ddot{y}(t)$ が作用する場合の応答は、初期条件による自由振動と、外乱による特解との和になるが、自由振動は減衰により時間とともに消滅するため、ここでは自由振動が消滅した後の定常応答を求める。式(2.9)、式(2.10)を式(2.2)に代入することにより、

$$C = \frac{\alpha_0}{\omega^2 - \omega_0^2 - 2\omega\omega_0 hi} \tag{2.11}$$

が得られる。したがって1質点系の変位応答 $x(t)$ と加速度応答 $\ddot{x}(t)$ は、

$$x(t) = \frac{\alpha_0}{\omega^2 - \omega_0^2 - 2\omega\omega_0 hi} e^{i\omega t} \tag{2.12}$$

$$\ddot{x}(t) = \frac{-\omega^2}{\omega^2 - \omega_0^2 - 2\omega\omega_0 hi} \alpha_0 e^{i\omega t} \tag{2.13}$$

となる。さらに、式(2.13)を整理すると、

$$\ddot{x}(t) = \frac{\left(\dfrac{\omega}{\omega_0}\right)^2}{\sqrt{\left\{1-\left(\dfrac{\omega}{\omega_0}\right)^2\right\}^2 + 4\left(\dfrac{\omega}{\omega_0}\right)^2 h^2}} \alpha_0 e^{i(\omega t - \varphi)} \tag{2.14}$$

が求まる。上式で右辺の係数は応答の加速度振幅を示し、φ は入力加速度に対する応答加

速度の位相遅れを表し、

$$\tan\varphi = \frac{2\left(\dfrac{\omega}{\omega_0}\right)h}{1-\left(\dfrac{\omega}{\omega_0}\right)^2} \tag{2.15}$$

と求まる。式(2.14)より得られる $\ddot{x}/\alpha_0$ と式(2.15)より得られる φ を ω/ω_0 に対して示すと、図 2-3 が得られる。

図 2-3(a)は、共振曲線と呼ばれる。入力の円振動数 ω の値が 1 質点の固有周期 ω_0 の値に近づくと、応答加速度の振幅が増大する。増大の度合いは減衰定数 h により変化する。減衰定数が 0 の場合には、ω と ω_0 が等しくなる共振時の応答は無限大に発散する。図 2-3(b)は、入力加速度に対する応答加速度の位相の遅れを示したもので、位相曲線と呼ばれる。入力加速度の円振動数 ω が、1 質点の固有周期 ω_0 に一致した場合の位相角もしくは位相 φ は 90° となる。

振動台あるいは起振機を用いた定常調和加振により共振曲線と位相曲線を得られれば、構造物や機器の固有周期、減衰定数を同定することができる。

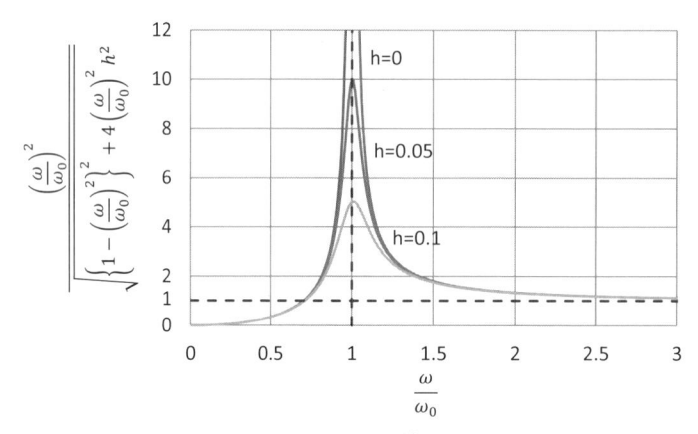

(a) 共振曲線

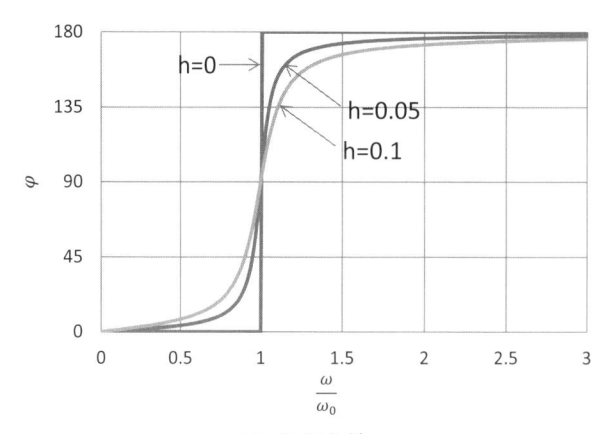

(b) 位相曲線

図 2-3　共振曲線と位相曲線

2.1.4 応答スペクトル

1質点系にランダムな入力加速度を入力した場合の1質点系の相対変位 $x(t)$、相対速度 $\dot{x}(t)$ および絶対加速度 $\ddot{x}(t)+\ddot{y}(t)$ は、以下のように表せる。

$$x(t) = -\frac{1}{\omega_0\sqrt{1-h^2}}\int_0^t e^{-\omega_0 h(t-\tau)}\cdot \sin\omega_0\sqrt{1-h^2}(t-\tau)\cdot \ddot{y}(\tau)d\tau \tag{2.16}$$

$$\dot{x}(t) = -\int_0^t e^{-\omega_0 h(t-\tau)}\cdot \left\{\cos\omega_0\sqrt{1-h^2}(t-\tau) - \frac{h}{\sqrt{1-h^2}}\sin\omega_0\sqrt{1-h^2}(t-\tau)\right\}\ddot{y}(\tau)d\tau \tag{2.17}$$

$$\ddot{x}(t)+\ddot{y}(t) = \omega_0\frac{1-2h^2}{\sqrt{1-h^2}}\int_0^t e^{-\omega_0 h(t-\tau)}\cdot \sin\omega_0\sqrt{1-h^2}(t-\tau)\cdot \ddot{y}(\tau)d\tau \\ + 2\omega_0 h\int_0^t e^{-\omega_0 h(t-\tau)}\cos\omega_0\sqrt{1-h^2}(t-\tau)\cdot \ddot{y}(\tau)d\tau + \ddot{y}(t) \tag{2.18}$$

図2-4(a)に示すように、相対変位 $x(t)$ の最大値として時刻 t と関係なく応答の最大値をとり、これを1質点系の固有周期 T（$=2\pi/\omega_0$）に対してプロットすれば、**図2-4(b)**に示す変位応答スペクトルが求まる。

変位応答スペクトルと同様に相対速度応答 $\dot{x}(t)$、絶対加速度 $\ddot{x}(t)$ の最大値をとることにより、下記の応答スペクトルが求められる。

（相対）変位応答スペクトル　　　$S_D = |x(t)|_{max}$ (2.19)

（相対）速度応答スペクトル　　　$S_V = |\dot{x}(t)|_{max}$ (2.20)

（絶対）加速度応答スペクトル　　$S_a = |\ddot{x}(t)+\ddot{y}(t)|_{max}$ (2.21)

一般に $h \ll 1$ のため、式(2.19)、式(2.20)は以下のようになる。

$$S_D = \frac{1}{\omega_0}\left|\int_0^t e^{-\omega_0 h(t-\tau)}\cdot \sin\omega_0(t-\tau)\cdot \ddot{y}(\tau)d\tau\right|_{max} \tag{2.22}$$

(a) 1質点系の応答の最大値　　　　(b) 変位応答スペクトル

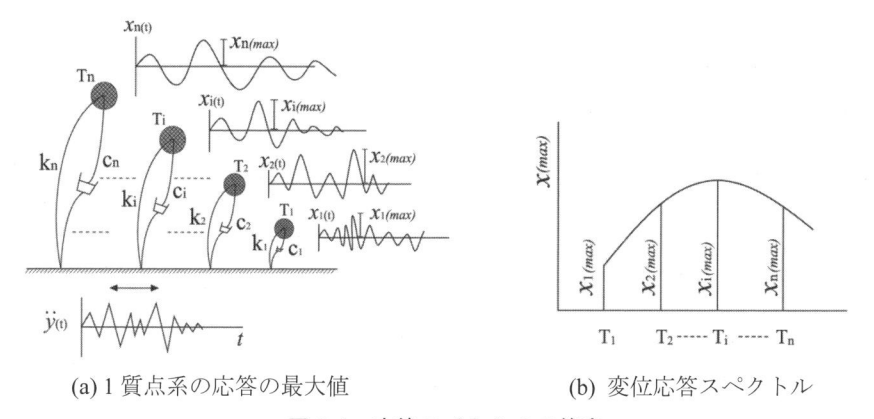

図2-4　応答スペクトルの算定

$$S_V = \left| \int_0^t e^{-\omega_0 h(t-\tau)} \cos\omega_0(t-\tau) \cdot \dot{y}(\tau) d\tau \right|_{max} \tag{2.23}$$

また、式(2.18)において $\ddot{y}(t)$ が絶対加速度の最大値に与える影響を小さいとすれば、

$$S_a = \omega_0 \left| \int_0^t e^{-\omega_0 h(t-\tau)} \cdot \sin\omega_0(t-\tau) \cdot \ddot{y}(\tau) d\tau \right|_{max} \tag{2.24}$$

となる。応答スペクトルは時刻 t に無関係に最大値のみを考慮していること、また入力 $\ddot{y}(t)$ が十分に長い継続時間を有していれば、$\sin\omega_0(t-\tau)$ および $\cos\omega_0(t-\tau)$ のいずれかを乗じることの差が最大値に与える影響は小さくなるため、

$$S_D \fallingdotseq \frac{1}{\omega_0} \cdot S_V \tag{2.25}$$

$$S_a \fallingdotseq \omega_0 \cdot S_V \tag{2.26}$$

となる。すなわち、1質点系による応答スペクトルは、変位、速度、加速度の応答スペクトルのいずれかが与えられれば他のスペクトルも求めることができる。

式(2.25)と式(2.26)の両辺の対数をとることにより下記の関係が導かれる。

$$\log S_V = \log\omega + \log S_D \tag{2.27}$$

$$\log S_V = -\log\omega + \log S_a \tag{2.28}$$

したがって、図2-5のように異なる応答スペクトルを1枚の図として表示できることになる。

いま、図2-1(c)の1質点系建物モデルに、過去に記録された地震動の代表的な例として図2-6の地震動が作用する場合を考える。モデルの固有周期と減衰定数との異なる組合せに対する応答計算による変位、速度、加速度それぞれの最大値をプロットしたものが図2-7であり、これらが応答スペクトルである。いずれの応答の最大値も減衰定数 h の大小により変動する。

図2-7の応答スペクトルは、上述したように図2-8の1枚の図で表示することができる。ランダムな時刻歴の地震動にどのような周期成分が含まれているかを分析する方法として、一般にはフーリエスペクトルが用いられているが、応答スペクトルには構造物の特性（固有周期と減衰）が反映されていることになり、耐震工学上有用なスペクトルである。

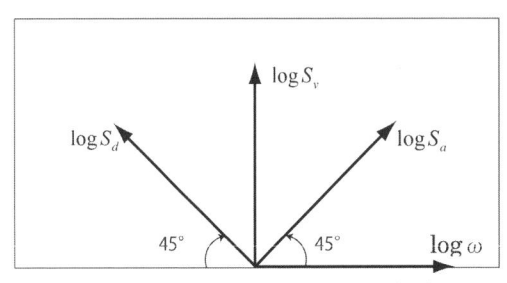

図2-5 地震応答スペクトルの4軸表示

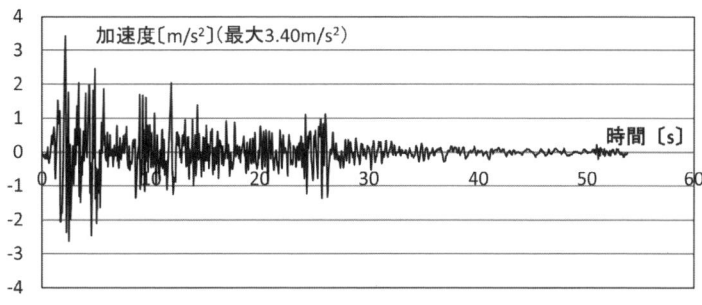

図 2-6　1940 年 Imperial Valley 地震、El Centro 記録波、NS 成分

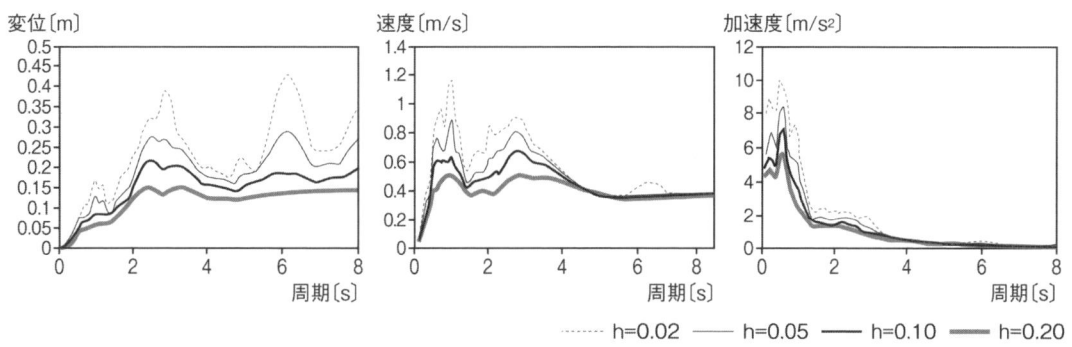

図 2-7　地震応答スペクトル（個別）

図 2-8 に示した応答スペクトルについて下記のことが注目される。
① 加速度応答スペクトルの卓越する振動数が認められる。
② 減衰定数が増大すると応答が低減するとともに、周期のわずかな変動に対して応答の変化が鈍くなる。

①の性質は超高層建築物や免震建築物の設計原理、②の性質は制振構造の原理に深く関わっている。

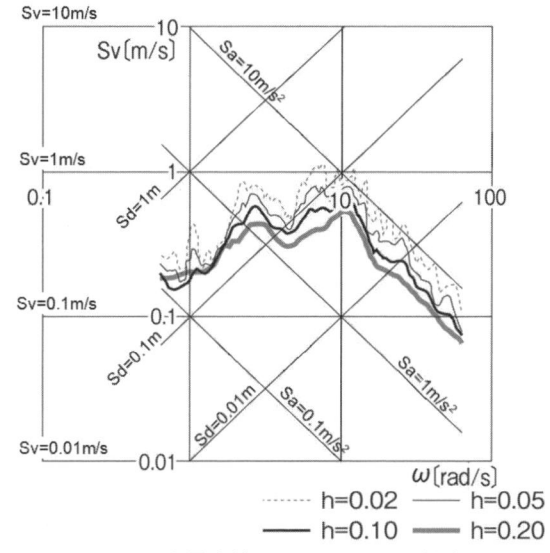

図 2-8　地震応答スペクトルの 4 軸表示

2.2 多質点系の応答

2.2.1 多質点系の振動方程式

表層地盤が、せん断弾性係数と密度が異なる多くの土層で構成されている場合や建物が複数階で建設されている場合は、図2-9に示すように多質点系モデルを用いて地震に対する応答を解析する。

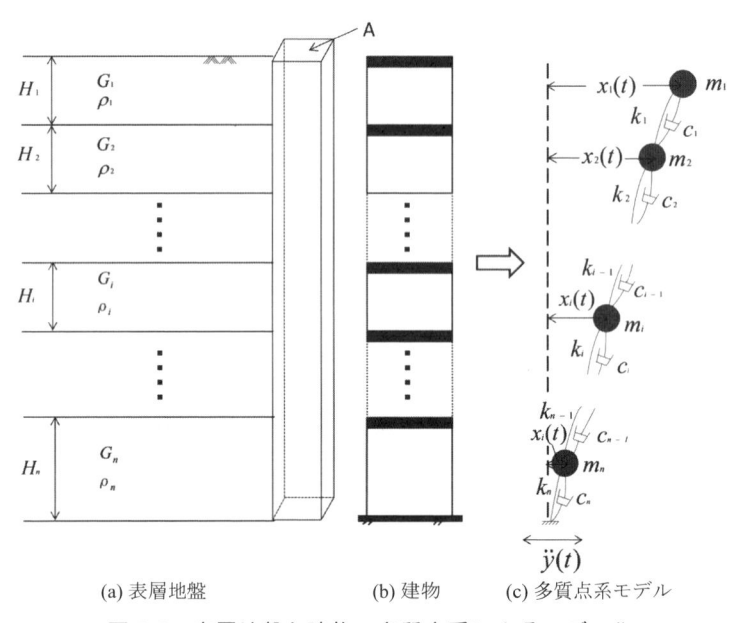

図 2-9 表層地盤と建物の多質点系によるモデル化
(a) 表層地盤　(b) 建物　(c) 多質点系モデル

多層地盤の場合には、図中のm_iは質点iの質量でi層と$i-1$層の密度より、

$$m_i = \frac{1}{2}(\rho_{i-1}H_{i-1} + \rho_i H_i)A \tag{2.29}$$

と求める。Aは土柱の面積であるが単位面積として質量m_iを求めるのが一般的である。建物の場合のm_iはi階の床、i階および$i-1$階の柱、壁などの質量をi質点に集中することにより求まる。

図中のk_iはばね定数であり、多層地盤の場合はi層のせん断弾性係数をG_i、層厚をH_iとすれば、

$$k_i = \frac{G_i A}{H_i} \tag{2.30}$$

として求めることができる。建物の場合はi階の柱、壁などの剛性にもとづいて求める。c_iはi質点と$i+1$質点の相対速度に関わる減衰係数であり、ここでは、簡易な方法として、質量m_iまたはばね定数k_iに比例するとして与える場合を示す。

図 2-10 に示すように質点iの釣合を考えると、下式が得られる。

$$-m_i\{\ddot{x}_i(t)+\ddot{y}(t)\} + c_{i-1}\{\dot{x}_{i-1}(t)-\dot{x}_i(t)\} - c_i\{\dot{x}_i(t)-\dot{x}_{i+1}(t)\} \\ + k_{i-1}\{x_{i-1}(t)-x_i(t)\} - k_i\{x_i(t)-x_{i+1}(t)\} = 0 \tag{2.31}$$

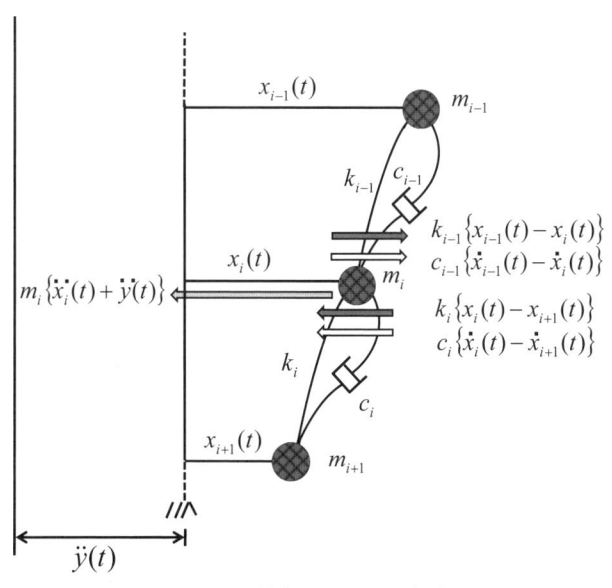

図 2-10　質点 i での力の釣合

上記の力の釣合をすべての質点について考慮して、これをマトリックスで表現すれば以下の振動方程式が求められる。

$$M \cdot \ddot{x} + C \cdot \dot{x} + K \cdot x = -M \cdot I \cdot \ddot{y}(t) \tag{2.32}$$

上式において、**M**は質量マトリックス、**C**は減衰マトリックス、**K**は剛性マトリックスおよび**x**は変位ベクトルで、これらは下記のように示される。

$$M = \begin{bmatrix} m_1 & & & & & \\ & m_2 & & & 0 & \\ & & \ddots & & & \\ & & & m_i & & \\ & 0 & & & \ddots & \\ & & & & & m_n \end{bmatrix} \quad C = \begin{bmatrix} c_1 & -c_1 & & & \\ -c_1 & c_1+c_2 & & 0 & \\ & & \ddots & & \\ & 0 & & \ddots & \\ & & & & c_{n-1}+c_n \end{bmatrix}$$

$$K = \begin{bmatrix} k_1 & -k_1 & & & \\ -k_1 & k_1+k_2 & & 0 & \\ & & \ddots & & \\ & 0 & & \ddots & \\ & & & & k_{n-1}+k_n \end{bmatrix} \quad x = \begin{Bmatrix} x_1 \\ x_2 \\ \vdots \\ \vdots \\ x_n \end{Bmatrix} \tag{2.33}$$

すべての質点が同一の入力加速度$\ddot{y}(t)$を受けるため、式(2.32)右辺のベクトル**I**は要素がすべて１の単位ベクトルとなる。

2.2.2 多質点系の非減衰自由振動

式(2.32)において減衰がなく、かつモデルの基礎への入力 $\ddot{y}(t)$ が 0 の場合の自由振動を考えれば、

$$M \cdot \ddot{x} + K \cdot x = 0 \tag{2.34}$$

を得る。ここで、

$$x = X \cdot e^{i\omega t} \tag{2.35}$$

とおく。ベクトル X は各質点が振動する形、すなわち振動モードを表す。ω はその振動モードの固有円振動数である。

式(2.35)を式(2.34)に代入すれば、

$$-\omega^2 \cdot M \cdot X + K \cdot X = 0 \tag{2.36}$$

を得る。式(2.36)は、

$$\omega^2 \cdot X = M^{-1} \cdot K \cdot X \tag{2.37}$$

となり、マトリックス $M^{-1} \cdot K$ の固有値問題となる。式(2.37)を満足する ω は n 個求まり、それに対応してベクトル X すなわち固有振動モードが以下の式(2.38)のように求められる。固有値および固有ベクトルの計算手順は複雑であるが、多くの手法が定式化されてコンピュータプログラムとして提供されているので、それらを利用することができる。

$$
\begin{array}{lll}
1 \text{ 次振動} & \omega_1 & \{X_{11},\ X_{21}\ldots\ldots\ldots X_{n1}\}^{\mathrm{T}} \\
i \text{ 次振動} & \omega_i & \{X_{1i},\ X_{2i}\ldots\ldots\ldots X_{ni}\}^{\mathrm{T}} \\
n \text{ 次振動} & \omega_n & \{X_{1n},\ X_{2n}\ldots\ldots\ldots X_{nn}\}^{\mathrm{T}}
\end{array}
\tag{2.38}
$$

上式の X_{ji} ($j=1\sim n$) は、i 次振動における j 質点のモード値を示す。なお、右のベクトルの上添え字 T は転置ベクトルを意味する。固有ベクトルは $\omega_i \neq \omega_j$、すなわち $i \neq j$ であれば下記の直交性が成り立ち、次節で解説するモード解析法においてこの性質が用いられる(直交性の説明は Appendix 1 を参照)。

$$X_j \cdot M \cdot X_i = \begin{pmatrix} 0 & (i \neq j) \\ M_i & (i = j) \end{pmatrix},\quad X_j \cdot K \cdot X_i = \begin{pmatrix} 0 & (i \neq j) \\ k_i & (i = j) \end{pmatrix} \tag{2.39}$$

2.3 地震動に対する応答

式(2.2)の右辺は地震動のような不規則な外乱に対しては、陽な形では解が得られず、数値解析により解を求める必要がある。以下では、多質点系モデルを対象として地震応答解析の手法を示す。

前述したように、地震動に対する 1 質点系の応答は式(2.1)、多質点系の応答は式(2.32)で表される。両式において $\ddot{y}(t)$ は基盤または構造物の基礎に入力する地震動の加速度である。

ランダムな加速度 $\ddot{y}(t)$ が入力した場合の質点系の応答を求める主要な方法として、

① 時間領域で積分を行う直接積分法
② 固有振動モードの直交性を用いるモード解析法
③ 周波数領域における積分による方法

がある。

2.3.1 直接積分法

直接積分法は、地盤や構造物の物性値の振動中における変化、すなわち変形と地震動の関係の非線形性や塑性を考慮できること、またコンピュータの大型化と高速化で、質点数の多い場合でも比較的容易に応答を求めることができるようになり、多くの構造物や地盤の地震応答解析に用いられている。

式(2.1)の1質点の応答解析と式(2.32)の多質点の応答解析の計算アルゴリズムは同一であるため、多質点系について説明する。

式(2.32)の右辺、地震動の基盤加速度 $\ddot{y}(t)$ は、一般に一定の時間刻み間隔 Δt ごとに与えられている。図 2-11 に示すように、時刻 $t=t_{j-1}, t_j$ において、変位のベクトル $x(t_{j-1})$、$x(t_j)$ が与えられている場合に、$t=t_{j+1}$ における変位ベクトル $x(t_{j+1})$ を予測する。時間刻みが等間隔で Δt のため、速度ベクトル $\dot{x}(t_j)$ は、

$$\dot{x}(t_j) = (x(t_{j+1}) - x(t_j))/\Delta t \tag{2.40}$$

と示される。同様に加速度のベクトル $\ddot{x}(t_j)$ は、

$$\ddot{x}(t_j) = \left(x(t_{j+1}) + x(t_{j-1}) - 2x(t_j)\right)/\Delta t^2 \tag{2.41}$$

と示される。式(2.40)、式(2.41)を式(2.32)に代入すれば、

$$\begin{aligned}M \cdot \left(x(t_{j+1}) + x(t_{j-1}) - 2x(t_j)\right)/\Delta t^2 + C \cdot (x(t_{j+1}) - x(t_j))/\Delta t \\ + K \cdot x(t_j) = -M \cdot I \cdot \ddot{y}(t_j)\end{aligned} \tag{2.42}$$

となり、$x(t_{j-1})$、$x(t_j)$ および $t=t_j$ 時刻の入力加速度 $\ddot{y}(t_j)$ が与えられれば $x(t_{j+1})$ を求めることができる。このような手順を繰り返し $x(t)$ の時刻歴を順次求めていく方法が直接積分法

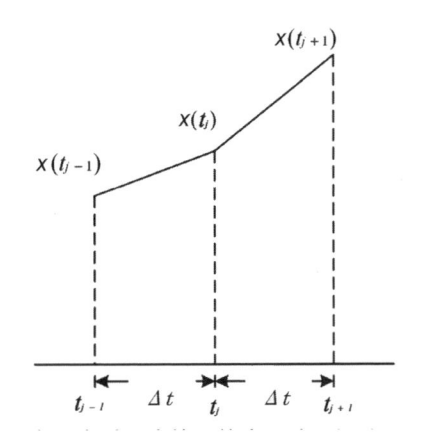

である。

速度ベクトル $\dot{x}(t_j)$ の別の表現方法として、

$$\dot{x}(t_j) = \left(x(t_j) - x(t_{j-1})\right)/\Delta t \tag{2.43}$$

あるいは、

$$\dot{x}(t_j) = \left(x(t_{j+1}) - x(t_j)\right)/2\Delta t + \left(x(t_j) - x(t_{j-1})\right)/2\Delta t \tag{2.44}$$

などがあるが、解法は同様である。いずれにしても時間刻み Δt が十分に小さいことが必要で、時間刻みが粗い場合は応答値が発散することがあるので注意を要する。

2.3.2 モード解析法

モード解析法(Modal Analysis)は、固有振動モードの直交性を利用し、多質点系による多元振動方程式を振動次数ごとの1自由度系の振動方程式に置き換え、個々の1自由度系に対する解を利用して多質点系の応答を算定する方法である。式(2.32)の解を、

$$x = \begin{bmatrix} X_1 & X_2 & \cdots & X_i & \cdots & X_n \end{bmatrix} \cdot \begin{Bmatrix} q_1(t) \\ q_2(t) \\ \vdots \\ q_i(t) \\ \vdots \\ q_n(t) \end{Bmatrix} \tag{2.45}$$

とおく。ここで X_i は i 次の振動モードベクトルである。$q_i(t)$ は i 次振動に関わる時間関数を示す。減衰マトリックス C が質量マトリックス M または剛性マトリックス K に比例するとして、式(2.45)を式(2.32)に代入して、前述の振動モードの直交性を利用すれば下式が得られる。

$$\ddot{q}_i + 2\omega_i h_i \dot{q}_i + \omega_i^2 q_i = -\frac{X_i^T \cdot M \cdot I}{X_i^T \cdot M \cdot X_i} \ddot{y}(t) \tag{2.46}$$

上式において、h_i は i 次振動に関する減衰定数であり、減衰マトリックス C が与えられれば求めることができるが、一般には、各次の固有振動の減衰特性を踏まえて各次の h_i を直接決定することが多い。式(2.46)の右辺は、各質点の質量 $m_1 \sim m_n$ を用いて、

$$-\frac{X_i^T \cdot M \cdot I}{X_i^T \cdot M \cdot X_i} \ddot{y}(t) = -\frac{\sum_{j=1}^{n} m_j X_{ji}}{\sum_{j=1}^{n} m_j X_{ji}^2} \ddot{y}(t) \tag{2.47}$$

となり、右辺の分数部分を i 次振動モードの刺激係数と呼ぶ。固有ベクトルに刺激係数を乗じたものを刺激関数と呼び、この値が大きいほど該当する振動モードの振動全体への寄与の割合が大きくなる。式(2.46)は式(2.2)に示した1質点系の動的応答の式と同じ形であり、入力地震動 $\ddot{y}(t)$ が与えられれば $q_i(t)$ の時刻歴を求めることができ、これを式(2.45)に代入すれば応答変位の時刻歴ベクトル $x(t)$ を算定できる。

多質点の応答 $x(t)$ は、式(2.45)に示すように時間関数 $q(t)$ と固有振動モードの積によって求まる。多質点の応答 x の j 番目の質点 $x_j(t)$ についてこれを示せば、

$$x_j(t) = \sum_{i=1}^{n} X_{ji} \cdot q_i(t) \tag{2.48}$$

と表される。ここで、X_{ji} は式(2.38)で示したように i 次振動における j 質点のモード値、$q_i(t)$ は i 次振動の時間関数である。$x_j(t)$ の最大値は、式(2.48)によって時刻歴を求め、これの最大値として求まるが、簡略的に下記の方法で算定することがある。

$$\left|x_j(t)\right|_{max} = \sqrt{\sum_{i=1}^{n} X_{ji} \cdot \left|q_i(t)\right|_{max}^2} \tag{2.49}$$

上式で、$\left|q_i(t)\right|_{max}$ は i 次振動の時間関数の最大値である。式(2.49)は、それぞれの振動モードによる最大値を時刻に関係なく 2 乗和の平方根で近似するもので、原子力発電所の建屋や機器の最大応答算定のためにしばしば用いられている。

＜Appendix 1＞ 有限要素法（FEM）の基礎

　原子力施設の基礎地盤や背後斜面の安全性の検討では有限要素法（FEM：Finite Element Method）が用いられることが多い。

　有限要素法は地盤や構造物を複数の構成要素に分割し、構成要素の節点において力の釣合方程式を求めて、これを解くことにより、構造物、地盤の変位、応力、ひずみを算定する構造解析手法である。

　地盤、盛土、ダムなど構造物の質量が連続的に分布している連続体を解析するための手法として開発されたが、広義に有限要素法を解釈すれば、トラスやラーメンなどの解析で用いられている変位を未知数とした構造解析いわゆる変位法も有限要素法の一種と考えることができる。図A1-1に有限要素法による解析の流れを示す。

```
① 構造物・地盤を有限の要素
   （Finite Element）に分割する
          ↓
② 各要素に作用する力（要素節点力）と
   節点変位の関係を求める
          ↓
③ 各節点における釣合方程式を求める
          ↓
④ 境界条件を処理して質点系の静的な
   釣合方程式あるいは振動方程式を求める
          ↓
⑤ 方程式を解いて節点変位を求める
⑥ 節点変位より各要素の応力・ひずみを求める
⑦ 支点等の反力を求める
```

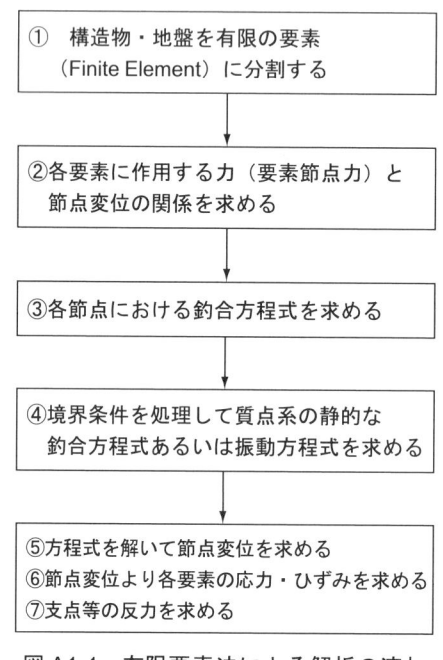

図A1-1　有限要素法による解析の流れ

① 構造物や地盤など解析の対象とする構造系を有限の要素に分割する。二次元平面問題では三角形要素や四角形要素、三次元平面問題では三角錐要素や立方体要素が用いられる。
② 各要素の節点に作用する節点力と各節点の変位の関係を求める。連続体の場合は弾性理論、要素が板やシェルの場合は板理論やシェル理論が用いられる。要素内部の応力、ひずみは一定と仮定する場合が多いため、応力集中が生ずる部位については要素の大きさを細かくする必要がある。
③ 要素の節点に作用する外力および慣性力と節点外力の釣合式を求める。釣合式は節点数と各節点が持つ自由度（x, y, zの三次元方向の変位、回転角など）の積だけ得られる。

④　節点が固定されている場合、および節点変位が強制変位として与えられている場合には、これを③の釣合式の中に取り込み、構造系全体として釣合方程式（慣性力も含めた振動方程式となる）を求める。

⑤⑥⑦　静的な問題に関しては釣合方程式を解いて各節点の変位を求める。動的問題に関しては、本章「第Ⅱ編　第2章　2.3節」に示した方法で振動方程式を解き、各節点の変位を求める。

　　各要素の節点変位より要素内部の応力とひずみを算定し、さらに支点などの反力を求める。

参考文献

1) 「耐震工学」オーム社、1971 年
2) 「地盤耐震工学」濱田政則、丸善出版、2013 年
3) 「有限要素法入門」培風館、1978 年

第3章　耐震設計法

　耐震設計では、実際の地盤や構造物を、構造力学の体系と数値計算のためのアルゴリズムの体系に合わせて、力学モデルを構築する必要がある。さらに、耐震性能を評価するためには、構造物への力学的な荷重などの外力作用のモデル化も重要である。実務としての耐震設計では、過度に複雑な計算に頼ることなく各種施設の耐震安全性を検証できることが好ましい。一般的な建物においては、動的な現象としての種々の特性を考慮した上で地震力を静的な力として作用させて、それによる応力・変形をもとに安全性を評価することが多い。

　原子力施設においても、静的な地震力を規定して、その作用に対する安全性を評価することが基本であるが、地震動の動的な作用の影響を考慮して、構造物や地盤の挙動をできるだけ正確に予測するために、地震動の時間的な変動を考慮する解析（時刻歴地震応答解析）により各施設の安全性を検証することが行われている。

3.1　震度法と修正震度法

3.1.1　震度法

　1923 年関東大地震は 576,000 棟もの家屋、建物が倒壊・焼失し、かつ地震後の火災により 14 万人もの死者・行方不明者を出すわが国の近代史上最大の地震災害となった。この関東地震によって明治以来欧米の技術によって建設してきた近代的建物も大きな被害を受けることになった。この震災を踏まえて、地震により構造物に作用する慣性力を静的な外力に置き換えて設計外力とする震度法が土木・建築構造物の耐震設計に本格的に普及した。

　図 3-1 に示すように、震度法は、建物の設計において建物の自重 W に加えて、地震加速度によって建物に発生する慣性力を静的な力として考慮する方法である。水平方向に作用

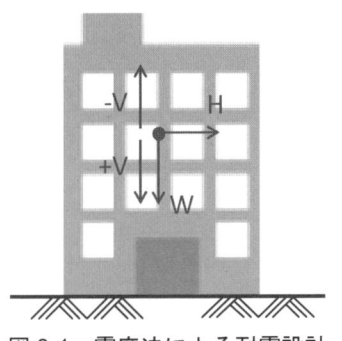

図 3-1　震度法による耐震設計

する慣性力 H は自重 W に水平震度 K_H を乗じた値、すなわち自重の何割かの力を水平に作用させ、建物の安定や各部材の応力を照査する。

$$H = K_H \cdot W \tag{3.1}$$

　震度法を実際の構造物の設計に適用するにあたって水平震度をどのように設定するのかが課題となった。震度法が採用され始めた当初は建物、橋梁とも一般的に K_H を＝0.1 程度、すなわち自重の 10％を水平力として考慮する方法が採用されていた。しかし、その後、対象とする構造物の重要性や構造物や施設が破壊した場合の危険性および社会への影響の度合が考慮され、徐々に大きな値が採用されてきた。さらにそれぞれの構造物や施設の種類に応じて、関東地震以後の地震の揺れに対する安全性の実績が考慮され、現在では一般的に下記のような水平震度が用いられている。

　　　通常の建物・橋梁　　　　　≒0.2
　　　危険物施設・高圧ガス施設　≒0.3〜0.6
　　　ダム　　　　　　　　　　　≒0.15
　　　港湾施設・岸壁　　　　　　≒0.15〜0.20
　　　原子力施設　　　　　　　　＝0.2〜0.6

　上記のように、構造物の種類によって震度が大きく異なっているが、これは構造物の地震動に対する応答特性および上述したように重要度と耐震性の実績が考慮されていることによる。

　耐震設計で考慮する水平力 H は地震による構造物や施設に作用する慣性力であり、式(3.1)は、

$$H = \alpha_m \cdot M \tag{3.2}$$

と表すことができる。ここで α_m は地震動によって構造物や施設に発生する水平方向の最大加速度であり、M は構造物や施設の質量である。式(3.2)は、

$$H = \frac{\alpha_m}{g} \cdot Mg \tag{3.3}$$

となる。ここで、g は重力加速度 (980 cm/s^2) であり、Mg は構造物の自重 W になる。式(3.1)、(3.3)より、

$$K_H = \frac{\alpha_m}{g} \tag{3.4}$$

が得られる。すなわち、水平震度 K_H は重力加速度に対する構造物と施設に作用する水平最大加速度の比となる。

　水平力だけでなく、地震の鉛直方向の加速度による慣性力を考慮して耐震設計を行う場合もある。

$$V = \pm K_V \cdot W \tag{3.5}$$

　ここで V は耐震設計で考慮する鉛直方向の地震力で、構造物の安定や部材の応力などについて上向きか下向きか不利な方向に作用させている。鉛直方向の震度は水平震度の 1/2

程度を用いることが多い。K_H、K_Vは一般に水平震度、鉛直震度と呼ばれているが、気象庁震度階の震度と区別するため工学的震度と呼ばれることもある。

震度法による耐震設計では地震による水平、鉛直方向の地震力を一定の方向のみに作用させており、静的な外力を考慮していることになる。地震の慣性力は正負が反転しながら繰り返し作用する動的な外力である。一定方向の静的な外力による構造物の安定性や部材応力の検討は繰り返し荷重による設計に比較して一般的に安全側の余裕度をもった設計となる。静的な外力によって設計された構造物が地震の動的な揺れによって破壊するまでにどの程度の余裕度があるかについては地震動の特性、構造物の特性などにより変化する。構造物の破壊実験や数値解析などの研究によって余裕度が評価されている。

3.1.2 修正震度法

構造物や地盤の固有周期が入力地震動の卓越周期に近ければ構造物や地盤は大きく揺れ、発生する加速度も大きくなる。したがって式(3.4)に示す水平方向の震度も大きくなると考えられるが、震度法では地震動に対する構造物の揺れやすさに関係なく一定値としている。

震度法が持つこの問題点を解決するために提案されたのが修正震度法である。構造物の固有周期による揺れやすさによって震度を変化させる。図 3-2 は「道路橋示方書・同解説 Ⅴ 耐震設計編」の「4 章 震度法による耐震設計」で規定されている水平方向の震度 K_H である。横軸は構造物の固有周期であり、地盤種別（Ⅰ～Ⅲ）ごとに固有周期により変化する水平方向の震度が定められている。構造物に作用させる水平力 H は、

$$H = C_Z \cdot K_H \cdot W \tag{3.6}$$

として求められる。C_Z は地域係数で、地域の地震の活動度などにより 0.8～1.0 の値が定められている。図 3-2 によれば一般的に 0.3～1.5 秒程度の固有周期の領域で設計水平震度が高くなっている。これは、この周期帯域に卓越周期をもつ地震動が一般的に多いことから決められている。

地盤種別Ⅰ～Ⅲは、表層地盤の固有周期をもとに決められる区分で、種別Ⅲは沖積層や埋立地などの軟弱地盤、種別Ⅰは岩盤の洪積地盤などの硬質地盤、種別Ⅱはそれらの中間

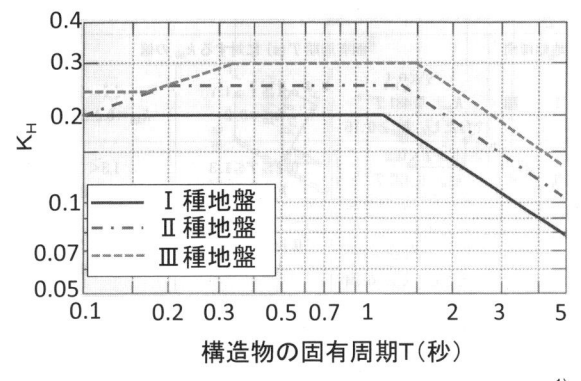

図 3-2　修正震度法で用いられている水平震度の例 [1]

な地盤とされている。図3-2は応答スペクトルと呼ばれており、「第Ⅱ編 第2章 2.1.4項」の項でその算定法について述べた。

3.2 時刻歴地震応答解析

3.2.1 計算法の位置づけ

時刻歴地震応答解析とは、第Ⅱ編第2章2.3節に解説したとおり、構造物の地震動に対する応答性状を振動方程式（微分方程式）で表記し、それを時間刻みごとの積分計算により精算する手法である。構造物の耐震安全性の評価手法としては最も正確であると考えられる。一般建物ではすべての安全性検証に適用する必要はないが、高さが60m以上の超高層建物や、原子力施設で重要度の高い建物、構造耐力上主要な部材に建築基準法施行令もしくは告示により指定建築材料として明示されたもの以外を用いている建物では必須である。

近年普及が進んでいる免震・制振構造では、たとえ主要構造の計画が単純な中高層建物ではあっても、それらの構造の仕組みを構成するアイソレーターやダンパ部材として特別な材料を用いるほか、いまだ十分に解明されていない長周期の地震動成分の影響を強く受けることが予想される場合など、やはり時刻歴地震応答解析にもとづく安全性評価が求められる。

時刻歴地震応答解析を行うためには、構造物モデルと入力する地震動が必要になる。時刻歴地震応答解析によって得られる、変位、速度、加速度、応力、変形を用いて安全性を総合的に評価することが重要である。

3.2.2 基本振動モデルの構成

(1) 質点の構成

応答解析には構造物各部の質量を代表する質点と各部の変形特性を代表するバネの集合体を離散化して表示したモデルを用いる。以下、建物を例に説明する。

建物は梁・柱・壁・床などが三次元的に結合されて、その意匠・計画によっては複雑な形態となるので、図3-3のような三次元モデルを用いるのが本来であるが、平面的に直交する2方向の振動性状の相関性が低い（独立性が高い）と判断される場合には、図3-4のような、それぞれの方向別に構成する構面を取り出して平面モデルを用いることもできる。

この場合、梁・床の変形が建物の全体挙動に及ぼす影響は小さいので、上部構造各階の

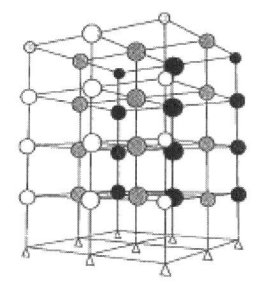

図3-3　立体質点（三次元）モデル 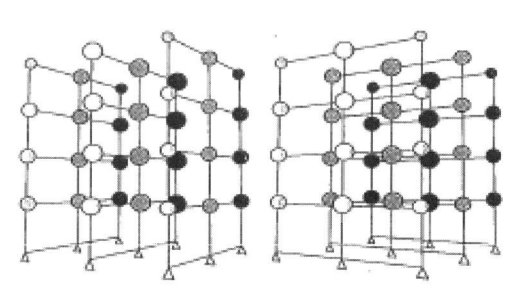　　図3-4　並列質点（二次元）モデル

質量は1つの質点としてまとめ、直交する2方向それぞれに対して各階を代表する質点を層を代表するばねで連結した図 3-5 のような直列質点系モデルを利用することが多い。この場合に、地盤の剛性が高く、基礎構造の変形が無視できるようであれば、図 3-5(a)のように上部構造のみを取り出したモデルにより振動解析を行うことができる。基礎地盤の変形が無視できない場合は、基礎構造も質点とばねの組合せ図 3-5(b)のモデル（上部構造-地盤連成モデル）として振動解析を行うことが望ましい。

建物全体の変形は、種々の力学特性の影響を受けて複雑な場合も多い。多くの純ラーメン構造では、柱の水平変形による建物の水平変形が卓越するので、図 3-3 のモデルの質点間を結ぶばねは、水平方向にのみ変形するばね（せん断ばね）で近似することで十分な精度が得られる。他の代表的な構造形式として、鉛直方向に連続して配置された耐震壁（連層耐震壁）を配置するものも多いが、この場合、連層壁全体が片持ち梁のように曲げ変形するため、建物全体の曲げ変形への影響が大きくなり、せん断モデルでは応答計算の精度が不足することもある。このような場合には、図 3-4 の平面モデルを用いるのがよいが、近似的な評価であれば、図 3-5(a)のモデルに並列に曲げ変形特性を考慮したばねを配置した図 3-3(c)の曲げせん断モデルを用いることでもよい。

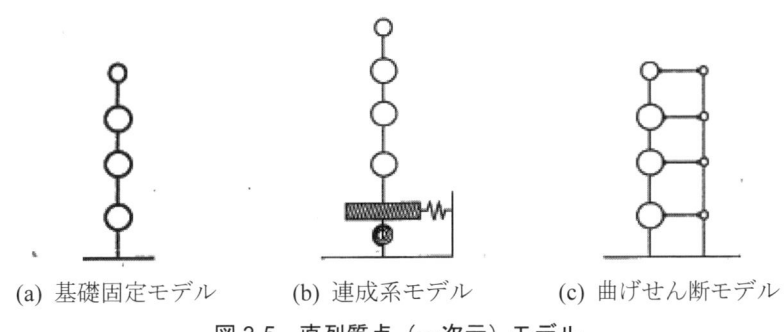

(a) 基礎固定モデル　(b) 連成系モデル　(c) 曲げせん断モデル

図 3-5　直列質点（一次元）モデル

さらに、構造が平面的・立面的に不整形な場合には、建物各層における地震力の作用点（重心）と建物の抵抗力の中心点（剛心）とが互いにずれるために建物全体が平面的な回転を伴って変形する場合がある。このように変形が過大になると平面の外側の構面が他の構面に先行して破壊するような現象も発生するため十分な注意を要する。このような可能性が高い場合には、図 3-3 の立体モデルを用いるのがよい。

上記のように、種々のモデル化手法がある中からいずれを採用するかは、主に計算結果の精度をどこまで必要とするかに依存している。原子力施設においても、対象とする施設に応じて適切な解析モデルを構築し、解析が行われている。

(2) 復元力特性

第Ⅱ編第2章「構造物と地盤の動的応答解析」では変形と外力が比例関係にある線形弾性の場合の振動理論を概説した。しかし、極めて稀に発生するような大きな地震動に対しては、構造の各部で塑性化が発生し、変形と外力が非線形的な関係を示す。弾性域から塑性域にわたって変形する構造体に加わる荷重と変形との関係を、荷重変形関係もしくは復

元力特性と呼ぶ。

　構造の種別、構造形式の違いにより種々の特性を発揮するが、応答解析用モデル建物各層の復元力特性は、外力を漸次増加させ応力状態や変形量を求める荷重増分解析法により得られる荷重変形関係の曲線を2本、あるいは3本の直線により近似して用いることが多い。ただし、一般的な荷重増分解析で得られる関係は、地震力が静的な力として作用する場合に得られるものに相当するので、実際に正負方向に繰り返し変動する地震動の作用に対して得られる荷重変形関係は、実験あるいは詳細な解析により求めた関係にもとづいて荷重変形関係を定める必要がある。

　これらの荷重変形関係の概要は、図3-6のように表される。変形の繰返しに対応させて細線で表した曲線を履歴ループと呼ぶ。また、それら履歴ループを包絡する曲線（太破線）を包絡線と呼ぶ。構造物本体の荷重変形関係は、その剛性、強度、変形能力をパラメータにして表すことが可能であり、構造形式の種別により大きな違いがあるので、精度の高いモデル化が必要である。

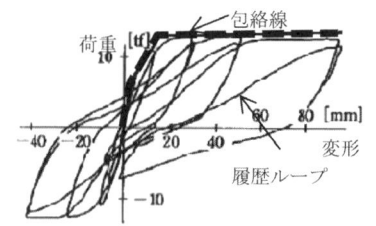

(a) 鉄筋コンクリートラーメン構造

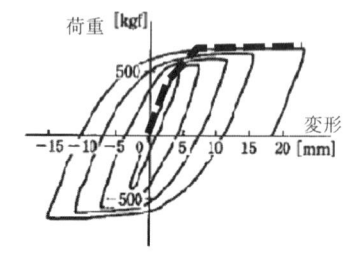

(b) 鉄骨造ラーメン構造

図3-6　包絡線と履歴ループ

(3) 減衰

　減衰力については第Ⅱ編第2章2.1節に解説したが、建物の振動性状に対する減衰の影響は大きい。建物が発揮する減衰性能は建物が固有に有するものと、エネルギー吸収装置（ダンパ）を設置することで高める付加的な減衰に大別することができる。前者の要因は必ずしも正確には特定されていないものの、減衰力が建物各層の層間変形速度に比例するとして近似することができる。したがって、解析的には第Ⅱ編の図2-1(c)に示すとおり、構造モデルの質点間にダッシュポットを設置することに相当する。

　多質点のモデルは、一般の建物を対象とする場合は、減衰係数マトリックスとして剛性マトリックス、質量マトリックスに比例するものを用いることで近似することが多い。このときに注意すべきことは、減衰を初期剛性に比例するものとして決めると、高次振動に対する減衰力が過大になることや、塑性化の進行につれて減衰力が過大になって応答を過小に評価する可能性があることである。塑性化以後の剛性が低くて大きな塑性変形が予測される場合には、瞬間剛性（接線剛性=荷重変形関係の接線の傾き）に比例するものとして減衰マトリックスを設定する方法もある。この場合には、逆に減衰を過小に評価する結果になることが多い。便宜的な方法として、最大変形した時点の復元力特性の頂点と原点を結ぶ直線の傾き（割線剛性）に比例させて減衰マトリックスを決めることもある。あるいは、質量マトリックスに比例する項も追加する方法もある（Rayleigh減衰）。いずれにしても、建物固有の減衰に関しては不明な点が多いので、一連の時刻歴応答解析を実施する場合には、事前にその設定の妥当性を十分に検討することが重要である。

3.3 時刻歴地震応答解析によらない耐震計算

時刻歴地震応答解析によらずに、現行の建築基準法および関係法令には動的効果を反映させた簡易耐震計算法として許容応力度等計算法、限界耐力計算法、エネルギー計算法の3種類の方法が規程されている。超高層建物などを除く一般的な建物の構造計算においてはこれらの計算法によることを原則とするが、これらと同等以上に安全性を確かめることができる方法であれば、国土交通大臣が定めるものとして今後追加される可能性がある。以下では、許容応力度等計算法について説明する。

3.3.1 許容応力度等計算法

一般の建物を対象とする許容応力度等の計算は、構造種別によらず前半は許容応力度計算（一次設計）、後半は変形および保有水平耐力計算（二次設計）の2段階となっている。保有水平耐力とは、建物が地震による水平方向の力に対して抵抗する強さで、各階の柱、耐力壁、筋交いが負担する水平せん断力の和として求められる値をいう。本計算では、時刻歴応答解析と比べて以下の2点が簡略化されている。

(1) 地震力の略算

前節に記したとおり、時刻歴応答解析で用いる地震動の特性は、地域性（発生頻度、予想される強度）、地盤特性（周波数特性）の影響を強く受ける。また、地震力の建物の高さ方向の分布は建物の耐震設計上重要である。これらについて、許容応力度等計算では動的計算によることなく、工学的知見による計算式が提供されている。具体的には、建物が弾性範囲（各部の応力度が許容応力度以内）に留まることを想定する地震動の強さに対しては、式(3.7)より建物各層のせん断力 $Q_{ud,i}$ を計算する。

$$Q_{ud,i} = C_i W_i \tag{3.7}$$

$$C_i = Z R_t A_i C_0 \tag{3.8}$$

ここで、W_i は建物各層（添え字 i が層に対応）が支える当該層より上の建物重量であり、それに式(3.8)の C_i を乗じた値が同層の設計用層せん断力になる。係数 C_i は層せん断力係数と呼ばれ、地域に関する係数 Z、地盤による振動の増幅特性に関わる係数 R_t、高さ方向の地震力分布に関わる係数 A_i、それに中程度の地震力を代表する標準せん断力係数 $C_0 \geqq 0.2$ の積として式(3.8)により表される。

(2) 構造特性の算定

式(3.8)中の係数 A_i は、建物の固有周期と建物の高さ方向の質量分布に依存する係数として式(3.9)で求めることができる。

$$A_i = 1 + \left(\frac{1}{\sqrt{\alpha_i}} - \alpha_i\right) \cdot \frac{2T}{1+3T} \quad (\alpha_i = i \text{層の支える重量／建物の全重量}) \tag{3.9}$$

建物の固有周期 T の厳密な値は、第Ⅱ編第2章2.1節に記した計算法により求めることが

できるが、通常は既往の建物の実測にもとづく経験式として与えられる下式、

$$T = (0.02 + 0.01\alpha) \times H \tag{3.10}$$

により求めることができる。ここに H は建物高さ（m）、α は当該建物の構造耐力上主要な部材が木造または鉄骨造である階の高さの総高さ H に対する割合で、鉄筋コンクリート造では $\alpha=0$、鉄骨構造では $\alpha=1.0$ となる。

3.3.2 一次設計

前半の許容応力度計算による安全性の確認においては、様々な荷重が同時に作用する場合に常時荷重および臨時荷重（地震力、風圧力など）の各応力度の組合せを考慮する必要があり、建築基準法施行令第 82 条の規定に従わねばならない。

安全性の判定基準となる個々の材料の設計基準強度は国土交通省告示に示されており、許容応力度は応力度の種別を考慮し、基準強度に対する割合として建築基準法施行令に規定されている。

3.3.3 二次設計

わが国の初期の耐震設計は、従来は許容応力度計算のみにより行われていた。地震力として想定していた荷重の大きさは、現在の知見にもとづけば実際に作用する地震力に比してかなり小さいものであったが、幾度の大地震に遭遇しても多くの建物が崩壊を免れている。これは、建物を構成する部材の多くは、余裕を見込んで強度が決められていたことや大半の部材が弾性限界とされる応力度を超えても直ちに破壊することなく、ある量の変形能力およびエネルギー吸収能力を有するためと考えられる。

建築基準法に定められる許容応力度等計算の二次設計では、建物が大地震時にも安全であることを「地震により建物に投入される地震エネルギーを建物の弾塑性変形に伴う履歴吸収エネルギーとして消費できること」と考えて、変形能力に応じて地震入力エネルギーを吸収するために必要な強度（耐力）を定量的に評価することとしている。すなわち、**図 3-7** の左の三角形 OCD の面積が建物を弾性とした場合の最大変形に対応する地震入力エネルギーであるのに対して、建物が A 点で耐力に達した後も台形 OABE の囲む面積が三角形 OCD のそれと等しくなる点 E まで建物の変形能力があるなら、その建物は安全であると判断するのである。

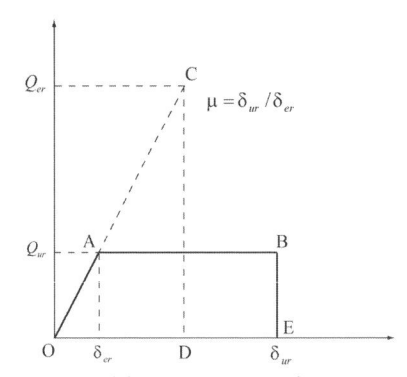

図 3-7 で、Q_{er} が建物を弾性とした場合の応答せん断力であり、Q_{ur} は建物の変形能力の許す範囲で定められる建物のせん断耐力である。また、建物の最大変位（δ_{ur}）を弾性限変位（δ_{er}）で無次元化した $\mu = \delta_{ur}/\delta_{er}$ を塑性率と呼ぶ。Q_{ur}/Q_{er} は構造特性係数（D_s）と定義され、構造を弾性とした場合に構造体に蓄えられるエネルギーと、構造が塑性化した場合に構造体に蓄えられるエネルギーとを等置して塑性率との関係を表すと式(3.11)となる。ただし、粘性減衰によってもエネルギーが吸収されることを考慮して、減衰定数を含む式(3.12)で表される修正係数 β が含まれている。変形能力の高い（倒壊時の μ の大きい）ほど、また減衰定数の大きい建物ほど耐力を低減できることになる。

$$D_s = \frac{\beta}{\sqrt{2\mu - 1}} \tag{3.11}$$

$$\beta = \frac{1.5}{1 + 10h} \tag{3.12}$$

構造特性係数は、構造を構成する個々の部材の変形能力に関する法令による評価に応じて決めることができるが、実験などにより得られる実際の建物の荷重変形関係にもとづいて決めることもできる。このようにして定められる構造特性係数 D_s を用いて、建物がその変形能力に応じて必要とされる層ごと（以下、A_i 以外は添え字を省略）の保有水平耐力（必要保有水平耐力）Q_{un} を下式により計算する。

$$Q_{un} = D_s F_{es} Q_{ud} \tag{3.13}$$

$$Q_{ud} = Z R_t A_i C_0 W \tag{3.14}$$

C_0 は標準せん断力係数と呼ばれ、$C_0 \geq 1.0$ とする。式(3.14)中の Z は地震動の強さの地域係数、R_t は地震動の地盤による増幅係数、A_i は建物の上階で応答が大きくなることを考慮する増幅係数であり、基準値はいずれも 1.0 であるので、$C_0 = 1.0$ とすれば Q_{ud} は建物重量 W に等しくなる。

式(3.13)中の F_{es} は形状係数と呼ばれ、各階剛性の高さ方向の分布や平面的な分布が悪いことにより建物の特定の部分が損傷を受けやすくなることを反映させるための係数である。F_{es} は独立した 2 つの係数の積として式(3.15)で表される。

$$F_{es} = F_e \times F_s \tag{3.15}$$

F_s は、図 3-8 のように建物各層の剛性の高さ方向の分布の不規則性の指標であり、当該層の剛性の、全層の平均剛性に対する比として定義されている剛性率 R_s にもとづくものである。剛性が顕著に低い層に変形が集中することを防ぐために、R_s の値が 0.6 以下の層では F_s の値を 1.0 以上に増加することとしている

一方の F_e は、建物の平面内での剛性分布や質量

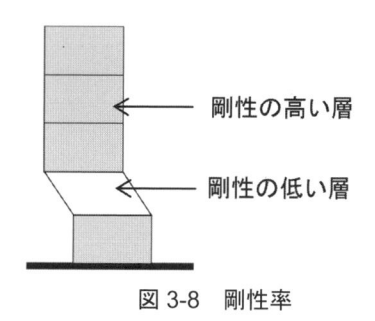

図 3-8 剛性率

分布の偏りで生じるねじれ変形による影響の指標として定義される偏心率 R_e が大きくなるにつれて、剛性の低い構面の変形が大きくなることで建物の安全性が損なわれることを防ぐための係数である。偏心率 R_e の値が 0.15 以上になると、最大 1.5 まで該当する層の耐力を割り増すことを決めている。図 3-9 に偏心率の基本概念を示す。

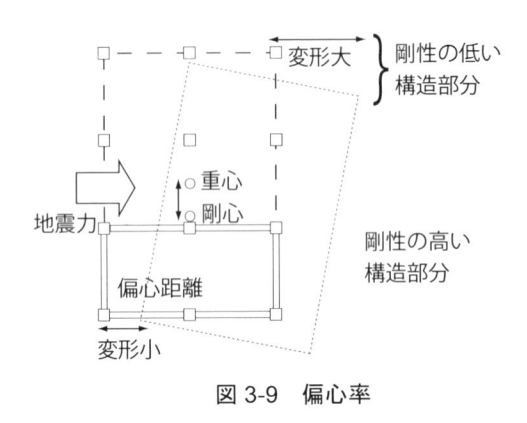

図 3-9　偏心率

上記で求めた必要保有水平耐力に対し、保有水平耐力が上回ることを確認する。また、耐震重要度の高い原子力施設については、1.5 倍以上の余裕を有するように設計される。

3.4　応答変位法

3.4.1　応答変位法の考え方

原子力発電所の非常用冷却水海水管ダクトなどの地中構造物の耐震設計では、一般に「応答変位法」と呼ばれる計算法により地震時の変形や応力が求められ、許容値と比較することにより安全性の検討が行われている。

既に述べた震度怯、修正震度法および動的解析は、いずれも地震によって構造物に発生する加速度にもとづいている。これは、構造物に地震時に作用する外力は構造物の質量と加速度の積で表される慣性力であるためである。地上に建設される建物、橋梁、ダムなどの構造物では、いずれも加速度による耐震設計法が用いられている。原子力発電所においても原子炉建屋、タービン建屋およびその中に設置されている機器・配管系の設備や屋外に設置されているタンク類などは加速度にもとづく設計を行っている。しかしながら、埋設管路、地下タンク、海底トンネルおよび山岳トンネルの地震時の変形挙動の観察結果から、これらの地中構造物の地震時の変形が周辺地盤の相対変位すなわち地盤のひずみに支配されていることが明らかにされた。これらの観測結果をもとに提案されたのが応答変位法である。

応答変位法の考え方を、図 3-10(a)に示す埋設管を例にとって示す。図に示すように、ある時刻において埋設管の軸に沿った管軸直角方向の地盤変位を $u_G(x)$ とする。ここで、x は埋設管軸方向にとった座標である。このような地盤変位を受けたときに、埋設管の変形 $u_P(x)$ を以下のようになると考える。

・埋設管の剛性が十分に大きいか、地盤の剛性が著しく小さい場合　$u_P(x) \to 0$
・埋設管の剛性が極めて小さいか、地盤の剛性が十分に大きい場合　$u_P(x) \to u_G(x)$

このような地盤の変位と埋設管の変形の関係を適切に表現し得る解析モデルとして、図3-10(b)に示す弾性床上の梁モデルが考えられる。このモデルでは埋設管を曲げ剛性を持った梁に、地盤をばねにモデル化している。地盤ばね定数は周辺地盤の剛性によって決められる。地盤ばねの端部より、管軸に沿った地盤変位$u_G(x)$を入力し、埋設管の変形$u_P(x)$を求めることができる。このようにして求まる埋設管の変形は、上述した埋設管と地盤の剛性によって求まる埋設管の変形の性質を満足することになる。

(a) 地盤変位と埋設管の変位

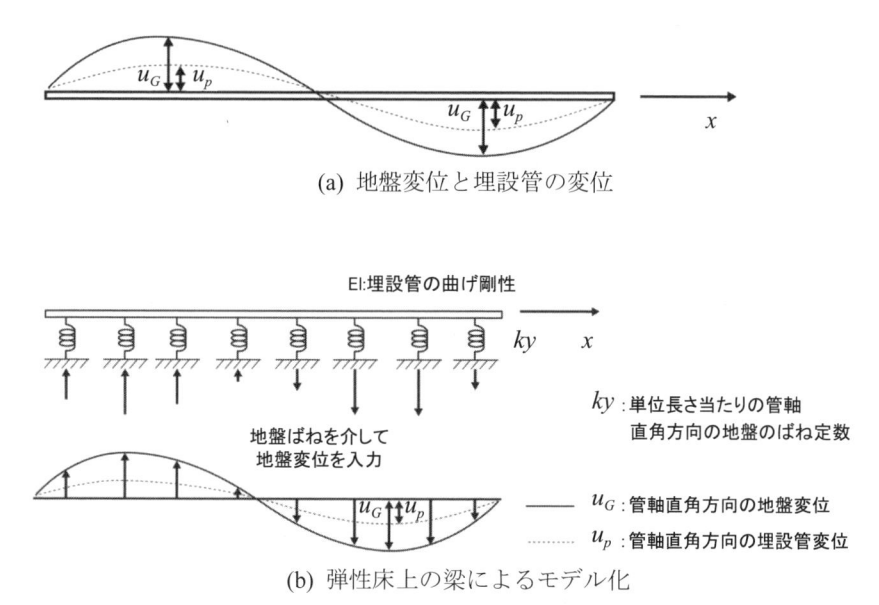

(b) 弾性床上の梁によるモデル化

図 3-10　応答変位法の考え方

3.4.2　応答変位法による地中構造物の耐震設計

応答変位法による地中構造物の耐震設計のためのモデルとして、地中ダクトの軸方向の解析用モデルの例を図 3-11 に示す。ダクトの横断面の解析にも応答変位法が用いられている（第Ⅰ編第 6 章「屋外重要土木構造物の耐震設計」図 6-8 参照）。軸方向の解析モデルでは、ダクト軸線に沿った地盤変位を設定し、これを地盤ばねを介してダクトに入力することによりダクトに発生する軸力、曲げモーメントを算定する。この場合の入力地盤変位は、一定の振幅と波長を持った地震波動の伝播による地盤変位を想定する方法、地盤の応答解析による方法などがある。また地盤ばねは、ボーリング調査などによる N 値などをもとに設定されている。

第Ⅰ編 第 6 章 図 6-8 は地中ダクトと横断面方向の解析のためのモデルで、地盤の水平変位を地盤ばねを介して入力することにより、横断面の変形と応力を算定する。地盤の変位は、表層地盤の応答解析などによって設定される。

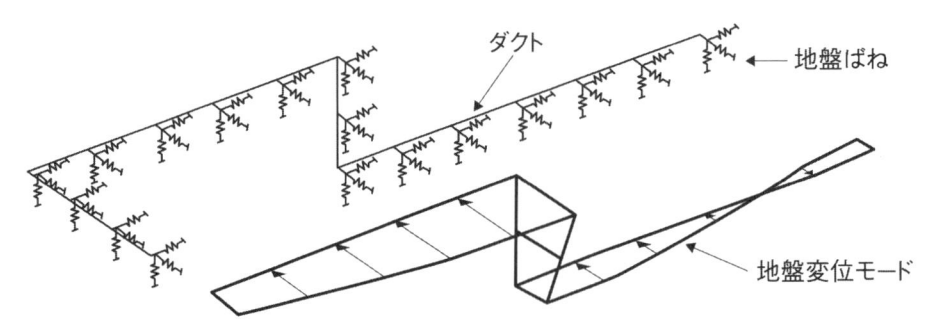

図 3-11 応答変位法による地中構造物のモデル化（地中ダクトの例）

<Appendix 1> 耐震建築構造法の略史

1. 構造物の耐震化のはじまり

　1916 年に、佐野利器が建物に作用する地震加速度の重力加速度に対する割合として「震度」を定義したのに続いて、1922 年には内藤多仲が「横力分布係数」の概念を示し、地震力の作用によって骨組み各部に生じる応力を静力学により略算することが可能となった。内藤が考案した耐震壁に水平力を主に分担させることを意図して設計された鉄筋コンクリート造の日本興業銀行が、1923 年の関東大地震において無被害であったことより、耐火性にも優れる鉄筋コンクリートを用いて剛性・強度の高い剛な構造を都市建築の地震防災の要とする考えが定着した。

　その後、動力学による知見を踏まえて、建物を柔な構造として地震動の入力を減らすのがよいとする見解も表明されて、いわゆる柔剛論争が展開されたが、その優劣を判断する決定的な結論は出なかった。しかし、1935 年に棚橋諒が、構造物の耐震性を決定づけるものは、水平力によって構造物が変形して、これが破壊までに蓄え得るポテンシャルエネルギー量である、との考えを示したことにより上記論争も収まったとされている。この時点において既に、「耐震」構造を実現するためには、強度ばかりでなく、靭性的な変形にもとづくエネルギー吸収能力が重要であることが指摘されていたことになり、後に構造物の靭性保証設計技術の進展と併せて、1981 年に耐震計算法のひとつとして新たに取り込まれることになる。

　1950 年代になると、わが国でも地震動を記録するための強震計が開発されて、実記録地震動のデータ蓄積が始まるとともに、地震動に対する建物の応答性状を電子計算機により解析する技術も進歩し、建物の弾性的な地震応答特性にとどまらず、その弾塑性特性をも考慮した耐震設計法が建物の超高層化実現の目標と併せて研究され、1968 年には、100m を超える超高層ビルの第 1 号として霞ヶ関ビルが竣工した。このビルの耐震設計では、鉄骨のラーメン内に鉄筋コンクリート製のスリット耐震壁が挿入されて、大地震時には同壁の靭性的な塑性変形による地震入力エネルギーの効率的な吸収が図られている。

　一般的な建物の耐震設計法は、関東大地震以後も日本各地でしばしば発生した強い地震動による建物の構造被害の経験を踏まえて、その理論と構造詳細に関する見直し・改定が幾度となく行われてきている。1968 年十勝沖地震において、鉄筋コンクリート造建物の主に短柱がせん断破壊することで極めて脆性的に建物が倒壊する現象が多発したことより、上記の時刻歴地震応答解析結果による知見も踏まえて、1981 年に、棚橋の唱えた変形によるエネルギー吸収能力を活かすことを意図した耐震設計法が導入された。

　このときの建築基準法改正のポイントのひとつとして、建物に作用する設計用地震力の決め方が大きく変更された点が挙げられる。すなわち、ごく低層で剛性・強度に十分な余裕があると見込まれるような建物に対しては、従来の法令で定めていた震度法に準じて地震力を定めることを可とする一方で、一般的な中・低層の建物では、その立地する地盤条件と建物の力学特性の条件との関連を考慮して、建物各層に作用する地震力に対する必要な耐力を決めるようにしたことである。中でも、地盤特性を反映させることが大きな特徴

であり、これらの研究は基盤上に直接設置されることの多い原子力施設への地震動入力に関する20年にわたる研究成果が反映された結果と言うこともできる。また、構造に必要な強度を決定するにあたり、構造物の塑性化以後の変形能力を十分に勘案するように改められたことも特筆すべきである。

2. 耐震構造法の高度化

上記のような状況下で1995年に兵庫県南部地震が発生し、甚大な構造被害とそれに起因する人的被害を被った。被害を受けたのは主に1981年に建築基準法が改正される以前に建築された建物や、ピロティを有する建物などの剛性・強度がアンバランスな建物であり、その状況を踏まえ、「建築物の耐震改修の促進に関する法律」にもとづいた既存建物の耐震性能向上対策の推進や、ピロティを有する建物および鉄骨造の建物の耐震性向上のための耐震基準の一部見直しが図られた。

従来の設計法は仕様規定のみから成り立っていたが、性能規定も含む設計法への移行が行われることとなった。建築の「耐震性能」は、例えば、「(1)弱、(2)中、(3)強などに分類した地震動強さのレベルに対応する建物の損傷レベルを、①無被害（機能継続）、②軽微な損傷（即時入居可能）、③小破・中破（補修により継続使用可能）、④大破（建物の崩壊防止・人命の保全）などに分類し、地震の発生頻度（再現期間）を考慮して設計目標を決定すること」となる。建物の損傷のレベルを上記のように分類することには問題ないと思われるが、地震動の強さの定量的な表現に関しては、近年の地震動観測事例あるいは地震動予測事例を考慮して慎重に決めるべきである。

現在の建築基準法が規定する最低限の耐震強度を備える建物の多くが、1995年の兵庫県南部地震時に神戸周辺で記録されたいくつかの強震動を受けると倒壊にさえ至る可能性があることは、多くの解析や実験により確かめられている。このような可能性があるものの、それらの建物の供用期間中に、そのような地震動が発生する確率は極めて低いので、「想定外の過大な地震動」であるからやむを得ないとされてきた。しかしながら、その後も2004年新潟県中越地震、2007年新潟県中越沖地震、さらには2011年東北地方太平洋沖地震で極めて強い地震動が再三記録されている。

東北地方太平洋沖地震に際して、巨大な地震が「いつ・どこで」で発生するかを特定することは困難であると改めて認識されたと言わざるを得ない。あのような地震・地震動の発生は「極めて稀である」と言われながら、実際にはこの20年ほどの間に、少なくとも20ほどの地点で震度7クラスの破壊的な地震動が発生し、近い将来にも発生する可能性が高いとされている。断層で発生した波動が建物の建設地点まで伝播される間には、地質学的に不確定な種々の要因の影響を受けるため地震動の全貌を予測することは実質的に不可能であるが、その強さや周期特性についてはある程度の予測が可能になっている。これらの知見を活用して、過酷な地震動ではあってもそれに備えて建物を作らねばならないことは言うまでもない。

参考文献

1) 「道路橋示方書・同解説　Ⅴ　耐震設計編」日本道路協会、2002 年
2) 「耐震構造の設計―学びやすい構造設計―」日本建築学会関東支部、2003 年
3) 「地盤耐震工学」濱田政則、丸善出版、2013 年

用語解説

制御棒……原子炉を停止させるための設備で、中性子をよく吸収するボロン（ホウ素）やハフニウム等の材料により製造されている。……*4*

復水器……動力として用いた水蒸気を冷却して凝縮させるとともに、圧力を真空に近い状態に保つ装置。……*4*

原子炉圧力容器……BWRで、核燃料、炉内構造物、減速材および冷却材など原子炉の主要構成材料を収納し、その中で核分裂のエネルギーを発生させる容器。加熱された給水は、蒸気となって蒸気タービンに送られる。PWRでは原子炉容器（RV：Reactor Vessel）という。……*5*

再循環ポンプ……BWRで、原子炉再循環系に設ける遠心式のポンプ。原子炉圧力容器から冷却材を取り出し再び原子炉圧力容器内に戻す際、ポンプ回転数を制御することで流量を調整して、炉心内の気泡の含有率を変え原子炉出力の制御と出力の安定化を図る。……*5*

原子炉格納容器……原子炉の主要設備を格納する鋼鉄またはコンクリート製の容器。密閉性・耐圧性が高く、内部に原子炉圧力容器、加圧器、循環ポンプ、冷却装置などが設置されている。万一、原子炉で事故が起きた場合に、放射性物質の漏洩を抑える役割を果たすもので、原子炉建屋に収められている。……*5*

燃料被覆管……燃料ペレットを封入するためのジルコニウム合金やステンレス鋼などの金属製の管。……*7*

燃料ペレット……二酸化ウランなどの粉末状の核燃料物質を焼き固めてセラミック状にしたもの。通常、直径1cm、長さ1cmの円柱形。燃料ペレットを金属製の燃料被覆管に詰めて密封したものが燃料棒である。……*7*

非常用ガス処理系……BWRの原子炉冷却材喪失などの事故時に、原子炉格納容器を収納する原子炉建屋内を大気圧以下に保ち、建屋外への放射性物質の漏洩を抑制する系統。事故発生を検知すると自動的に起動され、原子炉格納容器から漏洩した核分裂生成物は、除湿装置やフィルタを介して除去・減衰され、排気筒を通して環境へ放出される。……*7*

波力……津波により防潮堤などの構造物に作用する水平方向の力をいう。押し波だけでなく、引き波によっても波力が作用する。……*8*

原子炉冷却材圧力バウンダリ……原子炉の通常運転時に、原子炉冷却材を内包して原子炉と同じ圧力条件となり、運転時の異常な過渡変化時および事故時の苛酷な条件下で圧力障壁を形成するもので、それが破壊すると原子炉冷却材喪失事故となる範囲の施設をいう。……*10*

弾性……外力により構造部材が変形した後にその外力を取り去ると形状が元通りになる性質のことをいう。具体例として、金属のバネを、手で軽く引っ張ってその手を放すとバネが元の長さに戻る、という性質が該当する。……*11*

弾性限界……物体が弾性を保つ限界の外力で、外力を取り除いたあとに残留変形が発生しない限界点のこと。……*11*

終局強度……断面あるいは部材の最大強度（抵抗力）の総称。……*11*

弾塑性……塑性とは，外力を加えた後にその外力を取り去っても形状が元に戻らない性質のことをいう。具体例として、金属のバネについて、手で強く引っ張ってその手を放すとバネは伸びきったまま元の長さに戻らない、という性質が該当する。「弾性」から「塑性」までの性質を総称して「弾塑性」という。……*11*

震源特性……震源断層においてどのような破壊が起こったかを表す性質であり、震源断層から放射される地震波そのものの大きさに関係する。……*12*

伝播特性……震源から放出された地震波が、地震動の評価地点下方の地震基盤面（これより深部では地震波が増幅の影響をあまり受けないと考えられる、S波速度が3km/s程度以上の岩盤面）までどのように地殻などの媒質を伝わり減衰するかを表す性質のこと。……*12*

地盤増幅特性……震源から放出された地震波が地震基盤以浅の地盤を伝播する際に、地震動の評価地点の地下の速度構造に応じて地震波の振幅がどのように増幅するかについての性質のこと。……*12*

応答スペクトル……地震動に対する1質点系の応答により、地震動に含まれる周期（周波数）成分を分析する手法。縦軸に最大加速度などの応答値、横軸に固有周期（もしくは固有振動数）をとって表示する（第Ⅱ編第2章2.1.4参照）。……*12*

断層モデル……震源断層面を強震動の計算のためにモデル化したもの。……*12*

解放基盤表面……基準地震動を策定するために、基盤面上の表層および構造物がないものとして仮想的に設定する自由表面であって、著しい高低差がなく、ほぼ水平で相当な広がりを持って想定される基盤（S波速度 V_s＝700m/s 以上の硬質地盤であって、著しい風化を受けていないもの）の表面をいう（第Ⅱ編第2章2.1参照）。……*12*

ボーリング調査……地盤を構成する土、岩石などを棒状のコアとして連続的に採取し、これを観察して地質の状況を把握する調査方法。……*12*

弾性波探査……地表付近または海上で人工的に弾性波（P波またはS波）を発生させ、地下を伝わり物性の異なる境界で屈折や反射した弾性波を地表または海底に設置した受振器で観測し、その結果を解析して地盤の弾性波速度の分布や地質構造を求める探査方法。……*12*

地震応答解析……地震動に対して、時々刻々、地盤や構造物の各部がどのような力を受けたり変形したりするかを検討するために、地盤と構造物をモデル化し、地震動を入力して応答を時々刻々算定する解析手法。……*13*

応力解析……作用する外力により、建物・構築物などの各部に生じる応力（曲げモーメント、軸力、せん断力により発生する単位面積当たりの力）を求める解析。……*13*

スロッシング……液体を入れた容器が振動した場合に、液体の表面が大きくうねる現象をいう。地震の揺れによって石油タンクなどで大きなスロッシングが生じると、浮き屋根などが破壊され、漏洩や火災などの災害を引き起こす原因となる場合がある。……*13*

炉心溶融……原子炉冷却材の冷却能力の異常な減少、あるいは炉心の異常な出力上昇により、燃料体が過熱し、燃料集合体または炉心構造物が溶融すること。あるいは、炉心損傷により生じた破片状の燃料が、原子炉冷却材の冷却能力の喪失により溶融すること。……*14*

ブローアウトパネル……原子炉建屋およびタービン建屋内で急激な圧力上昇が生じた場合に圧力を解放し、機器の損傷を防止するのためのパネル。……*15*

シビアアクシデント……原子炉の設計で、あらかじめ想定されていた事故の範囲を超えて、原子炉を制御し事故を収束させることができず、炉心や核燃料が重大な損傷を受けるに至る事故をいう。……*16*

地震基盤面……これより深部では弾性波速度が急激に変化しない速度層の境界面（S波速度は概ね3km/s程度と考えられている）。……*19*

褶曲構造……地殻運動によって地層が波状に屈曲する変形構造。……*19*

航空レーザ測量……航空機から地上に向けてレーザ光を照射し、地上からの反射波との時間差より地上までの距離を求める測量方法。……*30*

露頭……表土に覆われずに地表に露出している地層や火成岩体の一部、または地表に露出している鉱床（鉱物、岩石などが集まり凝縮されているもの）のこと。……*30*

PS検層……地盤の弾性波速度の測定方法である。ボーリング孔内に振動を検知する受振器を設置し、地表の起振装置などにより弾性波（P波およびS波）を発生させ、孔内の受振器で測定する。これにより、地盤内を伝播する弾性波の深さ方向の速度分布を求める。……*31*

微動アレイ探査、水平アレイ地震観測……常時微動観測用の感震器および地震観測用の地震計を、水平方向に配置し、同時観測を行う方法。その結果を解析して地盤の速度構造を推定することができる。……*31*

経験的グリーン関数法……実際に発生した小さな地震の観測記録のうち、地震動評価計算に用いるのに適切な観測記録を足し合わせ、大きな地震による揺れを計算する方法。この方法では、震源域から対象地域までの地盤構造の情報が不要であるが、震源断層面付近で発生した小さな地震による評価地点での適切な観測記録が必要となる。……*36*

統計的グリーン関数法……既往の観測記録を統計処理した結果をもとに人工的に時刻歴波形を作成し、その波形を足し合わせ、大地震による揺れを計算する方法。観測記録が得られていなくても評価することが可能だが、増幅特性を評価するために、地盤構造の情報が必要となる。……*36*

理論的手法……地下構造モデルを構築して断層のずれを与えて地震波を発生させ、この地震波の伝播を理論的に解析して、対象地点の地震波を評価する方法。比較的長周期の地震動や変位を評価対象とすることが多い。……*36*

節理……岩石や岩盤中に発達する割れ目で、割れ目の両側の部分が相対的に変位していないもの。割れ目の両側に相対的な変位が見られる場合を断層という。地殻変動や冷却・乾燥による収縮などによって生じる。……*44*

クリープ……破壊荷重より小さい一定荷重に対し、岩石やコンクリートの変形やひずみが時間の経過とともに増加する現象。……*45*

破砕帯……断層運動に伴って破砕された岩石が、ある幅をもって帯状に分布する部分。……*47*

一軸圧縮試験……ボーリングなどで採取された円柱状の供試体を、側方からの拘束圧がない状態で軸方向に圧縮し、岩石の強度・変形特性を求める試験。……*47*

三軸圧縮試験……不透水性の膜で包んだ円柱形の供試体に側方から圧力を加えながら軸方向に圧縮し、岩石の強度・変形特性を求める試験。……*47*

シーム……厚い地層中に薄く挟まれた異質の地層(挟み層ともいう)。……*47*

Bishop 法……斜面の安定解析に用いる円弧すべり法の一種でスライス間力を考慮した安定解析法。スライスとは、すべる地盤を薄切りにして複数の要素に分割したその各要素をいう。そのスライスの間に生じる抵抗力を考慮せず、すべり面のみの抵抗力を考慮する簡便法と比べ、Bishop 法では精度の高い解が得られる。……*48*

Janbu 法……Bishop 法と同様にスライス間の抵抗力を考慮した安定解析法。Bishop 法が円弧をすべり面とした安定解析(回転モーメントを指標)であるのに対し、Janbu 法は直線によって囲まれたすべり面による安定解析であることから、断層や弱層のすべりの評価に用いられる。……*48*

すべり面法……地震などにより斜面が下方に移動しようとする場合の安定性は、下方に移動しようとする力と、これを止めようとする力の比で評価される。一般に、移動しようとする力を滑動力、止めようとする力を地盤の抵抗力、両者の比を安全率と呼び斜面の安定性を評価している。
　　　安全率 F_s ＝抵抗力／滑動力
すべり面法はすべり面を想定し、この面上に働く力のバランスを評価する方法であり、限界平衡法とも呼ばれている。……*48*

周波数応答解析法……入力地震動をフーリエ変換し、各周波数成分に対する応答を周波数領域で求め、これをフーリエ逆変換することにより、応答の時刻歴を求める方法。……*48*

等価線形化手法……地盤材料の非線形性を近似的に扱った線形解析手法。室内試験などより得られる地盤のせん断ひずみ-せん断剛性および減衰定数の関係をもとに、解析ステップごとのひずみレベルでせん断剛性および減衰定数を設定し線形計算を繰り返し行うことで地盤の非線形性の影響を考慮する。……*48*

上限降伏値……平板載荷試験における「荷重-沈下量曲線」において沈下が急激に増大し始める荷重値。……*50*

用語解説

二次格納施設……BWR において、一次の格納容器の原子炉格納容器を囲み、二次的な格納容器となる原子炉建屋のこと。原子炉棟、二次格納容器ともいう。……*58*

温度荷重……コンクリート部材内部の温度分布が不均一な場合や、温度の上昇、下降に伴って生じるコンクリートの体積変化が拘束された場合にコンクリートに発生する荷重。……*59*

短期許容応力度……地震や風などの短期的な荷重に対する許容応力度（部材が破壊しない安全な強度）をいう。一方、固定荷重や積載荷重などの常時荷重に対する許容応力度を長期許容応力度という。……*61*

地盤ばね……地盤に作用する荷重とそれによって生じる変形をばねによって表現する。構造物周辺の地盤をばねで表し、地盤の応力と変形量を算定する。応答変位法では、地盤ばねを介して地盤変位を構造物に入力する。……*62*

スケルトンカーブ……建物の層全体や各部材に一定の割合で荷重を増加させていった場合に求められる荷重-変位関係の曲線。……*63*

純ラーメン構造……主として柱、梁が変形することで地震に耐える構造形式。……*66*

壁式構造……主として壁の強度で地震に耐える構造形式。……*55*

極限鉛直支持力度……構造物を支持しうる地盤の最大鉛直方向抵抗力。単位面積当たりの荷重として表す。……*70*

シュラウドサポート……燃料集合体と制御棒が配置された原子炉内中心部の周囲を覆っている、円筒状のステンレス製構造物。シュラウドを下部から支えている部材をシュラウドサポートという。……*81*

応力集中係数……材料に切欠きや溝がある場合に、他の部分よりも応力が大きくなる現象を応力集中といい、その応力集中の度合いを表したものを応力集中係数という。応力集中係数 α は、切り欠きのある部分の断面積に一様に分布した場合の応力を σ_0 として、応力集中による最大の応力を σ_{max} とすると、$\alpha = \sigma_{max}/\sigma_0$ と求められる。……*82*

ボックスカルバート……地中に埋設される箱型の構造物。水路、道路、通信線などの収納など様々な用途に用いられる。……*95*

かぶりコンクリート……鉄筋コンクリート部材で、鉄筋の外側表面とコンクリート表面の

間にあるコンクリート。……*99*

不静定次数……求めるべき未知数（反力）の数がつり合い式の数（平面骨組の場合は、水平方向、鉛直方向、回転方向の 3 つ）より多い状態を不静定といい、未知数の数からつり合い式の数を引いた数を不静定次数という。……*101*

津波堆積物……大規模な津波によって、海底から巻き上げられた砂や泥が、陸上に運ばれて堆積したもの。陸上の堆積土層に、貝殻の破片を含んだ砂や泥が堆積する場合がある。陸上の津波堆積物は浸食されやすいが、海岸付近の湖や沼などに流れ込んだものはそのまま保存されていることが多い。この津波堆積物の年代を特定することにより、古文書に記述されていない津波の襲来時期と、津波が押し寄せた範囲を明らかにすることができる。……*104*

縄文海進……最終氷期以降の海面上昇に伴い、日本周辺で現在の海岸線よりも奥まで海が浸入した。縄文時代早期～前期に起きた海進であることから縄文海進と呼ばれる。関東平野で縄文時代の貝塚が内陸まで分布していることから、1920 年代に縄文時代の海岸線の図が作られ、縄文海進の存在は知られていた。海進が最も進んだ時期は地域によって異なるが、概ね 6000～7000 年前とされている。これは日本周辺で海面が最も上昇した時期にあたる。……*105*

長波理論……水深に比べて波長が非常に長い波（長波）の挙動を表現する理論をいう。津波は長波とみなすことができ、この理論によってその挙動を表現することができる。長波が伝わる速さは全水深（水深＋水位上昇量）が大きいほど速くなる。水面が上昇しているところは速く、下降しているところは遅くなり、結果的に波の前面の勾配が急に、背面の勾配が緩くなる。これを前傾化という。この影響は水深に対して上昇量が小さければ無視し得るが、沿岸部では無視できない。この影響を考慮できるのが非線形長波理論である。……*108*

波圧……津波により防潮堤などの構造物に作用する水平方向の圧力。……*110*

保安規定……原子力発電所の運転の際に実施すべき事項や、従業員の保安教育の実施方針など原子力発電所の保安のために必要な基本的な事項を記載したもの。……*118*

SMW（Soil Mixing Wall）連続壁……土とセメントを混合・撹拌し、地中に構築される連続壁。……*120*

中性子照射脆化……運転中の原子力発電所において、中性子の照射により原子炉圧力容器の鋼材に微細な組織変化が生じ、容器鋼材が脆くなる現象。……*126*

応力腐食割れ……腐食性の環境に置かれた金属材料に引張応力が作用して生ずる割れ現象。……*126*

低サイクル疲労……降伏点を超える塑性域の応力が繰り返し発生しているときに蓄積される疲労。一般に10^4回以下の繰返し数で疲労破壊する現象。……*126*

アルカリ骨材反応……コンクリートに含まれるアルカリ性の水溶液が骨材（砂利や砂）の特定成分と反応し、異常膨張やそれに伴うひび割れなどを引き起こす現象。……*127*

チャコールフィルター……活性炭の微粒子を、前面および後面を細かい網目構造にした定型の容器に詰め、原子力施設の排気系に設置し、排気を浄化するフィルター。……*128*

系統除染……解体工事を進めるにあたり、解体作業従事者の放射線被ばくを低減するため、配管や容器に付着した放射性物質を化学薬品などを使って除去すること。除染する系統内に化学溶液を循環させ、配管や容器に付着した放射性物質を溶解し、フィルターやイオン交換樹脂で放射性物質を除去する。……*131*

プルトニウム……原子番号は 94。自然界には存在しない人工原子。原子炉内でウラン 238 が中性子を吸収し、ネプツニウム 239 を経由して生成される。中性子を吸収して核分裂する性質があるため、再び原子炉で燃料として利用できる。……*137*

核燃料サイクル……原子力発電所を中心とする原子炉用核燃料に関わる核種および資源の循環を指す。核燃料リサイクル、原子燃料サイクルともいう。鉱山からの鉱石（天然ウラン）の採鉱、精錬、同位体の分離濃縮、燃料集合体への加工、原子力発電所での発電、使用済核燃料の再処理により核燃料として再使用できるようにすること、および放射性廃棄物の処理処分を含む一連の流れをいう。鉱山からの鉱石の採鉱から核燃料への加工までをフロントエンド、再処理以降をバックエンドと分けることもある。……*137*

高レベル放射性廃棄物……狭義には再処理工場で発生する放射能レベルの非常に高い廃液を指すが、わが国では廃液をガラスと溶かし合わせた「ガラス固化体」を指す場合が多い。海外で再処理を行わない国においては、使用済燃料そのものが高レベル放射性廃棄物となる。……*137*

MOX 燃料……Uranium and Plutonium Mixed Oxide Fuel の略。ウランとプルトニウムの混合酸化物燃料のこと。……*137*

ガラス固化体……再処理工程で発生する液体状の高レベル放射性廃棄物をガラス原料とともに高温（約 1200℃）で溶かし合わせたものをステンレス製の容器（キャニスタ）内に

入れて冷やし固めたもの。ガラス固化体に用いられているガラスは薬品や放射線などに強いものが選定されており、また、キャニスタについても高温下でも高い強度を持つ材料が選定され、一時貯蔵中に想定される腐食量を考慮しても強度などに余裕を持った肉厚（約5～6mm）になっている。……*138*

崩壊熱……放射性物質の崩壊によって放出される放射線のエネルギー。通常は物質に吸収され熱エネルギーとなる。……*140*

TRU廃棄物（長半減期低発熱放射性廃棄物）……発熱量が小さく半減期（放射能の量が半分になるまでの時間）が長い廃棄物。TRUとは、TRans Uranium（超ウラン元素。ウラン原子番号92を超える元素）で、ネプツニウムやプルトニウムなどが該当する。……*141*

RI・研究所等廃棄物……研究開発、産業、医療などの施設から発生する廃棄物。ラジオアイソトープ（RI）が付着した試験管、注射器、ペーパータオル、実験で使用した手袋や廃液、核燃料が付着したコンクリートや金属などの放射性廃棄物をいう。……*141*

地層処分……高レベル放射性廃棄物（ガラス固化体など）を長期間にわたって人間社会から隔離するため、地下深くの安定した地層内に処分すること。国際的にも共通した考えであり、各国とも地層処分の実現に向けて取り組んでいる。……*142*

バーナブルポイズン……中性子を吸収する物質で可燃性毒物とも呼ばれる。加圧水型原子炉ではホウ珪酸ガラスが使用されている。……*144*

第四紀火山……約180万年前から現在までに活動をした火山。……*147*

mSv/y（ミリ・シーベルト/年）……1年間の放射線被ばくによる生物学的影響の大きさを表す単位。……*149*

ケーソン……基礎あるいは港湾工事に用いられる箱状もしくは円筒状の構造物。ケーソンには鉄筋コンクリート製と鋼製がある。ケーソン工法は、水中や軟弱地盤に大きな構造物を建設する場合、ケーソンを地中に埋設あるいは地盤上に設置して基礎とする工法である。……*165*

用語解説

索　引

太字の用語は用語解説ページに掲載あり

あ
RI・研究所等廃棄物　141
アルカリ骨材反応　127

い
位相曲線　191, 194
一次応力　82, 83
一軸圧縮試験　47
1 質点系モデル　191, 192, 196
一次冷却材　17
岩手・宮城内陸地震 [2008年]　172
インターナルポンプ　17

う
ウラン235　3, 4
ウラン238　4
運転時荷重　13, 60, 61, 68, 69

え
SMW連続壁　120
エネルギー計算法　213
延宝房総沖地震 [1677年]　106

お
オイルダンパ　128, 155, 157〜159
応答スペクトル　12, 28, 32〜37, 39, 80, 154, 195〜197, 210
応答変位法　91, 95, 97, 216, 217, 228
応力解析　13, 55, 60, 62, 67, 68, 93
応力集中係数　82
応力腐食割れ　126
屋外重要土木構造物　8, 11, 12, 91〜95, 97〜99, 217
女川原子力発電所　13〜15, 24, 73
オペレーションフロア（燃料取替床）　55, 59
温度荷重　59, 61

か
加圧器　17
加圧水型軽水炉（PWR）　4, 17, 18
海上立地　161, 162, 165
海水取水設備　92, 106, 109
海水ポンプ　14, 21, 23〜25, 92, 114
海底地すべり　106
回転すべり支承　156
外部電源喪失　5
解放基盤表面　12, 28, 33, 35, 36, 39, 50, 63, 96, 171, 181
海洋プレート内地震　28, 30, 32, 105, 106, 172
核原料物質、核燃料物質及び原子炉の規制に関する法律（原子炉等規制法）　118, 123, 124
格納容器破損　16
核燃料サイクル（原子燃料サイクル）　137, 138
核分裂生成物　3, 5, 7, 138, 140
核分裂反応　3〜5, 7, 17
荷重増分解析法　212
柏崎刈羽原子力発電所　13, 15, 19, 129, 178
加振試験　13, 79, 85〜87
活断層調査　27, 28, 35, 36
かぶりコンクリート　99, 100, 128
壁式構造　55, 66
ガラス固化体　138, 146
慣性力　12, 94, 191, 204, 207〜209, 216
岩石試験　12, 44, 47
間接支持構造物　10, 57, 60
関東大地震 [1923年]　207, 219
岩盤試験　44, 47, 120
岩盤せん断試験　44, 45, 47
岩盤のせん断抵抗角　45
岩盤の粘着力　45

き
機器・配管系　8, 10〜12, 57, 59〜61, 77〜81, 86, 93, 94, 98, 126, 216
基準地震動　11〜14, 16, 22, 27〜29, 34〜37, 45, 49〜52, 60, 63, 64, 69〜71, 73, 79, 82〜85, 88, 93〜96, 98, 181

気象庁震度階級　　174, 175
基礎地盤の支持力　　48〜50, 98, 163
基礎地盤のすべり安全率　　48〜50
基礎底面の傾斜　　48, 49, 51
北伊豆地震［1930年］　　176
機能維持検討　　98, 100, 101
機能維持評価　　55, 69, 86
逆断層　　30, 172, 174
キャスク　　132
許容応力度　　67, 68, 98, 213, 214
許容応力度法　　98
共振曲線　　71, 72, 191, 194
強震動生成域　　33, 35, 39
極限鉛直支持力度　**70**
距離減衰式　　13, 19, 32, 34

く
クリアランス　　149, 150
クリアランスレベル　　149
クリープ　**45**, 48
クーロンの破壊基準　　45

け
経験的グリーン関数法　**36**
系統除染　**131**, 132, 134
ケーソン　　161, **165**, 186
限界状態設計法　　98
原子力発電環境整備機構（NUMO）　　148
原子力発電所耐震設計技術指針
　　（JEAG 4601-2008）　　35
　　（JEAG 4601-1987）　　88
原子力発電所における安全のための品質保証規程
　　（JEAC4111）　　124
原子力発電所の保守管理規程（JEAC4209）
　　124
原子炉圧力容器　**5**, 7, 10, 14, 17, 21, 22, 77, 79,
　　80, 81, 83, 87, 120, 122〜124
原子炉格納容器　**5**, 7, 10, 14, 17, 21, 22, 57, 58,
　　70, 71, 77, 120〜122, 124
原子炉格納容器ウェットウェルベント　　21
原子炉隔離冷却系（RCIC）　　14, 21
原子炉再循環流量制御系　　5
原子炉水位制御系　　5
原子炉設置許可申請書　　118
原子炉建屋　　i, 7, 14, 15, 17, 19〜22, 24, 43, 48〜
　　51, 55, 57, 59, 61〜69, 71〜74, 79, 84, 119〜121,
　　123, 128, 129, 131, 139, 140, 159, 178, 216
原子炉冷却圧力バウンダリ　**10**
減衰定数　　47, 71, 80, 81, 96, 155, 192〜194, 196,
　　197, 202, 215
減衰特性　　32, 72, 202
健全性評価制度　　123〜125
建築基準法　　i, 11, 61, 66, 70, 153, 175, 210, 213,
　　214, 219, 220

こ
高圧注水系（HPCI）　　21
高圧炉心スプレイ補機冷却系　　24
航空レーザ測量　**30**
高経年化技術評価　　123, 124, 126, 127
工事計画認可　　118, 120, 121
洪積層　　163, 178
構造特性係数　　215
高速中性子　　3, 4
鋼棒ダンパ　　156
高レベル放射性廃棄物　**137**, 140, 142, 145〜148
告示波　　153
固有円振動数　　192, 200
固有周期　　71, 72, 89, 155, 158, 178, 183, 191, 194
　　〜196, 209, 213
痕跡高　　108, 185
コントロール建屋　　55

さ
最終ヒートシンク喪失　　14, 16, 21
再循環ポンプ　**5**, 17, 80, 127
再処理施設　　137〜140
最大応答加速度　　13
材料非線形解析　　97, 101
座屈　　99
サプレッションチェンバー　　21, 22, 24
サーベイランステスト　　123
三軸圧縮試験　**47**
残留熱除去系　　21, 23, 24

し
SHAKE　　63, 181
時刻歴波形　　35〜37, 39
支持機能　　57, 70, 94, 98
地震応答解析（時刻歴応答解析、時刻歴地震応答
　　解析）　**13**, 22, 49, 51, 55, 59, 60, 62〜64, 66,
　　71, 73, 74, 79, 80, 85, 91〜93, 95〜97, 101, 191,

　　　　　　　200, 201, 208, 210, 213, 219
地震観測記録　　*15, 22, 29, 31, 32, 39, 55, 72*
地震基盤面　*19*
地震動
　　　敷地ごとに震源を特定して策定する地震動
　　　　27〜29, 32, 33, 36
　　　震源を特定せず策定する地震動
　　　　27〜29, 36
地震の発震機構　　*30*
地震の発生様式　　*30, 39, 172*
次世代軽水炉　　*160*
施設定期検査　　*118, 123, 124*
実大三次元震動台（Ｅディフェンス）　　*89*
実体波　　*171, 177*
実用発電用原子炉及びその附属施設の位置、構造
　　　及び設備の基準に関する規則（新規制基準）
　　　16
地盤増幅特性　*12, 13, 15, 27, 29*
地盤増幅率　　*39*
地盤調査　　*12, 43, 44*
地盤ばね　*62, 65, 66, 97, 217*
シビアアクシデント（重大事故）　*16, 110, 160, 233*
GPS波浪計　　*114, 115*
シーム　*47*
弱層　　*12, 47, 48, 50, 52*
遮断器　　*14, 21*
遮へい機能　　*57, 70, 71*
斜面崩壊　　*105〜107*
Janbu法　*48*
終局強度　*11, 69, 70, 88*
褶曲構造　　*19*
終局耐力　　*60, 61, 67, 69, 70*
修正震度法　　*207, 209, 216*
修正メルカリ震度階　　*174, 175*
周波数応答解析法　*48*
重油タンク　　*15, 23, 25*
主蒸気隔離弁　　*5, 84, 124*
主蒸気管　　*5*
主蒸気逃がし安全弁　　*24*
取水・放水構造物　　*92*
主排気ダクト　　*20*
主要設備　　*10, 92, 119, 124*
シュラウドサポート　*81*
瞬間剛性（接線剛性）　　*212*
純ラーメン構造　　*66, 211*

仕様規定型設計　　*98*
蒸気発生器　　*5, 17*
上限降伏値　*50*
常時荷重　　*13, 49, 60, 61, 68, 69, 94〜96, 214*
使用済燃料　　*9, 10, 13, 19, 22, 24, 89, 91, 92, 110, 114, 131, 132, 137, 138, 140, 145, 148, 178*
使用済燃料プール　　*13, 19, 20, 22, 24, 56, 64, 67, 68, 71*
使用前検査　　*118, 120, 123*
縄文海進　*105*
昭和三陸地震［1933年］　　*106*
ジルコニウム　　*14, 21*
震源断層　*13, 33, 35, 39, 171, 173, 174*
震源特性　*12, 13, 15, 19, 27*
人工バリア　　*146, 147*
浸水深　　*23, 103, 110, 185*
浸水高　　*13, 15, 23, 103, 109, 185*
振動試験　　*55, 71, 84, 86, 87*
振動モード　　*71, 191, 200〜203*
震度法　　*207〜209, 216, 219*
振幅の経時的変化　　*35, 36*

す
水平アレイ地震観測　*31*
水理模型実験　　*108, 110, 111*
スウェイ・ロッキングモデル　　*62, 65*
スクラム　　*5, 85, 86*
スケルトンカーブ　*63, 69*
砂移動　　*106*
すべり面法　*48, 50, 51*
スロッシング　*13, 19, 89, 178*

せ
制御棒　*4, 5, 7, 9, 17, 24, 84〜86, 142, 144*
制御棒駆動系　　*5*
制御棒駆動水圧系　　*24*
制振構造　　*128, 153〜157, 160, 197, 210*
正断層　　*30, 174*
静的地震力　　*11, 13, 14, 48, 60, 61, 66, 68, 79〜83, 93*
性能照査型設計法　　*98*
設計用地震力　　*9〜11, 55, 62, 77, 79, 81, 163, 219*
接地圧　　*50, 51, 70, 98*
節理　*44, 47*
全交流電源喪失（SBO：Station Black Out）　*6, 16, 21, 22*

せん断ひずみ　　*61, 63, 69, 70, 74, 189*
浅地中コンクリートピット処分　　*142, 143*

そ

層間変形角　　*100*
層せん断力　　*61, 66, 74, 80, 213*
遡上　　*13, 103, 107, 108, 110, 185, 188*
遡上高　　*23, 185*
塑性率　　*61, 70, 215*

た

耐震クラス　　*9〜11, 57, 58, 78〜81, 83, 140, 148*
耐震重要度分類　　*9, 57, 58*
耐震壁　　*55, 56, 60〜64, 67, 69, 70, 74, 211, 219*
第四紀火山　　*147*
第四紀後期更新世　　*29*
第四紀地盤立地　　*161〜163*
台湾集集地震［1999年］　　*176*
多質点系モデル　　*64, 65, 191, 198, 200*
多重防護　　*6, 57*
建物・構築物　　*8, 10〜13, 37, 43, 55〜57, 59〜71, 80, 126, 127, 161, 163*
多度津工学試験所　　*86, 89*
タービン（タービン発電機）　　*4, 5, 10, 17, 24, 25, 55, 92, 103*
タービン建屋　　*5, 15, 17, 24, 55, 120, 123, 216*
短期許容応力度　　*61, 62*
弾性（弾性設計）　　*11, 13, 14, 27, 37, 60, 61, 64, 68, 80, 82, 83*
弾性解析　　*46, 67*
弾性限界　　*11, 70, 214*
弾性設計用地震動　　*11, 13, 27, 37, 61, 63, 68, 80, 82, 83*
弾性波探査　　*12, 31*
断層モデル　　*12, 28, 33, 35〜37*
弾塑性（弾塑性解析）　　*11, 60*

ち

地殻変動　　*15, 24, 108*
地下トレンチ　　*15, 24*
地下立地　　*161, 162, 164*
地球物理学的調査　　*29〜32*
地層処分　　*142, 145, 146*
地表踏査　　*30*
チャコールフィルター　　*128*
中央制御室　　*24, 55, 71*

中期更新世　　*38, 173*
中性子　　*3, 4, 7, 124, 126, 127, 144*
中性子照射脆化　　*126*
沖積層　　*163, 178, 209*
長波理論　　*108*
重複反射理論　　*181*
直接支持構造物　　*10*
直接積分法　　*48, 191, 201*

つ

津波痕跡調査（**津波堆積物**調査）　　*12, **104**, 105, 108*
津波波源　　*13, 103, 104, 106, 107*
敦賀発電所　　*i*

て

TRU廃棄物（長半減期低発熱放射性廃棄物）　　*141*
TMD（Tuned Mass Damper）　　*157, 158*
定期安全管理審査　　*124, 126*
定期安全レビュー　　*118, 124, 126*
定期事業者検査　　*118, 124, 126*
定期点検　　*14, 123, 124*
低サイクル疲労　　*126*
低レベル放射性廃棄物　　*133, 137, 140〜143, 145*
鉄筋コンクリート製原子炉格納容器（RCCV）　　*17, 56, 57, 59, 64, 67, 70, 121, 122*
天然積層ゴム　　*155*
天然バリア　　*146, 147*
伝播特性　　*12, 27, 29, 171*

と

東海発電所　　*i, 133, 150*
等価震源距離　　*35, 39*
等価線形化手法（等価線形解析）　　*48, **96**, 97*
東京電力福島原子力発電所事故調査委員会　　*23*
統計的グリーン関数法　　*36*
動水圧　　*24, 59, 61, 93, 94*
動的機器　　*13*
動的機能維持評価　　*77, 79, 84, 86*
動的地震力　　*11, 13, 48, 60〜62, 66, 79, 81, 82*
動的相互作用　　*64, 72*
動土圧　　*93*
東北地方太平洋沖地震［2011年］　　*i, 3, 13〜15, 21, 22, 24, 72, 73, 104, 111, 153, 160, 172, 178, 182, 186, 220,*

十勝沖地震［2003年］　178
十勝沖地震［1968年］　219
トルコ・コジャエリ地震［1999年］　176, 177
トレンチ処分　142, 143
トレンチ調査　30, 105

な
内陸地殻内地震　28, 30, 32, 36, 172
鉛ダンパ　156
南海トラフ巨大地震モデル検討会　33

に
新潟県中越沖地震［2007年］　3, 13〜15, 19, 129, 178, 220
新潟県中越地震［2004年］　172, 220
二次応力　82, 83
二次格納施設　58, 128
二次冷却系統　17

ね
熱中性子　3, 4
燃料被覆管　7, 21
燃料ペレット　7
燃料棒（燃料集合体）　5, 7, 14, 17, 21, 84〜86, 137, 144

の
濃尾地震［1891年］　176

は
波圧　110
排気筒　19〜21, 55, 123, 128, 160
廃棄物処理建屋　55
廃止措置　117, 118, 131, 133, 134, 150
配電盤　14, 21, 23
ハイブリッド法　36
波及的影響の防止機能　57, 70
破砕帯　47, 147
発電用原子力設備規格　維持規格（JSME S NA1-2010）　126
発電用原子力設備規格　設計・建設規格（JSME S NC1-2010）　78
発電用原子炉施設に関する耐震設計審査指針　14, 161, 163
波動方程式　179, 189
バーナブルポイズン　144

ハフニウム　4, 7
浜岡原子力発電所　128, 129, 133, 134
波力　8, 13, 94, 103, 109〜114, 185, 187, 188

ひ
PS検層　31, 32
東日本大震災における津波による建築物被害を踏まえた津波避難ビル等の構造上の要件に係る暫定指針　111
ピーク応力　82, 83
非常用ガス処理系　7, 58
非常用ディーゼル発電機　14, 15, 21, 23, 24, 87, 92
非常用復水器（IC）　21
非常用炉心冷却系（非常用炉心冷却装置）　6, 9
Bishop法　48
左横ずれ断層　30, 174
微動アレイ探査　31
兵庫県南部地震［1995年］　32, 34, 89, 98, 153, 157, 176, 220
標準せん弾力係数　213
表面波　171, 177

ふ
負圧維持機能　57, 58, 70
復元力特性　63, 212
福島第一原子力発電所　i, 13〜15, 21〜23, 133, 153, 160
復水器　4, 5, 17, 21
復水補給水系　24
部材非線形解析　77
不静定次数　101
不確かさ（ばらつき）　28, 33
ブッシング　19
沸騰水型軽水炉（BWR）　4, 17, 18
不等沈下　13, 15, 51
プルトニウム　137, 138, 140, 145
プレート間地震　28, 30, 32, 105, 106, 172
ブローアウトパネル　15, 20, 24

へ
平板載荷試験　45, 46, 48, 50
β線　5
変圧器　10, 13, 15, 19, 20, 24
変動地形学的調査　29, 30

ほ

保安規定 *118*, *123*, *124*, *126*
保安検査　*124*, *126*
崩壊熱　*7*, *140*
ホウ酸水　*7*
放射性物質　*3*, *5〜10*, *16*, *17*, *19*, *21*, *22*, *57*, *58*, *131〜133*, *140*, *142*, *146〜150*
放射線　*5*, *9*, *12*, *17*, *27*, *57*, *132*, *134*, *142*, *145*, *149*
防潮堤　*103*, *109〜112*
補機冷却系　*21*, *23〜25*
補助設備　*10*, *92*
ボックスカルバート　*95*, *97*
保有水平耐力　*60*, *69*, *70*, *213*, *215*
ボーリング調査　*12*, *30*, *31*, *44*, *105*, *217*
ボロン　*4*, *7*

ま

マグニチュード　*13*, *14*, *19*, *35*, *39*, *174*

み

右横ずれ断層　*30*, *176*
美浜発電所　*i*
mSv/y（ミリ・シーベルト／年）　*149*

め

免震構造　*129*, *130*, *153〜156*, *159*

も

模擬地震波　*35*, *36*, *39*, *40*
MOX燃料　*137*
モード解析法　*48*, *79*, *80*, *191*, *200〜202*

ゆ

有限要素法（FEM）　*48〜50*, *62*, *63*, *67*, *81*, *95*, *191*, *204*

よ

余裕深度処分　*142*, *144*

り

離散系モデル　*62*, *65*
リツヤ湾の津波［1958年］　*106*
理論的手法　*36*

れ

Reyleigh減衰　*212*

ろ

漏洩防止機能　*57*, *58*
炉心溶融　*14*, *21*
露頭　*30*, *31*, *181*

あとがき

　本書執筆の時点において、将来に向けての原子力エネルギー利用の是非については世論がまさに二分されている。国民はもとより政治家、評論家、原子力に関わってきた科学者・技術者の意見が大きく分かれているのが現状である。原子力エネルギーの可否については一時の判断でなく、十分な時間をかけた冷静で科学的判断が国のすべての階層において必要である。

　そのためには、福島第一原子力発電所で発生した事故の原因の究明とその結果の国民への分かり易い説明が不可欠である。また、原子力発電所の安全性、特に地震・津波に対する安全性がどのレベルまで担保されているかの説明が求められている。

　わが国の原子力発電の耐震技術の開発と高度化は1950年代より約60年の歳月をかけ、巨大な開発費と膨大な人的資源の投入によって進められて来た。わが国の原子力発電所の耐震性の高さは世界的にも認められ、著者らを含めて関連する科学者、技術者はそのことに大きな誇りを持っていた。

　しかしながら、2011年東北地方太平洋沖地震による福島第一原子力発電所の重大事故は原子力発電の安全技術に対する国民の信頼を著しく低下させるとともに、専門家の自信も大きく揺るがすものとなった。現在でも多くの被災者が住み慣れた街を離れ、遠隔地で不自由な生活を強いられていること、また、事故が将来にわたって被災者の生活と健康に与える影響は極めて深刻であることを忘れてはならない。福島第一原子力発電所の事故の終結に向けて乗り越えなければならない多くの社会的、技術的課題が山積しており、なお、多年の年月が必要であることも事実である。

　仮に、わが国が原子力発電を放棄するようなことになっても、原子炉解体技術および放射性廃棄物処分技術の高度化は不可欠であり、これからも必要な技術の開発と知見の蓄積に務めなければならない。一方、地球温暖化問題への関心の高まりや石油資源価格の高騰を背景に、エネルギーセキュリティや二酸化炭素排出削減の観点から、アジア地域において原子力発電の導入拡大の流れがある。

　福島第一原子力発電所の事故からも明らかなように、原子力発電所の事故はその当該国のみならず、近隣諸国と海域に大きな脅威を与える。

　世界の地震国における原子力発電所の地震・津波に対する安全性の向上にわが国が蓄積してきた技術と知見が必ずや大きく貢献できるものと考える。本書執筆の目的の一つは、原子力発電の耐震性に関わる技術と知見を体系的にとりまとめ、これを次世代に伝達すること、また将来、広く世界と共有することにある。

　不幸にも津波によって極めて重大な事故を経験することになったが、この経験は必ずや

世界の原子力発電所の地震・津波防災性向上に大きく寄与するものと考える。またそうしなければならない。

　本書を執筆するにあたり、多くの関係者の方々に支援を頂いた。特に中部電力株式会社の北折智規氏をはじめとする方々に図表や文章の校正および全体のとりまとめにも格段の御尽力を頂いた。ここに記して深甚なる謝意を表します。

2014 年 4 月

濱田　政則

著者略歴 (2014年4月現在)

濱田 政則 (はまだ まさのり)

1966 年　早稲田大学　理工学部　土木工学科　卒業
1968 年　東京大学大学院　工学研究科　修士課程　修了
1968 年　大成建設株式会社　入社
1980 年　東京大学　工学博士
1983 年　東海大学　海洋学部　海洋土木工学科　助教授
1987 年　同上 教授
1994 年　早稲田大学　理工学部　土木工学科　教授
2003 年　早稲田大学大学院　理工学術院　社会環境工学科　教授
この間、日本学術会議会員、土木学会会長、日本地震工学会会長などを歴任
土木学会論文賞、経済産業大臣賞、土木学会功績賞などを受賞
主な著書：「液状化の脅威」岩波書店、「地盤耐震工学」丸善出版など
現　在　アジア防災センター　センター長
　　　　早稲田大学　名誉教授

曽田 五月也 (そだ さつや)

1971 年　早稲田大学　理工学部　建築学科　卒業
1973 年　早稲田大学大学院　理工学研究科　修士課程　修了
1980 年　早稲田大学大学院　理工学研究科　博士課程単位取得　退学
1980 年　千葉大学　工学部　建築工学科　助手
1981 年　工学博士（早稲田大学）
1985 年　佐藤工業株式会社　中央技術研究所
1991 年　早稲田大学　理工学部　建築学科　助教授
1996 年　同上 教授
現　在　早稲田大学大学院　理工学術院　建築学科教授

久野 通也 (くの みちや)

1980 年　名古屋大学　工学部　建築学科　卒業
1982 年　名古屋大学大学院　工学研究科　建築学専攻　修士課程　修了
1982 年　中部電力株式会社　入社
1989 年　日本原燃産業株式会社（現日本原燃株式会社）
1992 年　中部電力株式会社
2001 年から 9 年間、日本電気協会原子力規格委員会耐震設計分科会委員
現　在　中部電力株式会社　発電本部　土木建築部　スタッフ部長

原子力耐震工学
げんしりょくたいしんこうがく

2014年 5月20日　第1刷発行
2014年12月20日　第2刷発行

著者　濱田 政則
　　　曽田 五月也
　　　久野 通也

発行者　坪内 文生

発行所　鹿島出版会
104-0028　東京都中央区八重洲2丁目5番14号
Tel. 03（6202）5200　振替 00160-2-180883

落丁・乱丁本はお取替えいたします。
本書の無断複製（コピー）は著作権法上での例外を除き禁じられています。
また、代行業者等に依頼してスキャンやデジタル化することは、たとえ個人や家庭内の利用を目的とする場合でも著作権法違反です。

装幀：伊藤滋章　　DTP：エムツークリエイト
印刷：壮光舎印刷　　製本：牧製本
©Masanori HAMADA, Satsuya SODA, CHUBU Electric Power Co.,Inc. 2014
ISBN 978-4-306-02461-8　C3052　　Printed in Japan

本書の内容に関するご意見・ご感想は下記までお寄せください。
URL：http://www.kajima-publishing.co.jp
E-mail：info@kajima-publishing.co.jp